Antje Engel

# KREATIVES Hunde TRAINING

Basisprogramm – CreaCanis Roots

Müller Rüschlikon

Einbandgestaltung: R2 I Ravenstein, Verden
Titelfoto: Astrid Larsen
Fotos auf der Umschlagrückseite: Andreas Bartolot, Verena Baumann

Bildnachweis: Apelt, Christian: S. 177 ; Arens, Michael: S. 141; Bäder, Sandra: S. 67; Banertova, Kristyna: S. 79, 101; Baumann, Verena: S. 13, 27, 233; Bino, Carmen: S. 58; Bürger, Jürgen: S. 70; Busse-Kilger, Gabriele: S. 214; Deutsch, Günter Franz: S. 40; Doherr, Martin: S. 107; Doktor, Iris: S. 204; Dunkelmann, Megan: S. 109, 145; Emering, Susanne: S. 144; Engel, Antje: S. 152; Frohberger, Carina: S. 120; Gattermair, Christian: S. 21; Glauninger, Birgit: S. 213; Gronau, Svetlana: S. 211; Grötker, Ines: S. 30; Havlicek, Andreas: S. 138; Hering, Sonja: S. 111; Kaminsky, Katharina: S. 114; Konieczny, Corinna: S. 29, 35, 54; Kostron, Andreas: S. 24, 59; Korbuly, Hans: S. 202, 206; Krimmer, Manuela: S. 15, 104; Krüger, Karolina: S. 10, 15, 77, 95, 108, 122, 153, 196, 199, 221; Kuhn, Jürgen: S. 153; Larsen, Astrid: S.77, 95, 120, 182; Leine, Ronald: S. 132; Lengnick-Hefti, Susanne: S. 53, 68, 90, 116; Leyrer, Sarah: S. 27, 221; Longerich, Alain: S. 46; Mattern, Birgit: S. 38, 103, 105; Matthes, Elke: S. 83, 85; Mauer, Peter: S.39, 149, 202; Siegert, Anke: S. 112; Starker, Wolfgang: S. 207, 234; Thiel, Barbara: S. 53, 80, 118, 118, 146, 205,219; Wallenborn, Nina: S. 14, 151; Wegner, Denise: S. 114; Wolkenstein, Elisabeth: S. 110.
Alle übrigen Fotos wurden von Andreas Bartolot erstellt.



ISBN 978-3-275-02227-4


Postfach 103743, 70032 Stuttgart
Ein Unternehmen der Paul Pietsch Verlage GmbH & Co. KG

2. Auflage 2021

Sie finden uns im Internet unter www.mueller-rueschlikon-verlag.de



Lektorat: Claudia König
Innengestaltung: R2 I Ravenstein, Verden
Druck und Bindung: Graspo CZ, 76302 Zlin
Printed in Czech Republic

# Inhalt

## TEIL 1 | CreaCanis Roots
## THEORETISCHE GRUNDLAGEN

# TEIL 2 | CreaCanis Roots – Programm
# PRAXISANSÄTZE



Einige Worte zu den Videos, die du bei den einzelnen Themen im Buch findest: Die Mensch-Hund-Teams, die dort zu sehen sind, sind keine Profis und verfügen über unterschiedliche Kenntnisse: vom Anfänger bis hin zum Team, aus dessen Alltag »Roots« nicht mehr wegzudenken ist, ist alles vertreten.
Die Clips sind dazu gedacht, dir Anregungen zu geben, Dinge auszuprobieren. Sie zeigen Übungen, wie sie möglicherweise zu Beginn des Trainings aussehen, andere zeigen dir, wie sie sich nach einiger Zeit entwickelt haben. Ich möchte dich auf diesen Weg mitnehmen und dich dazu animieren, es selbst auszuprobieren. Jeder hat mal angefangen, auch die Teams in den Videos. Viel Spaß dabei!

Dieser Link führt dich zu den in diesem Buch enthaltenen Medien.
Die QR-Codes zu den Videos findest du auch an den entsprechenden Stellen in den Kapiteln.

# Zum Geleit von Petra Krivy

*»Es gibt nichts Schöneres als geliebt zu werden, geliebt um seiner selbst willen oder viel mehr trotz seiner selbst.«*

*Victor Hugo, 1802–1885*

Wie herzerfrischend und entspannend, dass zunehmend auch im Mensch-Hund-Miteinander die Individualität Beachtung und Berücksichtigung findet! Wie überzeugend und empathisch, dass die Autorin gerade diese Individualität anhand von vielen Beispielen und aufgrund eigener Erfahrungen ausdrücklich anspricht und dem Leser erklärt. Jeder Hund ist eine Persönlichkeit und jeder Mensch ebenso einzigartig. Aus diesen Individualisten kann sich aber ein gutes Team herauskristallisieren – wenn zur Teambildung keine Typverformung angestrebt wird.
Die Zeit ist mehr als reif für ein besseres Verständnis des vierbeinigen Partners, seiner besonderen Fähigkeiten und Fertigkeiten als Vertreter der Spezies Hund, aber auch seiner »Macken« und »Marotten« als individuelles Lebewesen. Dabei hat unser Sozialpartner Hund einen Menschen verdient, der ihn achtet, ihn schätzt, ihn stützt und durchs Leben führt, ihm mit Wohlwollen, Respekt und Achtsamkeit begegnet. »Ich hier oben, Du da unten«, gehört mit zu den Ansichten der diktatorischen Hierarchie von gestern. Heutzutage weist eine autoritative Führungskompetenz eher den Weg vom »Ich und Du« zum »Wir«.
Auf den folgenden Seiten erhält der Leser viel theoretisches Rüstzeug, um zu lernen, seinen vierbeinigen Partner und dessen Verhaltensweisen besser zu verstehen und das dann ins alltägliche Miteinander einfließen zu lassen. Dieses empfehlenswerte Buch bietet einen »Rundumschlag« um alle wichtigen Eckpfeiler eines gelungenen Miteinanders, dies aber komprimiert aufs Wesentliche und dabei nachvollziehbar und mit erlebbarem Praxisbezug.
Die Autorin liebt, was sie lebt und lebt, was sie liebt. Dies spürt man in jeder Zeile. Dabei nimmt sie den Leser kompetent an die Hand, um ihm den Weg zu vergleichbarem, beglückendem Erleben mit seinem Fellkumpan zu ermöglichen. Gehen sie ruhig einmal mit, der Versuch ist es wert! Wer den Weg für sich dann doch als nicht begehbar empfindet, der kann ja wieder abbiegen oder umkehren.

# TEIL 1

## CreaCanis Roots

# THEORETISCHE GRUNDLAGEN

# Wer oder was ist CreaCanis?

## Schon wieder ein Buch über Hundeerziehung?

Ja! Wir von CreaCanis denken, es gibt eine Reihe von Möglichkeiten, wie man zu einem glücklichen Leben mit dem Hund gelangen kann. Wir haben nicht einen Weg, sondern viele methodische Ansätze. Ich stelle dir hier unsere Ideen zur Teambildung mit dem Hund vor und gebe dir neben der Theorie viele praktische Tipps.

Als ich gefragt wurde, ob ich ein Buch über das CreaCanis Roots-Basisprogramm schreiben möchte, schwebten viele Fragezeichen über meinen Kopf: Wie kann man in Worte fassen, was ein Mensch eigentlich nur fühlen und erleben kann? Wie spreche ich Leser an, die uns nicht kennen? Wie vermittle ich im geschriebenen Wort eine Idee und einen Mehrwert für die Leser? Und wie helfe ich Lesern, die uns bereits kennen, ihr Wissen zu vertiefen?

Ich habe viel nachgedacht, mich mit meinen Trainerkollegen und mit Hundemenschen ausgetauscht und bin zu der Erkenntnis gelangt, dass es eine wunderbare Idee ist, genau dieses Buch zu schreiben.

- ✓ Möchtest du deinen Hund besser lesen lernen und ihn verstehen?
- ✓ Möchtest du ihm richtig antworten und sein Verhalten erkennen?
- ✓ Möchtest du positives Verhalten deines Hundes fördern?

Wenn du all diese Fragen mit einem »Ja« beantworten kannst, bist du eingeladen, tiefer in die Thematik dieses Buchs einzusteigen! Wenn du aber lernen möchtest, Hunde zu erziehen, ohne dich zu ändern, oder wenn du deinem Hund nur Befehle beibringen möchtest, dann bist du mit anderen Fachbüchern sicher besser beraten.

Liebe Leserin, lieber Leser! Tauch einfach ein in das naturnahe Spiel mit dem Hund und lass dich darauf ein, eine andere Ebene im Zusammenleben mit deinem Vierbeiner zu erreichen. Vielleicht findest du dich ja auch in dem einen oder anderen Beispiel eines beschriebenen Teams wieder? Ich möchte dich mit vielen Praxisanleitungen in Wort und Video dazu inspirieren, mit deinem Hund neue Dinge und Übungen auszuprobieren. Da Praxis ohne theoretischen Hintergrund nicht viel Wert sein kann, erkläre ich dir die Theorie einfach an Beispielen. Ziel dieses Buch ist es, dir die Idee des Basisprogramms Roots näherzubringen. Ich möchte, dass du mit deinem Hund zusammen die Ansätze verstehen und leben lernst.

**In diesem Basisprogramm geht es ganz speziell um: Teambildung und Bindungsförderung.**

- ✓ Wie liest du die Signale deines Hundes richtig? Wie gibst du ihm eine klare Antwort?
- ✓ Wie lernst du es, mit deinem Hund richtig zu kommunizieren und ihn zu motivieren?

Alles mit dem Ziel, im Alltag ein entspanntes Miteinander zu erreichen, aber auch im Hundesport freudig und zuverlässig mit deinem Hund zu trainieren. Mach aus dir und deinem Hund ein Team! Mit diesem Buch möchte ich dir einige Ideen dafür an die Hand geben. Weitere Unterstützung erhältst du durch unsere Trainer und unser umfangreiches Ausbildungsprogramm.

## Wer ist CreaCanis?

**So bunt wie unser Logo sind wir von CreaCanis.**

CreaCanis

CreaCanis ist eine Trainervereinigung mit inzwischen ca. 30 Trainerinnen und Trainern. Wir bieten ein einheitliches Trainingskonzept im gesamten deutschsprachigen Raum und gewährleisten, dass unsere Trainer sehr gut ausgebildet sind. Wir sprechen alle eine Sprache. Wir bieten Hundetraining für interessierte Teams in Form von Seminaren, Workshops und Kursen an. Jeder Trainer hat zusätzliche Spezialgebiete rund um den Hund, sodass es für beinahe jedes Thema einen Ansprechpartner gibt. Den Kopf von CreaCanis bilden erfahrene Hunde- (und Menschen-) Trainer. Wir kennen uns alls schon lange und haben oft zusammengearbeitet. Und so geschah es an einem sehr langen und intensiven Abend im November 2016, dass wir nach vielen Stunden Brainstorming die CreaCanis-Idee und -Philosophie in Worte fassten. Darauf folgten natürlich dann direkt auch Taten. Einige Mitglieder aus unserem Team waren langjährige Trainer bei Ekard Lind. Seine revolutionären Ideen und Ansätze haben uns alle ein Stück weit geprägt, dafür möchten wir an dieser Stelle gerne danke sagen.

Es kommt der Zeitpunkt, eigene Wege zu gehen, um sich weiterentwickeln zu können. Das Ergebnis unserer Weiterentwicklung ist die Trainervereinigung CreaCanis. Seit unserem Start am 1. Januar 2017 sind vier Jahre vergangen und wir durften zwischenzeitlich gut 2000 Mensch-Hund-Teams betreuen und begleiten. CreaCanis ist keine bestimmte Methode, nicht DER Weg zum Erfolg, sondern eine Philosophie, eine Vision für ein harmonisches Zusammenleben mit dem Hund. Wir wünschen vielen Hundemenschen, dass sie das erleben und spüren dürfen, was uns vereint und was wir gerne weitergeben möchten.

Das Herzstück unserer Idee ist unser **Basisprogramm Roots**. Warum Roots? Roots kommt aus dem Englischen und bedeutet Wurzeln. Wurzeln sind die Basis eines starken Baums. Hat der Baum schwache Wurzeln, kann er weniger Nährstoffe aufnehmen und wird nicht gut wachsen. Hat er hingegen starke und tiefe Wurzeln, ist er gesund und langlebig. Er ist stabil und belastbar und fällt nicht beim ersten Sturm direkt um.

Genauso wünschen wir uns die Beziehung zwischen Mensch und Hund: stark und belastbar, auch wenn es einmal ungemütlich

Mensch und Hund vertrauen sich und bilden eine Einheit – ein wunderbarer Gedanke.

oder stürmisch wird. Der Name Wurzeln gefiel uns für unser Basisprogramm nicht, daher wählten wir den klangvolleren Englischen Begriff Roots.

*»Der Weise pflegt die Wurzel,*
*denn wenn sie gut gedeiht,*
*wird Tugend aus ihr wachsen.«*

*Laotse*

Da jedes Team anders ist, jeder Mensch und jeder Hund, haben wir keine Lösungen von der Stange parat, keine zehn Schritte zum garantierten Erfolg. Aber wir haben viele kreative Ideen. Lass dich durch dieses Buch motivieren – auch dazu, deine Komfortzone zu verlassen. Richtig intensiv wird es natürlich in der gelebten Theorie – im Praxistraining. Wenn wir Trainer dir und deinem Hund gegenüberstehen. Vielleicht erweckt das Buch Lust auf mehr? Also, auf zum kreativen Hundetraining.

## Wer bin ich, Antje, die das Buch schreibt?

Ich bin Gesellschafterin und Seminarleiterin bei CreaCanis und verantwortlich für die praktische Ausbildung, soweit der offizielle Teil. Ich bin gutes Mittelalter, habe 1981 meinen ersten eigenen Hund bekommen, feiere somit im Jahr 2021 mein 40-jähriges Hunde-Jubiläum. Ich bin ganz klar hunde- und hundetrainingsüchtig! Manche Zungen behaupten, ich wäre in einem früheren Leben ein Hund gewesen. Schon im Kinderwagen zeigte ich »Ja« schreiend auf sämtliche Hunde, die uns entgegenkamen. Mit drei Jahren war ich der Schäferhund namens »Greif« meiner Oma. Mein liebstes Spiel war, wenn ich als »Greif« Omas Befehle exakt ausführte. Auf Hör- oder Sichtzeichen machte ich Sitz, Platz und Steh, war auf »Hier« sofort zur Stelle. Ich saugte die Geschichten von »Greif«, dem Schäferhund, der im Krieg in den Wehrdienst einberufen wurde, förmlich in mich auf.

Natürlich wollte ich immer »Greif« sein, daher klaute ich den Fellkragen vom Wintermantel meiner Mutter als standesgerechte Hunderute und lief ständig auf allen Vieren durch die Gegend. Dass dieses Verhalten meinen Eltern manchmal peinlich war, störte mich dabei nur wenig. Später, des aufrechten Gangs mächtig, holte ich als 8-Jährige immer den »Struppi« von zwei Straßen weiter zum Gassigehen ab. Mit 12 Jahren bekam ich endlich meinen ersten eigenen Hund, einen Hovawart namens Janko. Ich denke oft an früher zurück, als Hunde nur im Zwinger leben durften, Leckerlis im Training nicht existierten und man das

Antje Engel mit ihrem Dreierrudel Denzel, Cooper und Banja.

Spielen mit dem Hund nicht kannte. Damals lernte ich den eher stumpfen »Trieb-Zwang-Trieb«-Ausbildungsweg kennen, bei dem ich mich schon immer gefragt hatte, ob es fair ist, den Hund »heiß« zu machen, um ihm dann eins »auf die Mütze zu geben«.

An dieser Stelle möchte ich mich bei all meinen früheren Hunden in aller Form entschuldigen! Ja, ich hatte Zweifel, und trotzdem habe ich mit Ausbildungsmethoden und Hilfsmitteln gearbeitet, die ich heute nie wieder anwenden würde. Auch der reinen Konditionierung, bei der es eher um die Wertigkeit der Leckerlis geht, als um die Wichtigkeit der Bindung zum Hund, konnte ich nicht viel abgewinnen. Ein Hund ist doch mehr als ein Befehlsempfänger oder ein Huhn, das man konditionieren kann, für Futter etwas zu tun.

**Ein Hund ist ein soziales Lebewesen und bestens dafür geeignet, mit dem Menschen zusammenzuleben – das ist eine wunderbare Basis.**

Ab da war es um mich geschehen. Nun sitze ich hier und schreibe ein Buch. Dazwischen liegen etliche Jahre Training mit Hunden, Lernen, Weiterbilden, Beobachten und ganz viel Fühlen.

## Welche Hundehalter spreche ich an?

Alle Menschen mit ihren Hunden. Die Hundemenschen sollten wissbegierig sein, neugierig, experimentierfreudig und offen für eine andere Sichtweise.

**Egal, ob Alltagshundler oder Hundesportler, ob kleiner oder großer Hund, ob Rassehund oder Mischling – Hund ist nicht gleich Hund und Mensch ist nicht gleich Mensch. Der Weg ist das Ziel und wir sind gerne Wegbegleiter.**

### Was sagen Menschen, die uns kennen, über CreaCanis?

Wir haben Hundemenschen gefragt, die uns bereits kennenlernen durften, wie sie CreaCanis finden. Im Folgenden habe ich eine Auswahl der Antworten zusammengestellt. Wir selbst sagen über uns: Wir sind nett, vielfältig und bunt, so wie die Hundemenschen, die dahinterstehen.

**Gudrun:**
»CreaCanis heißt: entwickle den Hund! Das ist das, was wir mit euch lernen dürfen. Sieh den Hund und mach das Beste draus! Danke dafür. Es funktioniert!«

**Higgins:**
»CreaCanis bedeutet für mich die Beziehung meines pelzigen Lebensbegleiters auf eine andere Kommunikations- und Umgangsebene gehoben zu haben, so dass es für meinen Schützling leichter wird, mich zu lesen – und umgekehrt. So machen Alltag und Sport viel mehr Freude. Aber vor allem bleibt es ruhig und stressfrei zwischen uns und die Bindung wird nochmals vertieft.«

**Margot:**
»CreaCanis bedeutet für mich, Spaß und Freude zu haben. Gemeinsam das Miteinander im Spiel, im Sport und im Alltag zu genießen. Das Leben wird durch Kreativität und Spiel so viel einfacher.«

**Martina:**
»CreaCanis ist der »Draht« zu meiner Fellnase, der mir durch meine eindeutigen Signale erlaubt, sowohl Chef als auch Kumpel sein zu können. So können Zwei- und Vierbeiner als Team nicht nur den Alltag, sondern auch die Arbeit genießen.«

**Daniela:**
»CreaCanis ist für mich die Basis für gegenseitiges Vertrauen. Übung ist Spiel und Spiel ist Übung, und mein Hund und ich fühlen uns gut dabei! Berit ist mein vierter Hovawart, zum ersten Mal fühle ich mich von Anfang an gut und sicher bei all den Kleinigkeiten, die im Alltag so auf uns zukommen, weil wir besser kommunizieren und die Bindung dadurch einfach schön ist.«

**Martina:**
»Ein harmonisches Miteinander, ohne dass ich meine Führungsrolle verliere. Regeln und Korrekturen durchführen können, ohne Gewalt. Den Hund fördern und fordern, ohne aus ihm einen Befehlsempfänger zu machen, sondern ihm auch die Möglichkeit geben, an Aufgaben zu wachsen und selbstständig zu denken und zu handeln. Lernen, den Hund zu lesen und zu verstehen. Manche Sachen so zu nehmen, wie sie nun mal sind. Unsere Hunde sind alle Individuen wie wir – mit ihren eigenen Stärken und Schwächen.«

Auf geht's in die Welt von CreaCanis.

**Manuela:**
»CreaCanis gibt mir die unglaublich wohltuende Gewissheit, das Richtige zu tun – die Bestätigung dafür bekomme ich jeden Tag, wenn ich Miron in die Augen schaue. Ich habe keine Angst mehr, mit meinen hundlichen Problemen hilflos alleine dazustehen, und kann Hundemenschen, die Hilfe suchen, mit großem Vertrauen zu kompetenten TrainerInnen schicken. CreaCanis hat auch mich als Mensch – meine Wahrnehmung, Ansichten, Einstellungen – verändert und ich bin dankbar, dass ich diese Erfahrung machen darf.«

Jetzt hast du uns ein wenig kennengelernt, das ist aber nur ein Bruchteil. Ich nehme dich mit auf die Reise in unsere Welt. Stellvertretend für alle CreaCaniden werde überwiegend ich von dieser Reise berichten und dich als Leser mit ins Boot nehmen. Selbstverständlich spreche ich Leser und Leserinnen gleichermaßen an, auch wenn ich der Übersichtlichkeit halber im Text die Bezeichnung Leser verwenden werde. Ich habe in diesem Buch außerdem die Du-Anrede gewählt. Ich möchte dadurch weder respektlos, noch unhöflich erscheinen. In unseren Veranstaltungen ist ein gemeinsames »Du« an der Tagesordnung, als Trainer sind wir nahe am Team. Ich möchte mit allen Lesern auf eine Ebene kommen und nicht von oben herab erklären, sondern auf Augenhöhe kommunizieren.

Also liebe Leserin, lieber Leser: »Fühl dich bitte immer gleichermaßen angesprochen!«

# Lebens- und Trainingsgrundsätze

## Das »schwarze Loch« in der Hundeerziehung

Wer sich mit Hundebesitzern unterhält, erfährt sehr viel von dem, was sie im Zusammenleben mit ihrem Hund erwarten. Oftmals klingt es wie eine Wunschliste, die allerdings nur an den Hund gerichtet ist. Wie viele Menschen machen sich vorher wirklich Gedanken über das gemeinsame Zusammenleben mit dem Hund und dass es auch Ansprüche gibt, die sie als Hundehalter zu erfüllen haben? Es geht los mit dem Wunsch nach einem folgsamen Hund, das lässt einen nach guten Erziehungsmethoden Ausschau halten. Es wird nach einer Welpengruppe oder Welpenschule gesucht. Es gibt verschiedene Konzepte, die meisten sind gut. Dabei geht es im Wesentlichen um die Sozialisierung des Hundes mit Artgenossen und das Kennenlernen der Umwelt, um das Erlernen einzelner »Befehle« und die Leinenführigkeit. Aber schon da stellt sich die Frage: Werden Hundebesitzer auch damit vertraut gemacht, wie Hunde kommunizieren – unter Argenossen, aber auch mit dem Menschen?

Dem Welpenalter entwachsen geht es weiter. Die Ansprüche und Erwartungen an den Hund werden mehr. Es wird Folgsamkeit verlangt und an ihr gearbeitet. Unterschiedliche Methoden kommen zur Anwendung. Ist das bei einem Junghund das wichtigste? Wann lernt der Mensch in diesem Prozess, seinen Hund wirklich kennen und verstehen? Wann lernt er, mit ihm richtig zu kommunizieren? Wann lernt das Team das richtige Spielen, das so viel mehr ist, als nur einen Ball zu werfen? Zeigt der Hund Eigenmotivation und Aktivität und bringt sich in die Beziehung mit ein?

Es stellen sich so viele Fragen, die allein durch das Erlernen und Befolgen von Hörzeichen und einen positiven Abschluss einer Begleithundeprüfung oder eines

Bereits im Welpenalter wird der Bindungsaufbau durch soziale Spiele gefördert.

*»Liebe besteht nicht darin, dass man einander ansieht, sondern dass man gemeinsam in die gleiche Richtung blickt.«*

*Antoine de Saint-Exupéry*

Hundeführerscheins in unseren Augen nicht ausreichend beantwortet werden können.

**Ich stelle dir folgende Frage: Soll dein Hund nur funktionieren oder mit dir harmonieren?**

## Die innere Einstellung

Nun bist du dran! Was wünschst du dir von deinem Hund? Wie stellst du dir das Zusammenleben mit ihm vor? Ich leite seit 18 Jahren die Welpenschule in unserem örtlichen Hundeverein. Von welchen Wünschen ich höre und wie die Realität dann aussieht, das unterscheidet sich oftmals gravierend. Da kommt ein 80-Jähriger mit einem jungen Irish Setter (der ihm von seinem Sohn geschenkt wurde) mit dem Wunsch nach einem ruhigen und entspannten Zusammenleben mit seinem Hund. Der Hund soll genügsam sein und keine Ansprüche stellen.

Eine Dame mit einem Australian Shepard möchte gerne, dass ihr Hund frei auf ihrem Bauernhof herumläuft, nicht vom Hof weggeht und auch alle Besucher auf das Grundstück lässt. Da reden wir noch gar nicht von einer Familie, die sich einen Herdenschutzhund-Welpen aus Griechenland mitgebracht hat und mit ihm in einem Reihenaus wohnen möchte. Ich kann viele Beispiele nennen, wo Wunsch und Wirklichkeit gar nicht zusammenpassen (können).

Dazu ein Netzfund (»Je suis un chien du 21ème siècle.« Elsa Weiss Éducation Canine / Cynopolis) zum Nachdenken:

*»Ich bin ein **Malinois**: Ein Hochbegabter unter den Hunden. Ich brilliere in allen Disziplinen und bin immer bereit, zu arbeiten. Heute erwarten sie von mir, dass ich den ganzen Tag faul auf der Couch liege ...«*

*»Ich bin ein **Akita Inu**: Ein hervorragender Jagdhund – meine Vorfahren wurden allerdings auch für Hundekämpfe eingesetzt. Heute wird von mir verlangt, verträglich mit allen Artgenossen zu sein, und ich werde für mein aufbrausendes Verhalten gemaßregelt, wenn ich einen anderen Hund treffe.«*

*»Ich bin ein **Beagle**: Wenn ich meine Beute verfolgte, gab ich Laut, damit die Jäger uns folgen konnten. Ich habe den Reigen angeführt. Heute schnallen sie mir ein Stromhalsband um, damit ich leise bin und fordern, dass ich auf ein Fingerschnipsen zu ihnen zurückkomme.«*

*»Ich bin ein **Yorkshire Terrier**: Ich war ein gefürchteter Rattenfänger in den englischen Minen. Heute denken sie, dass ich meine Beine nicht zu gebrauchen weiß und tragen mich ständig auf dem Arm.«*

*»Ich bin ein **Labrador Retriever**: Meine größte Freude ist es, in einen Teich zu springen und meinem Meister die Ente zu apportieren, die er gerade erlegt hat. Heute vergessen wir, dass ich ein Jagdhund bin, ich bin fett geworden und soll den Babysitter für die Kinder der Familie spielen.«*

*»Ich bin ein **Jack Russel Terrier**: Ich bin in der Lage, mich einem Dachs, der größer ist als ich, in seinen eigenen Bau zu stellen. Heute schimpfen sie über meinen blöden Charakter und möchten mich in einen Schoßhund verwandeln.«*

*»Ich bin ein **Siberian Husky**: Ich bin die weiten Flächen Nordrusslands gewohnt, über die ich Schlitten mit eindrucksvoller Geschwindigkeit gezogen habe. Heute endet mein Horizont am Gartenzaun und meine einzige Beschäftigung besteht darin, Löcher in der Wiese zu buddeln.«*

*»Ich bin ein **Border Collie**: Ich bin gemacht, um acht Stunden täglich zu arbeiten und ich bin ein wahrer Virtuose bei der Arbeit an der Herde. Heute schelten sie mich, weil ich – in Ermangelung von Schafen – versuche, Fahrräder, Autos, die Kinder der Familie und alles, was sich bewegt, zu hüten.«*

*»**Ich bin** ... Ich bin ein Hund des 21. Jahrhunderts. Ich bin hübsch, ich bin aufmerksam, ich bin gehorsam, man kann mich in eine Tragetasche stecken ... aber ich bin auch ein Individuum, welches seine Instinkte ausleben muss, und ich bin nicht gemacht für das sesshafte Leben, das du für mich vorgesehen hast. Acht Stunden täglich alleine im Hof zu verbringen, dich am Abend kurz zu sehen, und als einzige Aktivität einen kurzen Gassigang angeboten zu bekommen, macht mich sehr unglücklich.*

Ein Parson Russell Terrier ist ein energischer Arbeitshund, der für verschiedene Aufgaben eingesetzt wird.

*Das werde ich zum Ausdruck bringen, indem ich den ganzen Tag belle, deinen Garten in ein Minenfeld verwandle und deine Wohnung als Hundeklo benutze – und wenn ich manchmal meinen Tag in meinem Körbchen verbringe, fühlst du dich bestätigt, dass ich diesen ganzen Komfort genieße, während du bei der Arbeit bist. In Wahrheit bin ich komplett depressiv, weil dies die Sichtweise des Menschen ist und nicht die des Hundes, selbst im 21. Jahrhundert.*

*Wenn du mich magst, wenn du schon immer von mir geträumt hast, wenn meine wunderschönen blauen Augen oder mein athletischer Körperbau in dir den Wunsch wecken, mich zu besitzen – aber du kannst mir kein echtes, erfülltes, lebenswertes Hundeleben ermöglichen, mir keine Aufgabe anbieten, die meine Gene herausfordern, dann lass' mich in Ruhe.*

*Wenn dir mein Aussehen gefällt, aber du nicht bereit bist, meine durch rigorose Auslese gefestigten Charakterzüge zu akzeptieren, und du meinst, diese mit etwas gutem Willen verändern zu können, dann lass' mich in Ruhe.*

*Ich bin ein Hund des 21. Jahrhunderts, richtig. Aber ganz tief unten in mir schlummert noch der, der kämpfte, der, der jagte, der, der einen Schlitten zog, der, der eine Herde hütete. Und eines Tages wird dieser wieder zum Vorschein kommen – auf Gedeih oder Verderb.«*

Bitte hinterfrage vor dem Kauf oder auch wenn du schon einen Hund hast, die ursprüngliche Verwendung der Rasse deines Hundes! Erkenne die Stärken deines Vierbeners und akzeptiere seine Schwächen! Du hast hoffentlich neben allen Alltagswünschen das große Ziel mit deinem Hund ein gutes Team zu werden! Und da kommen wir zu einem wichtigen Punkt für die praktische Umsetzung:

- **Lerne deinen Hund kennen und akzeptiere ihn so wie er ist!**

Wie oft zeichnet man vom eigenen Hund ein ganz anderes Bild, als dieser Hund sich darstellt. So kann es sein, dass der Besitzer viel mehr Schwächen sieht, als der Hund hat, oder ihn ganz anders einschätzt, als der Hund wirklich ist. In beiden Fällen werden einer Teambildung Steine in den Weg gelegt.
Mach am besten eine Gegenüberstellung: Welche Eigenschaften und Verhaltensweisen gefallen dir an deinem Hund besonders? Welche Eigenschaften und Verhaltensweisen zeigt der Hund, die dir nicht so gefallen? Sei ehrlich. Ich konnte mir nie vorstellen, mit einem Hund nicht »warm« zu werden.

## ANKA

**Bei meiner Schäferhündin Anka hat es sehr lange gedauert, bis ich sie annehmen konnte, deshalb erzähle ich unsere Geschichte.**

**Vorbemerkung:** Anka wurde 1995 geboren und kam 1996 zu mir. Es ist also einige Jahre her und Hundehaltung und Ausbildung haben sich seitdem glücklicherweise stark verändert. Eigentlich war es so gedacht, dass ich die damals einjährige Anka für einen Schäferhundezüchter ausbilden und alle Zuchtprüfungen mit ihr ablegen sollte. Anschließend sollte sie wieder zum Züchter zurückgehen, um Welpen aufzuziehen.
Später kam es dann ganz anderes: Ich kaufte Anka dem Züchter ab und sie blieb bei mir bis zu ihrem Tod.

Anka zog also bei mir ein und machte mir gegenüber einen aufgeschlossenen und fröhlichen Eindruck. Aber schon der erste Spaziergang wurde zu einer mittleren Katastrophe. Sie drehte völlig durch, als sie eine Katze sah und ignorierte mich am anderen Ende der Leine komplett. Sie fraß unterwegs im Vorbeigehen drei Mäuse mit Haut und Haaren auf. Natürlich sollte und musste sie erst einmal ankommen. Dieses Ankommen nutzte sie am nächsten Tag bei unserer Morgenrunde dazu aus, in einen Igel zu beißen und sich diesen so lange um die Ohren zu hauen, bis der arme Igel starb. Beim Anblick anderer Hunde rastete sie völlig aus, nach wie vor ignorierte sie mich beim Spazierengehen völlig. Wie es damals üblich war, lebte Anka im Zwinger und war nur ab und an mal im Haus ihres Besitzers. Sie lebte sich bei mir ein, zeigte aber kaum Regung und Emotion, wenn ich mit ihr in Kontakt trat. Einzig der grüne Tennisball verband uns im Training und bei den Spaziergängen. Mein Mut zum Freilauf für Anka wurde größer. Es klappte mit dem grünen Ball in der Tasche sehr gut (bis auf die Tatsache, dass sie nicht mehr schnüffeln gehen wollte und nur noch neben mir lief) – bis zu dem Moment, als der erste Hase vor ihrer Schnauze aufsprang. Ich sah Anka im Wald verschwinden, nach einiger Zeit tauchte sie mit langer Zunge und weit aufgerissenen Augen wieder auf.

Die Liste, was mir an diesem Hund nicht gefiel, war sehr lang. Positives an ihr erkannte ich nicht. Ja, Anka war im Training gut, aber ich war es gewohnt, mit meinen Hunden zusammenzuleben, zu interagieren und nicht nur nebeneinanderher zu gehen ...

Meine bisherigen Erfahrungen mit Hunden waren andere und ich war lange nicht bereit, Anka so zu akzeptieren, wie sie war, und einige Charakterzüge einfach als gegeben hinzunehmen. Es ist ein komisches Gefühl, wenn man mit einem Hund zwar sehr gut trainieren kann und mit ihm erfolgreich Prüfungen ablegt, aber genau dieser Hund im Alltag kaum Emotionen und positive Reaktionen zeigt.

Ich verstand Anka nicht. Manchmal konnte ich sie überhaupt nicht leiden, vor allem wenn sie sich mal wieder auf eine Katze stürzte, einen Igel killte, den Hund der Nachbarn am liebsten vierteilen wollte oder sich in grundlosem Dauergebell verwirklichte.

**ICH WOLLTE mit ihr so leben wie mit meinen anderen Hunden!**
**ICH WOLLTE mich nicht verändern!**
**ICH WOLLTE sie nicht verstehen!**

Anka hatte in ihrem ersten Lebensjahr praktisch nichts kennengelernt, außer das Grundstück, auf dem sie lebte, und den grünen Tennisball. Wenn sie bellte, war alles mit ihr in Ordnung, so wurde mir berichtet. Stille hingegen bedeutete nichts Gutes, da hatte sie dann gerade das ein oder andere Huhn um die Ecke gebracht. Mir wurde bei diesen Erzählungen bewusst, was für ein »Päckchen« Anka eigentlich zu tragen hatte.
Durch eine Veränderung in meinem Leben, verbunden mit einem Umzug, kam es dazu, dass die mittlerweile fünfjährige Anka mit mir alleine war und ich sie überwiegend in der Wohnung bei mir hatte. Ich war auf einmal sehr entschlossen, meine Einstellung gegenüber Anka zu verändern! Ich hörte auf, mich über ihr Verhalten aufzuregen. Ich betrieb striktes Management, so dass sie möglichst keinen Schaden anrichten konnte. Wenn dann doch mal wieder ein Igel daran glauben musste, dann versuchte ich, Verständnis für sie aufzubringen und sie nicht zu verurteilen. Ich ging nicht mehr allen Hundebegegnungen aus dem Weg, sondern traf mich mit ausgesuchten Mensch-Hunde-Paaren, damit sie ein klein wenig Kommunikation lernen konnte. Ich akzeptierte es, dass sie dabei einen Beißkorb trug.
Anka blieb bei mir an der Leine und ich verstand, dass dieser Hund nicht in den Freilauf konnte.
Wir packten endlich den grünen Ball weg und suchten uns andere, wirkliche Spielformen und Möglichkeiten.
Anka veränderte sich, ich veränderte mich. Was war das für ein ergreifendes Erlebnis, als sie mir das erste Mal wirklich in die Augen sah. Sonst schaute sie eher durch mich hindurch, mit gedachter Frage: »Wo ist mein Ball?« Ihre Augen wurden klarer und weicher, sie kam von sich aus zu mir zum Schmusen und sie zeigte das erst Mal Freude, wenn sie mich sah. Was für ein Gefühl, als sie bei freundlicher Ansprache anfing, mit der Rute zu wedeln. Und alles nur, weil ich aufgehört hatte, ihre Unarten zu verurteilen und einsah, dass auch ich mich ändern muss! Wie viel Zeit habe ich mit meiner Anka-Hexe-Feuerstein (so nannte ich sie inzwischen) vertrödelt, nur weil ich sie verbiegen wollte!

Anka, eine unbeugsame Persönlichkeit.

Das Leben mit Anka war immer anstrengend und der ein oder andere »Der-tut-nix-Hund« (übersetzt »Der-hört-nicht-Hund«) brachte uns in unserem Management an unsere Grenzen. Aber ich wusste, wie ich damit umgehen konnte. Anka wurde die Ziehmama von Cooper und Banja (das hatte ich nicht für möglich gehalten). Sie lebte gut in dem Dreierrudel und schlief friedlich mit 13,5 Jahren für immer ein.

Danke, Anka, du unbeugsame großartige Hundepersönlichkeit, dass du mir die Augen geöffnet hast!

Nicht nur wir Menschen haben Vorstellungen und Bedürfnisse, auch unsere Hunde haben sie. Wir sollten uns grundsätzlich fragen, ob unsere Sicht- und Lebensweise die richtige ist und ob wir unseren Hund nicht aus ganz anderen Blickwinkeln betrachten müssen. Stehe zu deinem Hund, beschütze ihn, wenn er es braucht, nimm ihn aus der Situation, wenn es notwendig wird, und lasse dich nicht von anderen Menschen beeinflussen, wenn dein Hund nicht der vermeintlichen Norm entspricht!

## Erziehung und/oder Ausbildung

Ich möchte über die beiden Begriffe Erziehung und Ausbildung sprechen. Oftmals wird alles in einen Topf geworfen. Ich bin der Meinung, dass sie unterschiedlich betrachtet werden sollten. Was verstehe ich unter Erziehung? Erziehung findet immer und überall statt. Sie definiert das gute Zusammenleben mit unserem Hund. Ich bezeichne sie auch gerne als Pflichtprogramm. Aber beschränkt sich Erziehung wirklich auf das Erlernen von Kommandos und Hörzeichen? Wie wird denn ein junger Hund in einem Hunderudel erzogen?

Der Welpe lernt bereits von seiner Mutter oder anderen erziehungsberechtigten Hunden, was er darf und was nicht. Es gibt viel Sozialkontakt und soziale Interaktionen im positiven und im beschränkenden Sinne. Der Welpe bekommt im Sozialkontakt die ungeteilte Aufmerksamkeit, kann im Spiel ausprobieren, wie weit er gehen darf, und lernt, mit Korrekturen umzugehen, da diese zum einen punktgenau sind (z.B. ein Abschnappen als Regulativ) und zum anderen sofort wieder vorbei sind und ein entsprechender Sozialkontakt angeboten wird. Es wird dem jungen Hund beigebracht, dass er nicht alles haben darf, was er möchte, dass er nicht überall hindarf, wo er gerne hin möchte und dass er beispielsweise Pflegemaßnahmen erdulden muss.

Keine Hundemutter fragt ihren Welpen, ob sie ihn jetzt gerade putzen darf. Und nicht jeder Tag läuft gleich ab. Mal sind die Großen sehr geduldig, mal weniger, mal darf der Kleine sich Frechheiten herausnehmen, mal nicht. Wie kann so etwas funktionieren? Ganz einfach: Hunde sind authentisch und sie meinen das, was sie kommunizieren. Mal übertragen auf die Erziehung unseres Hundes: Ist es wirklich Erziehung, wenn ich dem Hund jedes Mal ein Leckerli gebe, wenn er etwas richtig gemacht hat? Oder ist es Erziehung, wenn ich dem Hund Regeln vorgebe, für das, was mir in unserer gemeinsamen Familie wichtig ist und was eingehalten werden soll?

Was muss der Hund wirklich können? Sprechen wir es aus:

- Der Hund muss kommen, wenn ich ihn rufe
- Der Hund muss warten, wenn ich das möchte
- Der Hund soll bei mir bleiben, wenn ich gehe und ihn nicht freigebe
- Der Hund soll entspannt sein bei Begegnungen und niemanden belästigen
- Der Hund soll mit einem Verhalten aufhören, wenn ich es ihm sage

**Die Zuverlässigkeit der Ausführung ist die wichtigste Komponente.**

Ich komme später noch auf Stimmungsübertragung, Emotionalität und soziale Verstärker. In Kombination mit wichtigen Ressourcen haben wir wunderbare Voraussetzungen für eine gute Erziehung. Wenn ich von Ausbildung rede, dann sind es Aufgaben und Dinge, die ich meinem Hund beibringen möchte.

Hier ist es schwierig, das Verhalten der Hunde untereinander zu betrachten, denn Ausbildung ist eine Erfindung des Menschen – oder? Aber auch im Wolfsrudel werden die jungen Wölfe an verschiedene Verhaltensweisen, die sie erlernen sollen, herangeführt. Wie lernen sie Spuren zu lesen? Wie läuft eine erfolgreiche Jagd ab? Lernen über Nachahmung und Lernen am Erfolg (wir könnten es auch Belohnung nennen) ist beides im Repertoire der Kaniden enthalten. Spannend – oder?

**Eine sorgfältige Beobachtung des Hundeverhaltens macht Sinn, denn man kann wunderbar daraus lernen.**

Für die Ausbildung deines Hundes ist es eine gute Idee, wenn du aussprichst oder aufschreibst, welche Verhaltensweisen und sonstigen Dinge dein Hund lernen soll. Danach gehe diese Ausbildung in kleinen Schritten an und setze sie um.

Ob als Freizeitbeschäftigung daheim, auf dem Hundeplatz oder beim Spazierengehen: Es gibt viele Hundesportarten, die eine gute Ausbildung und Auslastung deines Hundes möglich machen. Für die Hundeausbildung stehen uns vielfältige Kommunikations- und Motivationsmöglichkeiten zur Verfügung. Soziales und emotionales Lernen ist faszinierend zu erleben.

**Erziehung ist Pflicht, Ausbildung ist Kür – beides ist wichtig für ein gutes Team!**

Alles geht zusammen, aber trotzdem sind die Trainingswege und Energien durchaus unterschiedlich. Wenn ich im Hundesport möchte, dass mein Hund ein schnelles, gerades Platz unter Körperspannung durchführt, so haben mein Hund und ich eine andere Energie, als wenn er sich daheim nur da, wo er sich

Ist ein Hund gut erzogen, darf er viele Freiheiten genießen.

gerade befindet, hinlegen und warten soll: Dann braucht er das Hörzeichen nicht explosionsartig zu befolgen und muss auch nicht unter Hochspannung liegen bleiben – verstehst du den Unterschied?

Es gibt einige Verhaltensweisen, die in der Erziehung und Ausbildung eines Hundes ähnlich sind und sich trotzdem in der Ausführung und in der Körperspannung des Viereiners unterscheiden sollten: z.B. das Stoppen, das Sitzen, das Liegen, das Herkommen und das Neben-dem-Menschen-Gehen. Aus diesem Grund macht es Sinn, sich sowohl Gedanken über die verschiedenen

Hundeausbildung auf hohem Niveau setzt eine gute Erziehung voraus.

Ausbildungsmethoden zu machen, als auch über die richtigen Hörzeichen.

## Hörzeichen für Erziehung und Ausbildung

Bei den Hörzeichen ist es wichtig, dass sich der Mensch im Klaren darüber ist, welche er für welches Verhalten verwenden will.

Nun frage ich dich: Glaubst du, dass du 24 Stunden am Tag konsequent sein kannst? Das bedeutet, den Beginn eines gewünschten Verhaltens mit einem Hörzeichen auszulösen und das Ende des Verhaltens mit einem Freigabe-Signal aufzulösen oder durch ein anderes Hörzeichen und ein anderes gewünschtes Verhalten zu ersetzen. Um dir ein Beispiel zu geben: Wenn mein Hund neben mir im »Bei« geht, dann sage ich O.K. (Auflösehörzeichen). Er darf sich dann wieder frei bewegen. Oder ich sage »Liegen« und das Hörzeichen »Bei« wird durch dieses Hörzeichen ersetzt. Ich kann so den ganzen Tag vollkommen aufmerksam mit meinem Hund umgehen.

Die meisten Menschen schaffen das nicht und das ist auch überhaupt nicht schlimm. Wichtig ist nur, dass es uns bewusst ist und dass wir Alternativen schaffen.
Befassen wir uns zunächst mit den möglichen Freigabehörzeichen. Sie geben den Hund damit in seine Welt frei. Der Hund darf seine Stimmung ändern, er darf seinen Wünschen und Interessen nachgehen. Unsere Kommunikation endet und er geht seiner Wege. Ich habe diesbezüglich die Erfahrung gemacht, dass, wenn dieses Freigabehörzeichen einmal aufgebaut ist, es vom Hund nie überhört wird! Es muss auch nicht zweimal gesagt werden. Welche Hörzeichen könnten das sein?
Hier zwei Beispiele: »Lauf«: Der Hund wird abgeleint und wartet auf die Freigabe.
»O.K.«: Das Verhalten, das vorher gezeigt wurde, darf aufgelöst werden. Beispielsweise darf der Hund nach dem Sitz wieder aufstehen. Die Freigabe ist immer dann wichtig, wenn ich Anfang und Ende des Verhaltens bestimmen möchte.

- **Ich nenne diese Hörzeichen auch »Muss-Hörzeichen«.**

Werden diese Muss-Hörzeichen verwendet, dann muss der Mensch die notwendige Konsequenz aufbringen, den Anfang und das Ende wirklich direkt und einmalig zu bestimmen. Das bedeutet vor allem Training für den Menschen! Beobachte dich: Wie oft musst du dein Hörzeichen wiederholen? Wie schnell nimmst du ein Auflösen des Hörzeichens durch den Hund hin, weil du es ohnehin gerade selbst auflösen wolltest?
Es kann durchaus sein, dass du mit anderen Dingen beschäftigt bist und dadurch dem Hund nicht die volle Aufmerksamkeit schenken kannst, ihn aber trotzdem in ein Verhalten bringen möchtest. Der Hund soll sich mal eben hinlegen, da er im Weg ist, kurze Zeit später ist

Das stabile Liegen im Alltag auch unter Ablenkung, bis die Freigabe kommt, ist ein unbedingtes Muss-Hörzeichen. Egal, welche Ablenkung gerade passiert.

es aber egal, wenn er wieder aufsteht. Diese Hörzeichen dürfen vom Hund selber wieder aufgelöst werden. Sie werden nur nach Bedarf vom Menschen noch einmal wiederholt und damit verlängert.

**Diese Hörzeichen nenne ich »Kann-Hörzeichen«.**

Und nun setzen wir es zusammen: Wir haben die gleichen Verhaltensweisen im Sport, in der Erziehung und im Alltag – z.B. das Hinlegen. Aber wir haben andere Emotionen und auch andere Hörzeichen. Das bedeutet:

**Ausbildung/Sport**
→ PLATZ → Muss-Hörzeichen

**Erziehung konsequent**
→LIEGEN → Muss-Hörzeichen

**Erziehung nebenbei**
→LEG DICH HIN → Kann-Hörzeichen

| Muss-Hörzeichen | | Kann-Hörzeichen |
|---|---|---|
| Steh | → | Warte mal |
| Sitz | → | Setz dich hin |
| Platz | → | Leg dich hin |
| Hier | → | Komm her |

Es ist nun deine Aufgabe, die Hörzeichen für dich zu definieren und auch einzuhalten! Einen Punkt möchte ich noch hinzufügen. Wenn ich einen Hund habe, der sich daheim und wenn ich mit ihm unterwegs bin, an die gesetzten Regeln hält, also gut erzogen ist, dann kann ich ihn viel besser für verschiedene Aufgaben ausbilden.

Ich gehe beispielsweise, um zu trainieren, gerne zu einem kleinen Sportplatz bei mir um die Ecke. Dort bilde ich meinen Hund aus.

Das bedeutet, ich bringe ihm Dinge für unseren gemeinsamen Hundesport bei. Das kann Apportieren, Fußlaufen oder Ähnliches sein. Dieser Sportplatz ist nicht eingezäunt und es führt eine Straße mit mäßigem Verkehr daran vorbei. Am Sportplatz gehen Leute vorbei, mit Kindern und/oder mit Hunden, es kommen Katzen den Weg entlang oder es sitzen Krähen frech auf der angrenzenden Wiese. Da meine Ausbildung und das Erlernen der Übungen meist ohne Leine stattfindet, muss ich mich darauf verlassen können, dass mein Hund nicht auf diese Ablenkungen reagiert. Er soll die Erziehungsregeln einhalten und darf nicht dorthinlaufen.

**Eine zuverlässige Ausbildung ist nur durch einen guten Alltagsgehorsam möglich!**

## Das Trainingsumfeld

Und nun die Gretchenfrage: Wo und wann soll man mit seinem Hund trainieren? Eigentlich spielt der Ort weniger eine Rolle, als die Frage, was trainiert werden soll, und ob man gerade wirklich trainiert oder vielmehr erzieht. Erziehungssituationen entstehen im Alltag,

Für die Ausbildung zum Rettungshund benötigt der Hund einen sehr guten Alltagsgehorsam.

das kann ich vorher nicht planen, manchmal passiert es einfach und ich sollte reagieren. Wie die Reaktion aussehen soll, steht auf einem anderen Blatt.

Es gibt einige Erziehungs-Grundsätze:

- Wenn ich keine Lösung für ein Problem habe, dann muss ich es so managen, dass dieses Problem im Moment nicht entstehen kann. **Beispiel:** Der Hund ist alleine in der Wohnung und es stehen Schuhe herum, die er sich gerne nehmen und zerstören würde. Es gibt keine Lösung, denn ich bin ja nicht da. Aus diesem Grund sollten die Schuhe weggestellt werden.
- Wenn ich weiß, dass ich meine Maßnahme durchsetzen kann, dann setze ich mich durch. **Beispiel:** Mein Hund darf nicht in die Küche, er versucht es aber trotzdem. Ich ergreife Maßnahmen, sodass er die Regel einhält.
- Wenn es ein Problem ist, wofür ich keine Lösung habe, dann ignoriere ich es oder lenke den Hund um. **Beispiel:** Mein Hund rennt einer Katze hinterher, ich übersehe es einfach, er kommt zurück und ich nehme ihn kommentarlos an die Leine und überlege mir eine Strategie, wie sich solch ein Fehlverhalten künftig vermeiden lässt.

Ich sage: Ort und Trainingszeit sind unwesentlich. Auf dem Fragezettel sollte eher stehen: Wie geht es mir? Wie geht es meinem Hund? Ist der Ort zum Trainieren geeignet? Wie steht es mit der Ablenkung? Wenn wir all diese Fragen positiv beantworten können, dann haben wir ein entspanntes Feld als Trainingsbedingung.

**Das entspannte Feld sind die Bedingungen des inneren und äußeren Raumes, die optimal sein sollen.**

- ✓ **Bedingungen des inneren Raums:** Haben wir (der Hund und ich) Hunger und/oder Durst? Sind wir müde oder tut uns etwas weh?
- ✓ **Bedingungen des äußeren Raums:** Ist Ablenkung von außen vorhanden? Schaut uns jemand zu? Spricht uns jemand an? Oder meint der Hund, die Wachfunktion übernehmen zu müssen?

Bitte unterschätze das Trainingsumfeld nicht! Die gute Nachricht: Wenn der Mensch dem Hund Sicherheit gibt und entspannt ist, wird sich diese Stimmung besser auf ihn übertragen. Meist hat der Hund mit den nicht optimalen Bedingungen des äußeren Raumes zu kämpfen. Vielleicht ist die Ablenkung zu groß, vielleicht fühlt sich der Hund dafür verantwortlich, auf seinen Menschen aufpassen und Gefahren abwehren zu müssen? Je mehr der Hund uns vertraut und je sicherer er sich in unserem Beisein fühlt, umso besser wird seine Trainierbarkeit und seine Spiellust an verschiedenen Orten, auch unter Ablenkung.

Natürlich gibt es Orte, wie z.B. Hundeplätze, die uns als Team ein gutes Trainingsumfeld bieten. Es entsteht aber größtenteils daraus, weil der Mensch weiß: Jetzt ist Hundetraining, jetzt will, soll und kann ich mich voll auf meinen Hund und auf das Training konzentrieren und habe Zeit dafür. Außerhalb des Hundeplatzes verhält sich der Mensch aber anders und schon benimmt sich der Hund auch anders – es liegt also an uns, das Trainingsumfeld so zu beeinflussen, dass wir optimal spielen und trainieren können.

Dass dies nicht 24 Stunden am Tag geht, muss uns allen bewusst sein – aus dem Grund sollte ein Training eingeleitet werden und auch das Ende klar signalisiert sein.

Das entspannte Feld sollte bei beiden Teampartnern gegeben sein.

**Anfang und Ende vom Training muss klar definiert und kommuniziert werden!**

Bei all unseren guten Trainingsvorsätzen ist es ganz wichtig, dass der Hund auch in seine Welt darf und sich wie ein Hund benehmen kann (schnüffeln, rennen, markieren usw.) und er nur auf »Stand-by« ist, um die wichtigsten Erziehungsregeln zu befolgen. Wenn ich meinen Hund trainieren/ausbilden, ihm also etwas beibringen möchte, dann gebe ich ihm die Info, dass es jetzt losgeht. Diesen Trainingsbeginn nennen wir auch Einstimmen. Beim **Einstimmen** bereiten wir uns und unseren Hund auf die jeweilige Aufgabe vor. Wir bauen einen Ablenkungsschutz auf und erhöhen die Motivation, wir erwecken die Lust am Tun. Über Ablenkungen haben wir schon gesprochen, sie stehen dem erfolgreichen Training entgegen, wenn sie zu groß sind. Sollen sich Trainingserfolge einstellen, so ist es wichtig, die Ablenkungen gezielt zu trainieren, sie zu erhöhen und damit die Unablenkbarkeit im Training zu erzielen.

Fang klein an, trainiere daheim mit wenig Ablenkung und in kleinen Trainingsschritten. Steigere die Schwierigkeit, aber sei dabei auch selber immer hoch konzentriert. Mache nicht viele Wiederholungen, sondern wenn was gut klappt, dann freue dich, belohne den Hund großzügig und gehe in den nächsten Lernschritt oder in eine andere Übung. Übertrage die Übungen, die schon gut sitzen, nach draußen auf den Spaziergang mit wenig Ablenkung und auf den Hundeplatz. Trainiere unter Ablenkungen bewusst und durchdacht. Und lasse dir Zeit – morgen ist auch noch ein Tag!

**Viele Hundebesitzer setzen sich sehr unter Stress und wollen gleich alles perfekt machen – sie lassen sich und ihren Hunden viel zu wenig Zeit.**

Der Weg ist das Ziel! In diesem Sinne schauen wir näher hinter die Kulissen von Mensch und Hund.

## Wer ist hier der Trainer?

Ich bin ein Hundetrainier! – Aha! – Bin ich das wirklich? Ja, ich glaube, ich kann meine eigenen Hunde sehr gut trainieren, kann sie gut lesen, kann sie im Training sehr gut bestärken und auch regulieren. Auch andere Hunde kann ich prima einschätzen und habe für ihr Verhalten richtige Lösungsansätze. Also bin ich ein Hundetrainer. Ja, aber!
Wenn ich mit Menschen und ihren Hunden trainiere, dann fühle ich mich als Trainer des Menschen. Ich möchte den Menschen dazu befähigen, dass er seinen Hund kennen und verstehen lernt, um ihn dann besser zu erziehen und zu trainieren. Ich möchte aus dem Menschen, der einen Hund hat, einen guten Hundetrainer machen! Also auch aus dir, lieber

Finde den richtigen Weg für dich und deinen Hund.

Leser! Es nützt nichts, wenn ich als Hundetrainer mit deinem Hund gut trainieren und es dir gut vorzeigen kann. Es reicht nicht aus, wenn ich weiß, wie mit deinem Hund umzugehen ist. ICH bin nicht DU! Lass uns gemeinsam Wege und Möglichkeiten finden, wie genau DU mit diesem Hund optimal zurechtkommst!

Und da sind wir schon bei Kreativität und Individualität, jedes Mensch-Hund-Team ist individuell und verschieden, somit benötigt es viele Lösungsansätze für das vielleicht gleich erscheinende Verhalten des Hundes. Nun kommst du ins Spiel, lieber Hundehalter und bald Hundetrainer. Ich beobachte immer wieder auf Hundeplätzen und auch im Einzelunterricht, dass der Trainer sich vorbereitet, er weiß, wie der aktuelle Stand vom Hund ist, wie und was wiederholt werden sollte. Er möchte das Team verbessern und ihm auch neue Dinge beibringen. Und das macht er dann für sechs bis acht Teams, die er trainiert. Bringt es dich als Trainer deines Hundes aber wirklich weiter? Oder befindest du dich da nicht in einer hübschen Komfortzone, wo andere das Denken für dich übernehmen? Das ist praktisch, das ist einfach, aber bringt es dich mit deinem Hund wirklich als Team voran? Wenn du weiterkommen möchtest, dann bist DU gefragt!

Lerne, wie du deinen Hund optimal trainierst und ihn erziehst! Werde selbstständig und hole dir ab und an Tipps beim Training unter Aufsicht. Um dich zu verbessern:

- Schreibe ein Trainingstagebuch
- Definiere deine Wünsche und Ziele
- Reflektiere jede Trainingseinheit mit deinem Trainer oder auch, wenn du selber was trainierst
- Schreibe die Übungen auf und mache dir einen Plan für das nächste Training
- Lasse dir neue Übungen zeigen
- Binde diese neuen Übungen in dein weiteres Training ein

Eine positive Einstellung zum Hund und zum Training zusammen mit einem guten Trainingsplan wird dich voranbringen.

### Werde DU der beste Hundetrainer für deinen Hund!

Hab immer einen Plan und für Plan A noch Alternativen (Plan B und Plan C)! Wenn du an einem Problem arbeiten möchtest, wenn du einen Trainingsweg für neue Übungen suchst, dann richte dich nach diesen vier Grundsätzen:

### Erkennen – Denken – Fühlen – Handeln!

**Erkenne** und analysiere das Problem (wertfrei!)!
**Denke** über Trainingsansätze nach (besprich dich mit Fachleuten)!
**Fühle**, ob diese Trainingsidee zu dir und deinem Hund passt!
**Handle** und beginne zu trainieren!

# Zwei Spezies – ein Team!

## Menschen und ihre Hunde

### Warum passen Hund und Mensch so gut zusammen?

Seit vielen tausend Jahren leben Menschen und Vierbeiner zusammen, vor ca. 30 000 Jahren kam es bereits zur ersten Annäherung. Jahrtausende länger als mit jedem anderen Haustier. Warum aber kam es zu diesem wundersamen Bündnis? Es gibt unzählige wissenschaftliche Abhandlungen, die alle zu dem Schluss kommen, dass sich eine außergewöhnliche Freundschaft zwischen Menschen und Hunden entwickelt hat. Was verbindet den Hund mit dem Menschen? Welche Eigenschaften machen das »Besondere« aus? Es gibt einige Parallelen zum Sozialverhalten des Menschen. Wie wir leben auch Hunde und Wölfe in sozialen Verbänden und kommunizieren untereinander über Körpersprache, Mimik, Gesten und verschiedene Laute. Hunde haben ihre Lautsprache ausgebaut und sich dem Menschen somit angenähert. Welche Eigenschaften sind in einem Sozialverband wichtig?

Tatsächlich wollen wir uns in unserem sozialen Verband verstehen und ein gutes gemeinsames Leben führen. Unsere Hunde sind ausgesprochen intelligent, kooperativ und auch anpassungsfähig. Lass uns daher über Intelligenz und Kooperation sprechen. Intelligenz bei Hunden, wie kann man sich das vorstellen? Der Begriff Intelligenz ist vielschichtig und schwer greif- und erklärbar. Ich würde es so beschreiben wollen, dass unsere Hunde verschiedene Fähigkeiten haben und entwickeln, um in ihrem Leben und in ihrem Rudel/ihrer Gruppe gut und besser zurechtzukommen. Innerhalb der Gruppe wird soziale Intelligenz benötigt. Soziale Intelligenz umfasst Trainierbarkeit, die Eigeninitiative, Lösungen zu finden, eine schnelle Auffassungsgabe und eine hohe Motivation. Ausschlaggebend für die soziale Intelligenz sind instinktive Intelligenz (ererbte Fähigkeiten) und adaptive Intelligenz (erlernte Fähigkeiten).
Wir dürfen aber nicht den Fehler begehen und ausschließlich die Kooperationsbereitschaft als Maßstab für Intelligenz ansetzen. Es gibt sehr ursprüngliche Hunderassen, die selber Entscheidungen finden und treffen müssen oder sollen, und bei denen Kooperation nicht gefordert ist, wie z.B. bei den Herdenschutzhunden oder auch den Wachhunderassen. Wie kreativ Hunde ihre Aufgaben lösen, ist ein guter Indikator für Intelligenz.

*»Hunde mit einer derart hohen Motivation und Lernbereitschaft wirken zwar im ersten Moment interessant, spätestens im Zusammenleben werden aber alle Nachteile deutlich«, so Hundeversteher Martin Rütter. Die Führung solcher Hunde ist wesentlich komplexer und anstrengender, da sie immer neue Wege finden werden, Regeln zu umgehen und mehr ausprobieren. Der Hundeexperte rät sogar wortwörtlich eher zu »dummen Hunden«, da diese im Umgang wesentlich genügsamer sind.«*

www.martinruetter.com

Der deutsche Schäferhund hat eine ausgeprägte Trainierbarkeit und kooperiert gern mit seinem Menschen.

Ich würde mich gerne mit dir darauf einigen, dass es nicht pauschal »dumme« oder »intelligente« Hunde gibt! Ein Grund, warum unsere Hunde so gut zu uns passen und wir miteinander klarkommen, ist ihre Fähigkeit, mit uns zu kooperieren. Hunde können und wollen kooperieren, sie müssen aber lernen, wo genau in unserem Familienverband ihr Platz ist. Hunde sind Teamplayer, wenn es für sie erfolgsversprechend ist.

### TEAM

Stell dir eine Fußballmannschaft vor, die das Ziel hat, ihr Spiel zu gewinnen. Würden nun alle 11 Spieler inklusive Torwart auf das gegnerische Tor zurennen und versuchen, den Ball zu erwischen und hineinzuschießen, dann hätte dieses Vorhaben wohl wenig Erfolg. Aber in einem perfekten Zusammenspiel, bei dem jeder seinen Platz im Team kennt und alle miteinander kooperieren, steigt die Chance auf ein Tor und damit auf den Sieg. Aber reicht es, allen Mitgliedern des Fußballteams zu sagen, wo ihr Platz ist und dass sie kooperieren sollen? Nein! Sie müssen das verstehen, erlernen und trainieren! Die Mannschaft wächst zusammen und wird als Team stärker. Aber diese Teamarbeit muss gepflegt und erhalten werden. Da kommen Fragen auf: Wer sagt, wie das geht? Wer bestimmt die Regeln? Wer überwacht das Training? Und da sind wir beim Punkt: Ein Team braucht einen Kapitän, einen Trainer, einen, der weiß, wo es langgeht und wo es hingehen soll.

Lass deiner Phantasie freien Lauf und stell dir vor, wie du dieses Bild auf dein Zusammenleben mit dem Hund übertragen kannst. In den nächsten Kapiteln werde ich darauf noch intensiver eingehen.
Zu Menschen und ihren Hunden: Hunde können Bindungen eingehen, die sozial und nicht ausschließlich sexuell motiviert sind, das gilt für Menschen ebenso. Hunde verstehen viel und reagieren sehr emphatisch. Sie beobachten viel und übernehmen Verhalten vom Sozialpartner. Sie reagieren auf unsere positiven Emotionen und spüren ehrliche Freude und Lob. Das macht sie so einzigartig und so besonders.
Hunde erleben und verstehen aber auch die Stimmungen ihrer Sozialpartner und können gut damit umgehen.

Unsere Hunde haben sehr feine Antennen und beobachten uns ganz genau.

Jetzt komme ich zu unserer Idee im Zusammenleben mit dem Hund: Die soziale und emotionale Verbindung. Vorher nehme ich die Hunde- und Menschentypen genauer unter die Lupe.

## Hundetypen und Menschentypen

### Hey Hund, was für ein Typ bist du?

Jeder Hund ist individuell, jeder Mensch ist individuell, da sind wir uns sicher einig. Aber es macht trotzdem Sinn, sich mit den verschiedenen Hundetypen zu beschäftigen, so ist die eine oder andere Verhaltensweise besser erklärbar. Es wird außerdem klarer, warum wir und unsere Hunde zusammenpassen.

### MICA UND WARIN

**Ich erzähle dir von Mica und Warin.**
Mica und Warin (eigentlich Magic-Warin, da will ich genau sein) sind Kinder von meinem wunderbaren Denzel, der als Deckrüde eingesetzt wird. In meiner Familie entstand der Wunsch, eine Tochter von Denzel aufzunehmen, und der kleine Warin wurde sehnsüchtig in Deutschland erwartet.

Die Einreisebestimmungen machten es aber notwendig, dass er für ein paar Wochen Asyl bei seinem Papa bekam, bis er fix und fertig geimpft endlich von seinen Besitzern in die Arme geschlossen werden konnte. Natürlich wäre er auch bestens bei seiner Züchterin aufgehoben gewesen, aber wir vertrauten uns und ich hatte einen Miniwelpen auf Zeit. Diese Zeit habe ich sehr genossen und konnte eine kleine Feldstudie zum Thema: »Wie lustig ist das Rudelleben« starten. Corona bedingt lernte ich die Welpen erst am Tag ihres Einzugs kennen. Das gestaltete sich in etwa wie folgt:

**Mica und Warin erkundeten die neue Umgebung:**
**Mica**: »Wow, cool ein neuer Garten – boah, ich weiß gar nicht, wo ich zuerst hin soll.«
**Warin**: »Moment, ich muss mich erstmal hinsetzen, überlegen und schauen, das ist schon eine Menge Neues hier.«
**Mica**: »Hehe, Bruderherz, auf geht's – ich habe was entdeckt.«
**Warin**: »O.K. ,Schwesterlein, wenn du meinst, dann komme ich natürlich mit schauen.
**Mica**: »Wariiiiin, ich bin gerade hier auf der Terrasse und versuche, auf die Bank zu klettern.«
**Warin**: »Mensch, Mica, ich bin doch noch gar nicht fertig in der anderen Ecke zu schnüffeln.«

**Mica und Warin lernen ihren Papa Denzel kennen:**
**Warin**: »Uiiiii ist der groß, da bleib ich lieber mal stehen und warte ab, was das wird und sage vorsichtig von weitem Hallo. « **Mica**: »Wahh, der sieht so aus wie ich, dem muss ich schnell die Schnauze küssen und mich doll freuen.«
**Denzel**: »Hallo, Warin, was bist du denn für ein Netter, ich werde dich mal in aller Ruhe abschnüffeln.« »Ehhh, Mica, mach mal langsam, bitte. Wie, du merkst nicht, dass ich es nicht gut finde? Also muss ich wohl mal deutlich knurren.«

**Mica und Warin und die ersten Spaziergänge:** (Mica mit ihrem Herrli und Warin mit mir)
**Mica**: »Hallo, Welt, ich komme. Was riecht es hier lecker und die tollen Blätter, die hier herumfliegen. Ach, genau, dieser Mensch, den ich schon gut kenne, ist auch dabei. Mal schnell Futter abholen und weiter die Welt erkunden. Wie, da kommt was von vorne – ein anderer Mensch, da muss ich erstmal bellen, einer muss ja hier Bescheid geben, dass was nicht passt.«
**Warin**: »Ohhh, ich muss erstmal stehen bleiben und schauen. Mein Mensch hat Futter mit, das habe ich schon mitbekommen – ist der toll und interessant. Wie? Bei Blickkontakt zu ihm gibt es was, das passt gut. Mal ein bissle schnüffeln – schauen – essen – wie toll. Am besten, ich gehe gar nicht so weit weg von meinem Menschen. Ohh, da vorne kommt jemand – Blick zum Menschen – kannst du das bitte regeln?«

Fällt dir etwas auf? (Jetzt rate mal, welchen Welpen Denzel lieber behalten hätte.) Mica und Warin sind verschiedene Hundetypen.

Die kleine Geschichte beschreibt es deutlich. Günther Bloch (Wolfsforscher, Kynologe und Autor) spricht gerne von A- und B-Typen bei den Kaniden (Hunden und Wölfen). Der **A-Typ-Hund** ist eher offensiv, sehr neugierig und wagemutig, mit dem Drang nach vorne. Meine einfache Erklärung: Diese Hunde machen erst und denken dann.

Mica und Warin, zwei Geschwister, die unterschiedlicher nicht sein können.

Der **B-Typ-Hund** ist eher abwartend und beobachtend, er handelt oft sehr überlegt braucht aber manchmal länger. Meine einfache Erklärung: Der »Dichter« und Denker – erst denken, dann handeln.

Jetzt wäre es ja eigentlich einfach: Schublade A auf, den Hund, der dazu passt, hinein. Schublade B auf und den anderen Hund hinein – fertig. Ganz so einfach ist es aber nicht, es gibt Rassemerkmale, die eine große Rolle spielen und oftmals auch Mischtypen, die sich in verschiedenen Situationen einmal so und einmal anders verhalten. Und weil ich noch nicht fertig bin, erzähle ich vom Anführer-Typ, vom geselligen Hund und vom Seelchen. Der Anführer-Typ oder auch Kopfhund hat wirkliche Führungsqualitäten. Er hat Ausstrahlung, eine klare Körpersprache und ist sehr überzeugt in dem, was er tut. Oft sind diese Hunde nicht ganz so kooperativ und bereit sich einzuordnen. Sie würden in einem Rudel eher eine vordere Rangstellung einnehmen. Die Kopfhunde bilden unter den drei oben genannten Hundetypen mit 3–5 % die mit Abstand kleinste Gruppe. Und wenn jemand zu dir sagt, er habe einen sogenannten »Alpha-Hund«, dann bedeutet das oft übersetzt, dass dieser Hund führen muss, obwohl er das gar nicht kann und meistens eher unerzogen ist.

**COOPER**

**Cooper, ein Hovawart:** Wer Cooper kannte, der erinnert sich sicher an Folgendes: Cooper ist nicht einfach irgendwo hingekommen – er ist »erschienen«. Seine Bewegungen waren kraftvoll und überlegt, sein Blick klar und sehr selbstbewusst. Er entschied in verschiedenen Situationen selbstständig und immer richtig. Er beeindruckte die Menschen durch seine souveräne und freundliche Art und hatte bei Hundebegegnungen immer die richtige Strategie. Manchen »Möchtegern-Großprotzen« blieb bei seiner Souveränität die Spucke weg und sie verzogen sich lieber. Er beeindruckte die Menschen, auch Menschen, die nichts mit Hunden zu tun hatten. Aber er war auch sehr eigenständig und lustbetont in seinen Handlungen, was das Training mit ihm nicht immer einfach machte – ein geborener Anführer-Typ – was für ein Geschenk, dass ich diesen Typ Hund an meiner Seite haben durfte.

Der gesellige Hund ist eher der einfache Typ. Er lässt sich schnell überzeugen, sodass er problemlos mit dem Menschen kooperiert – ich nenne ihn auch den »Na-gut-Hund«. Dazu ein kleiner Schwank aus meiner Kindheit: Wenn meine Mama mir erklärte, dass ich etwas nicht tun sollte und ich das einsah, dann sagte ich immer: »Na gut.« Der gesellige Hund will sich in der Regel gerne einordnen und hat wenig Führungsanspruch. Er ist gut trainierbar und auch recht leicht zu erziehen. Natürlich beeinflussen

Rasseeigenheiten sein Verhalten. Er gehört zur größten Gruppe unter den Hunden mit ca. 70–75 %.

### DUKE

**Duke, ein Labrador:** Duki, wie er liebevoll genannt wird, bricht schon beim Aufnehmen des Blickkontakts mit einem Menschen in Freude aus. Er ist ein sehr fröhlicher Hund und möchte mit seiner Besitzerin gerne kooperieren. Er lernt sehr schnell, ist aber manchmal fast zu schnell oder zu ungeduldig. Da kann es schon einmal vorkommen, dass er ruckzuck die Leine klaut, fröhlich seine Kreise dreht und sich diese um die Ohren haut. Aber er möchte seinem Menschen trotzdem gefallen. Rassespezifisch ist er auch zu anderen Hunden sehr freundlich, manchmal etwas ungestüm. Seine Leidenschaft ist Fressen. Da er eine hervorragende Nase besitzt, findet er alles Fressbares in seiner Umwelt. Das ist seine »Baustelle«, ansonsten ist er ein äußerst liebenswerter und angenehmer Begleiter.

Das Seelchen ist ein eher unterwürfiger Hundetyp. Meist unauffällig und unscheinbar mit einer sehr festen Bindung an den Menschen. Das Seelchen möchte in der Gruppe wenig alleine entscheiden und verlässt sich auf den Menschen. Oftmals interessieren sich diese Hunde wenig für ihre Umwelt und folgen ihrem Menschen auch ohne Leine im Nahbereich. Anderen Hunden gegenüber ist ein Seelchen manchmal etwas unterwürfig, besser gleich zeigen, dass man keine Ansprüche stellt. Was leider auch öfter zur Folge hat, dass die anderen Hunde dann erst recht draufhauen. Ein Seelchen sollte aufgebaut und unterstützt werden. Interessant ist es, dass überproportional viele Straßenhunde diesem Hundetyp entsprechen. Sie sind wohl so unauffällig, damit sie besser toleriert werden. Diese unsicheren Hunde machen ca. 25 % der Hundepopulation aus.

### AIKO

**Aiko, der Prügelknabe:** Aiko ist ein Bordercollie-Mischling vom Bauernhof. Er kam in eine Familie und war da eher unauffällig. Ohne Leine blieb er bei seinem jugendlichen Besitzer und lief in geduckter Haltung eng neben ihm. Er konnte sich als Welpe und Junghund außerhalb des Gartens nicht lösen, es war alles viel zu furchteinflößend dort draußen. Andere Hunde versetzen ihn eher in Panik. Und schon in der Welpengruppe mussten die Trainer aufpassen, dass er nicht zum Mobbing-Opfer wurde. Mit Aiko wurde viel an seinem Selbstbewusstsein und seiner Selbstsicherheit gearbeitet. Das Spielen mit seinem Besitzer hat ihm dabei geholfen.

Natürlich gibt es auch bei diesen Hundetypen nicht nur Schwarz und Weiß. Es gibt durchaus gesellige Hunde mit Verhaltensweisen vom Anführer-Typ, oder gesellige Hunde, die sehr sensibel sind und in Richtung Seelchen tendieren. Alle Charaktere haben ihre Vor- und Nachteile und auch ihre Menschen, die zu ihnen passen.

Jeder Hund hat seinen ganz eigenen Charakter und es ist klar, dass es nicht möglich ist, bei allen Hunden mit den gleichen Ausbildungstipps Erfolg zu haben. So individuell wie jeder Hund ist auch jeder Mensch. Jedes Mensch-Hund-Team ist einmalig.

Cooper, der Kopfhund, auch mit 14 Jahren ist er noch ein Anführer-Typ.

## Menschentypen im Überblick

Eine neuere Studien der Forscher der Northwestern University in Evanston in den USA versuchte die Charaktere der Menschen in vier unterschiedliche Typen einzuteilen:
Der **»durchschnittliche Typ«**, der sich durch Geselligkeit, aber weniger durch emotionale Stabilität auszeichnet. Zudem verharrt dieser Typ lieber in gewohnten Mustern, als sich neuen Herausforderungen zu stellen.
Der **»reservierte Typ«**. Menschen, die dieser Kategorie zugeordnet werden können, sind zwar weniger gesellig, dagegen aber sehr zuverlässig und kompromissbereit. Sie sind rationaler und weniger emotional.
Der **»Vorbild-Typ«**. Dieser zeichnet sich durch Aufgeschlossenheit und eine emotionale Stabilität aus. Auch Offenheit ist ein Merkmal dieser Kategorie.
Der **»Selbstzentrierte«**. Er ist zwar auch gesellig, neigt aber dazu, schnell gekränkt zu sein und nimmt weniger Rücksicht auf andere.

Es gibt eine weitere Einstufung der Menschen, dabei steht ihr Temperament im Vordergrund. Hier beschrieben im Zusammenhang mit der Hundeauswahl.

**Choleriker**
- schnell erregbar
- wählt häufig den Hund aus, der sehr aktiv und aufgedreht erscheint

**Sanguiniker**
- lustig, manchmal wenig ernsthaft
- wählt häufig den Hund aus, der sehr aktiv und aufgedreht erscheint

**Melancholiker**
- eher negativ denkend – »Ja, aber ...«
- wählt häufig den Hund aus, der anscheinend der Schlauste ist

**Phlegmatiker**
- schätzt ein ruhiges Leben, eher gelangweilt
- wählt häufig den Hund aus, der am inaktivsten erscheint

Da stellt sich die Frage: Ziehen Gegensätze sich an oder gesellt sich eher gleich und gleich? Es ist auf alle Fälle von Vorteil, sich selbst gut einschätzen zu können. Man sollte außerdem die verschiedenen Hundetypen kennen und dieses Wissen bei der Auswahl des Hundes berücksichtigen.

Die Trainingsansätze für die verschiedenen Typen sind durchaus unterschiedlicher Natur – ebenfalls die Herangehensweise an die Erziehung. Doch wie sieht es häufig in der Realität aus?

**BALOU**

**Erika und ihr Rottweiler** (frei erfunden und trotzdem so wahr): Erika ist eine eher zarte Person. Sie fällt auf durch eine gewisse Extrovertiertheit, sie kleidet und schminkt sich auffällig. Ihr Traumhund ist ein Rottweiler und sie wird bei einem Züchter dieser Rasse vorstellig. Wer Rottweiler kennt, weiß, dass das sehr wesens- und durchsetzungsstarke Hunde sind, die eine gute und souveräne Führung benötigen. Sie sind dazu noch groß und kraftvoll.

Beim Züchter zu Besuch, die Welpen waren 6 Wochen alt, tapste ein kräftiger kleiner Rüde sofort auf Erika zu und kletterte auf ihren Schoß. »Er hat mich ausgesucht«, vermeldete Erika verzückt. Dass er dieses Verhalten bei jedem Besucher zeigte, interessierte Erika wenig. Der Kleine kletterte derweil weiter auf Erika herum und begann, an

Rottweiler sind große, willensstarke Hunde, die eine gute Führung durch den Menschen benötigen.

ihrem Jackenärmel zu zerren. Erika fand das süß und versuchte, die Jacke aus dem Rottweiler-Babymaul wieder zu entfernen, was Balou mit heftigem Knurren und Schütteln quittierte. Das zauberte auf Erikas Gesicht ein verzücktes Lächeln und sie ließ ihn weiter zergeln. Als der kleine Mann fertig war, schmiegte er sich in Erikas Arme und kuschelte ein wenig. Da war es dann ganz um Erika geschehen und sie wollte genau diesen Hund und sonst keinen. Der kleine Rottimann hatte dann auf Kuscheln schnell keine Lust mehr und zappelte kräftig, um sich aus Erikas Liebkosungen zu befreien, natürlich setzte sie ihn sofort auf den Boden.

Die anderen Welpen beachtete sie gar nicht, auch hörte sie beim Gespräch mit dem Züchter nur halbherzig zu, denn sie hatte ihren Hund gefunden und alles andere würde sich finden. Da sie sich sehr gut belesen fühlte, und auch ihre Eltern einmal einen Hund hatten, wollte sie es mit der Erziehung von ihrem Balou vorerst selber versuchen. Sie meinte, dass Hundetrainer sich ja sowieso nur eine goldene Nase verdienen wollten. Nach einem Jahr meldete sich Erika mit ihrem bereits 50 kg schweren Rottweiler dann doch zu einem Hundekurs an. Es gäbe so einige kleine Schwierigkeiten, nichts Schlimmes ...

Die kleinen Schwierigkeiten waren: Erika konnte Balou, wenn er an der Leine anzog, nicht mehr halten.
Balou wollte überall hin und sich alles anschauen, das durfte er als Welpe und Junghund auch. Als das dann nicht mehr ging und es ihm verwehrt wurde, reagierte er sauer und setzte diesen Frust in eine Leinenaggression um. Balou ließ

sich nicht von Männern anfassen und beschützte sein Frauchen. Wenn Erika etwas von Balou forderte, dann machte er so lange mit, wie es ihm gefiel. Er ließ sich nicht festhalten und mochte es auch nicht, wenn an ihm herummanipuliert wurde. Aber Erika liebte ihr Schätzchen Balou über alles.

An dieser Stelle lasse ich die Geschichte enden. Es ist eine der vielen Geschichten, bei denen Mensch und Hund vom Persönlichkeitstyp, aber auch vom Kräfteverhältnis, einfach nicht zusammenpassen. Trotzdem: Erika und ihrem Balou können wir mit unserem Basisprogramm helfen, im Rahmen ihrer Möglichkeiten ein gutes Team zu werden.

## Missverständnis und Höflichkeit

Wie ist das eigentlich, wenn man sich einen Hund anschafft? Liest man vorher verschiedene Bewertungen? Schaut man, wie viele Sterne vergeben wurden? Überprüft man Qualitätsvergleiche? Lässt man sich vom »Verkäufer« beraten? Ich würde sagen, wenn es richtig gut läuft, schaut man nach Qualitätsunterschieden und lässt sich von einem seriösen Züchter beraten. Das ist aber eher die Ausnahme als die Regel. Die Herkunft der jährlich registrierten neuen Hundewelpen spricht eine andere Sprache. Aber es ist so wie es ist, die meisten Hunde passieren einfach – ohne größere Vorbereitung. Oft auch, wenn die Familienplanung abgeschlossen ist – das letzte Kind hat bekanntlich Fell. Früher war es eher so, dass ein Hund für einen bestimmten Zweck angeschafft wurde. Mein erster Hund beispielsweise sollte das Grundstück und das Haus bewachen. Er durfte, wenn überhaupt, nur stundenweise im Haus an einem ihm zugewiesenen Platz liegen. Er wurde erzogen und ausgebildet. Wenn dieser Hund am Supermarkt angebunden war, dann wusste jedes Kind, dass es im gebührenden Abstand an ihm vorbeizugehen hatte und keinesfalls auf ihn zu! Mein erster Hovawart hat mich als junges Mädchen verteidigt, wenn mich jemand nur schief anschaute. Dabei hing er in der Leine und legte unmissverständlich alle 42 Argumente frei.

Der Riesenschnauzer unserer Nachbarn hatte mal einen Einbrecher auf dem Grundstück gestellt, dafür bekam der Besitzer von der Polizei einen Präsentkorb überreicht. Nein, früher war nicht alles besser – aber es war anders. Mensch und Hund lebten gut neben- und miteinander. Es gab nicht so viele Berührungspunkte, bei denen Missverständnisse entstehen konnten. Leben und leben lassen, das war die Devise. An unsere heutigen Hunde werden viel höhere Ansprüche gestellt. Sie leben mit im Haus und dürfen hier viele Dinge nicht tun, die sie gerne tun würden. Sie sollen auf unseren Wunsch den Besuch einlassen und sich freundlich und zurückhaltend verhalten. Sie reisen mit uns, können im Auto warten, bleiben friedlich allein im Hotelzimmer und maulen keinen merkwürdigen Menschen an, auch wenn sie das ab und zu wohl gerne tun würden. Beim Spazierengehen erwarten wir, dass sie niemanden belästigen und dass sie zu keinem anderen Hund hinlaufen.

Und nun sind wir Menschen gefordert, auf unsere Hunde aufzupassen und sie, wenn möglich, keiner Situation auszusetzen, in der sie selbst Entscheidungen treffen müssen. Hunde, die in einer Familie mit Kindern leben, die in der Stadt zuhause sind und sich regelmäßig mit einer Menge Artgenossen bei Begegnungen auseinandersetzen müssen, haben es nicht einfach. Auch Hunde, die ohne Grenzen und Richtlinien zurechtkommen müssen, haben kein leichtes Leben. Viele Missverständnisse zwischen Mensch und Hund sind bei diesen Szenarien vorprogrammiert.

Das sind die größten Missverständnisse im Zusammenleben zwischen Mensch und Hund:

- Der Hund ist immer an letzter Stelle in der Familie und muss auch die Kinder als »ranghöher« akzeptieren
- Der Hund hat sich alles wegnehmen zu lassen, von jedem Familienmitglied
- Wenn der Hund etwas nicht will, dann soll er sich immer zurückziehen
- Der Hund hat sich von jedem anfassen zu lassen
- Der Hund darf niemals knurren
- Der Hund muss sich mit allen anderen Hunden vertragen

Ich möchte darauf näher eingehen und ein bisschen in die Natur schauen.

- **Der Hund ist immer an letzter Stelle in der Familie und muss auch die Kinder als »ranghöher« akzeptieren.**

Es wird gerne propagiert, dass der Hund alle Menschen in der Familie als »ranghöher« akzeptieren muss, auch die Kinder. Da muss man sich doch die Frage stellen, ob überhaupt eine Rangordnung zwischen Mensch und Hund existiert.

## Rangordnung – gibt es die?

Unter Rangordnung versteht man Überlegenheits-Unterordnungs-Beziehungen. Ranghohe Tiere haben meist einen größeren Handlungsspielraum und einen Vortritt zu Ressourcen wie beispielsweise Nahrung, Schlaf- und Ruheplätzen oder zu Paarungspartnern.

Hunde müssen sich an unseren modernen Alltag anpassen können.

Jetzt stellen sich in Bezug auf die Beziehung Mensch-Hund folgende Fragen:

- Streiten wir mit unserem Hund um Nahrung? Manche Hunde sehen die Nahrungsmittel ihrer Menschen schon als Hundenahrung an.
- Haben wir die gleichen Schlafplätze? Naja, die Couch vielleicht.
- Haben wir die gleichen Sexualpartner? Das hoffe ich nicht.

Meine Schlussfolgerung: Es gibt zwischen Mensch und Hund (in einem Haushalt) eine rangordnungs-ähnliche Beziehung. Auch zwischen Kind und Hund gibt es diese, aber ist das Kind automatisch der Chef? Ich würde mich mit meinen Hunden als Familie bezeichnen wollen und wer hat in einer Familie in der Regel das Sagen? Hoffentlich die Eltern! Ich glaub nicht, dass es in einer Familie mit mehreren Kindern an der Tagesordnung ist, dass die 6-jährige Tochter dem 12-jährigen Bruder sagen darf, was er zu tun und zu lassen hat. Und daraus kann man unschwer ableiten, dass wir als Eltern für unsere Kinder und unseren Hund verantwortlich sind und **beiden** erklären müssen, wie gutes Familienleben funktioniert!

Sind Kinder »ranghöher« als der Hund in der Familie?

- **Der Hund hat sich alles wegnehmen zu lassen, von jedem aus der Familie.**

Auch hier ein Blick darauf, wie das unter Hunden funktioniert. In erster Linie geht es darum, wie wichtig eine Ressource für denjenigen ist, der sie gerade besitzt, und ob er regelmäßig Zugang dazu hat. So kommt es häufig vor, dass sich ein Hund sein Spielzeug von einem anderen Hund aus seiner Gruppe wegnehmen lässt, bei Futter aber dann keinen Spaß versteht. Beim Fressen im Rudel, z.B. bei Wölfen, werden auch rangniedrigere Tiere komplett in Ruhe gelassen, wenn sie ein Stück ergattert haben. Und wir Menschen bilden uns ein, dass sich unser Hund alles von uns und möglicherweise auch von unseren Kindern wegnehmen lassen muss? Mir ist es wichtig, dass ich meinem Hund bei Bedarf alles aus dem Maul nehmen kann. Das muss aufgebaut und trainiert werden, da es eben nicht zum selbstverständlichen Hundeverhalten gehört. Und es gibt eine Regel: Das, was ich meinem Hund gegeben habe, darf er immer behalten! Es wird nur, wenn es nicht anders geht, gegen etwas Besseres ausgetauscht. Meine Hunde müssen keine Sorge haben, dass ich ihnen etwas wegnehme, wenn ich ihnen beim Fressen zu nahekomme. Deswegen haben auch die Kinder der Familie in der Nähe des Hundes nichts zu suchen, wenn dieser etwas zu fressen hat – mein Tanzbereich, dein Tanzbereich. Und wieder sind die Eltern dafür zuständig, dass die Regeln von Kind und Hund akzeptiert werden!

- **Wenn der Hund etwas nicht will, dann soll er sich immer zurückziehen.**

### KINDERSTUBE

Jetzt schauen wir einmal in die Kinderstube des Menschen: Martin, 8 Jahre alt, nervt seinen kleinen Bruder Olaf. Er ärgert ihn, zwickt ihn und zieht an seinen Haaren. Versucht dann der kleine Olaf sich nur zurückzuziehen? Nein, er wird wütend und schnauzt seinen Bruder Martin an. Hört dieser nicht auf, dann kommt es zu einem handfesten Streit. Sind die Eltern in der Nähe, würden sie wohl Martin ermahnen, aufzuhören, damit Olaf seine Ruhe hat. Olaf weiß, dass er sich auf seine Eltern verlassen kann!

Und nun kommen wir zu unserem Hund. Wie es im Rudelleben unter Hunden aussieht, dazu komme ich später noch. Der Hund ist ebenfalls ein »Kind« in unserem Familienverband. Und er soll ich sich nicht so verhalten dürfen, wie Olaf es darf? Gebt dem Hund die Sicherheit, dass ihr als Eltern in eurer »Familie« diese Situation für ihn lösen werdet!

- **Der Hund hat sich vom jedem anfassen zu lassen.**

Ich war ein eher distanziertes Kind, vielleicht aufgund meiner Herkunft, denn im ehemaligen Osten war es unüblich, dass man sich unter Familienmitgliedern oder Freunden überschwänglich und körpernah begrüßte. Ebenso wären wir als Kinder nie auf die Idee gekommen, fremde Hunde einfach zu streicheln. Selbst jetzt in meiner Arbeit als Hundetrainerin übe ich mich in höflicher Distanz zu anderen Hunden.

Was ist eigentlich Körperkontakt unter Hunden und wann findet er statt? Hunde streicheln sich natürlich nicht gegenseitig, aber sie belecken und beknuddeln sich, und das findet ausschließlich unter bekannten Hunden statt. Nun hat eine gute Zuchtselektion bewirkt, dass unsere Hunde freundlicher fremden Menschen gegenüber geworden sind und somit auch weniger Probleme haben, sich anfassen zu lassen. Nicht jeder Hund muss sich von Fremden anfassen lassen, es sei denn, ich sage ihm, dass ich das möchte (z.B. beim Tierarzt). Dieses Verhalten, dass kein fremder Mensch den Hund anfasst, ist völlig normal. Liebe Hundeeltern, achtet bitte darauf, dass ihr euren Hund vor »Übergriffen« beschützt, damit er es nicht selber tun muss!

- **Der Hund darf niemals knurren.**

Wird dir der Mund verboten, wenn du Kritik äußern möchtest? Darfst du nicht sagen, wenn dir etwas nicht passt? Knurren gehört in das Repertoire der Hundesprache. Es hat zunächst weder etwas mit Aggression, noch mit Dominanz zu tun, sondern es ist ein Teil der wichtigen hundlichen Kommunikation. Daher bitte das Knurren nicht sofort sanktionieren, sondern erst analysieren, weshalb der Hund knurrt, die Gründe dafür finden und sein Verhalten oder die Situation anpassen oder ändern.

Knurren ist Kommunikation. Nicht mit jedem »Zähneblecken« zeigt der Hund aggressives Verhalten.

**COOPER**

Mein Rüde Cooper hatte »heilige Füße«. Wenn ich beim Dreckabrubbeln zu grob war oder einfach in seinen Augen nicht vorsichtig genug, dann hat er leise geknurrt. Ich wusste dann, es war zu doll, habe ihm gesagt »alles klar, Coopsi« und vorsichtig weitergemacht. Damit war die Welt für ihn und für unser Team wieder in Ordnung!

**DENZEL**

Wenn mein Denzel sich im Schlafzimmer in seine Ecke verzieht, dann will er nicht mehr gestört und auch nicht mehr gestreichelt werden. Sollte ich das dennoch tun, dann brummelt er in seinen Bart bis ich sage: »Alles klar, Denzel« und damit aufhöre.

■ Knurren ist Kommunikation!

- **Der Hund muss sich mit allen anderen Hunden vertragen.**

## SZENARIO

Ich stelle mir folgendes Szenario vor: Ich gehe mit meinem Kind spazieren, auf einmal kommt ein anderes Kind angerannt, etwas größer als meines vielleicht, stoppt kurz vor ihm und fängt an, ihm die Mütze vom Kopf zu nehmen, ihm die Jacke auszuziehen und in seinen Hosentaschen zu kramen. Ich würde wohl als Mutter sehr verdutzt schauen, mein Kind würde seinem Naturell entsprechend ausweichen oder auch herumschreien. Von einer entspannten Situation wären wir weit entfernt. Würde ich mein Kind in dieser Situation mit dem Hinweis »sieh zu, wie du da herauskommst« einfach stehen lassen und weitergehen? Niemals würde mein Mutterherz das zulassen. Ich würde vielmehr die Situation klären und dann die Mutter des anderen Kindes auffordern, ihrem Kind Benehmen beizubringen.

Und bei meinem Hund? Ich bin unsicher in der Situation und lasse ihn im Regen stehen, indem ich mich hinter und nicht vor ihn stelle. Ich bin enttäuscht, wenn mein Hund sich nicht freundlich benimmt und frage mich, ob er nicht ganz normal ist. Und ich traue mich nicht, den anderen Besitzer darauf anzusprechen, da es dann heißen könnte, dass sein Hund doch freundlich war und meiner böse. Aus der anderen Perspektive betrachtet wird es auch nicht besser. Wenn sich mein Kind einem anderen gegenüber so aufführen würde, dann wäre mir das äußerst peinlich. Ich würde alles daransetzen, diese Situation in Zukunft zu vermeiden. Ich habe allerdings wenige Hundebesitzer erlebt, die sich entschuldigt haben, nachdem ihr Hund in meinen hineingebrettert ist, oder die das Verhalten ihres Hundes für bedenklich gehalten hätten. Merkst du etwas? Hier besteht eine gewaltige Schieflage und offensichtlich ein großes Missverständnis. Ich möchte auf der einen Seite mit Missverständnissen aufräumen und dich auf der anderen Seite dazu befähigen, deine Gruppe/deine Familie mit Hund überlegt, durchdacht mit den nötigen Freiräumen und Regeln zu managen.

Die wirklich gute Nachricht ist, dass die meisten Hunde Opportunisten sind. (Anmerkung: Opportunismus bezeichnet die zweckmäßige Anpassung an die jeweilige Situation beziehungsweise Lage.) Das begründet auch ein Stück weit ihre Ausnahmestellung in der Beziehung zum Menschen. Sie können sich sehr gut anpassen, wenn es für sie zum Vorteil reicht. Demnach ist es dann doch unsere Aufgabe, deine Aufgabe, meine Aufgabe, herauszufinden, was für den Hund wichtig ist, und wofür er bereit wäre, sich anzupassen, sein Verhalten zu ändern und auch etwas dafür zu tun. Ich rede nicht nur von tollen Leckerlis oder Spielzeug, aber dazu komme ich später.

Ein paar Worte möchte ich noch über die Höflichkeit verlieren. Eigentlich nicht nur ein paar Worte, weil mir Höflichkeit gegenüber meinem Hund (natürlich auch gegenüber anderen Hunden und Menschen) sehr am Herzen liegt. Ich erwarte, dass man mir gegenüber höflich ist. Was ist Höflichkeit eigentlich? (Manchmal denke ich, dieses Wissen geht heutzutage verloren.)

■ **Höflichkeit ist eine Umgangsform, gemeint ist damit Rücksicht, Respekt, Freundlichkeit, Zuvorkommenheit und Offenheit.**

Gegenseitige Höflichkeit zeugt von einem guten Team und einem respektvollen Umgang miteinander.

Mit dem Wort Höflichkeit meinen wir im Allgemeinen gutes Benehmen. Gutes Benehmen bedeutet Rücksichtnahme, Einfühlungsvermögen und auch, sich in jemand anderen hineinversetzen zu können.

## Warum ist Höflichkeit wichtig?

Höflichkeit und gutes Benehmen schaffen eine gute Atmosphäre und Sicherheit. Mit den wichtigsten Regeln lernen Kinder und Hunde, in ungewohnten und neuen Situationen automatisch, das richtige Verhalten an den Tag zu legen. Wir möchten in unserem Zusammenleben Mensch-Hund einen guten Umgang miteinander haben. Dazu müssen wir erst einmal selbst höflich mit dem Hund umgehen und dem Hund als Parallelschritt vermitteln, dass wir auch von ihm gutes Benehmen erwarten. Bleiben wir vorerst in unserem eigenen kleinen Mikrokosmos im Umgang untereinander. Geben und Nehmen ist hier die Devise!

### WELPENSCHULE

Frau M. kommt mit ihrem Pudelwelpen in die Welpenschule, etwas knapp dran, da die Kinder mal wieder herumgetrödelt haben. Diese sind mit von der Partie, ein Mädel und ein Junge, die den kleinen Pudel an einem schlecht sitzenden Geschirr hinter sich herzerren. Der gut geschulte Welpentrainer erkennt die Situation und rät dazu, den Pudel auf den Arm zu nehmen, weil er sich im Augenblick nicht richtig traut, in den abgezäunten Bereich zu den anderen Menschen und Hunden zu gehen.

Pudel sind wunderbare, intelligente Hunde, die sicher nicht zum »Mitlaufen« in der Familie oder als Spielzeug für die Kinder geeignet sind.

Er muss das erst kennenlernen. Sogleich geht ein Streit zwischen den Geschwistern los, wer den kleinen Pudel auf den Arm nehme darf. Es folgt ein Kampf um die Leine, den die Mama gerade noch unterbrechen kann, indem sie das Pudelchen selbst auf den Arm nimmt. Der sehr umsichtige Welpentrainer achtet darauf, dass der Pudel im anschließenden Sozialspiel nicht überfordert wird und erklärt einige theoretische Hintergründe.

Die Mama hört nur mit halbem Ohr zu, weil sie auch ihre Kinder im Blick behalten muss. Es geht in weiterer Folge um kleine Übungen mit dem Hund, der Hund soll zunächst ein »Schau« lernen. Nur halb zugehört, wird dem Pudel mit einem Leckerli kurz vor seiner Nase ein Sitz kommandiert. Der Hund kippt vor lauter Schreck auf seinen Popo, bekommt das Leckerli in den Hals gestopft und ziemlich zeitgleich wuscheln die Mama-Hand und noch zwei Kinderhände seine noch nicht vorhandene Pudelperücke kaputt.

Völlig verschreckt spuckt der kleine Pudel das Leckerli aus und versucht schnell einen entsprechenden Sicherheitsabstand zu bekommen. Sieht so Rücksicht und Einfühlungsvermögen aus? Eher nicht! Das ist leider aber oft die traurige Realität im Hunde-Familienalltag.

## Höflichkeit ist keine Einbahnstraße!

Auch ein Hund sollte in seiner Entwicklung einen höflichen Umgang mit seinen Bezugspersonen, mit Kindern und auch mit anderen Hunden innerhalb und außerhalb der Familie erlernen. Dazu ein Beispiel, das gar nicht so selten ist.

### MINI-AUSSIE

Susanne hat einen Mini-Aussie, der hat nur vergessen, dass er ein Mini-Aussie hätte werden sollen und mittlerweile die Größe eines normalen Aussie mit einem Gewicht von gut 20 kg erreicht (dieser unwichtige Aspekt sei nur am Rande erwähnt). Der Hund heißt Cuno. Susanne lebt alleine, arbeitet im Homeoffice und hat keine Kinder. Mit ihrem Cuno kommt sie an und für sich gut zurecht. Sie liebt ihn und ist der Meinung, dass auch er sie ganz besonders mag. Wenn sie sich im Haus bewegt, verfolgt er sie auf Schritt und Tritt, geht sie ins Bad und macht die Türe hinter sich zu, dann kratzt er von außen daran. Geht die Türe wieder auf, dann springt er sie ziemlich ruppig an – sie ist verzückt, dass er sie so vermisst hat. Bekommt sie Besuch, drängelt sich Cuno

immer zwischen sie und den Besucher. Am Abend auf der Couch liegt er bei ihr auf dem Schoß, es ist eigentlich etwas unbequem für Susanne, aber er will doch nur nahe bei ihr sein.
Draußen hat sie ein bisschen mit seinem Beschützerinstinkt zu kämpfen – aber eigentlich findet Susanne es auch irgendwie gut, dass der Hund auf sie aufpasst. Wenn Cuno das Ableinen nicht schnell genug geht oder er das Leckerchen nicht schnell genug bekommt, dann springt er ihr gerne direkt ins Gesicht – aus Versehen natürlich. Wenn Susanne sich mit jemandem unterhalten möchte, und Cuno ist an der Leine, dann fängt er an zu bellen und an der Leine zu reißen. Geht sie dann weiter, springt er vor Freude(?) schnell noch an ihr hoch. Insgesamt fühlt sich Susanne sehr geliebt von ihrem Cuno. Alles scheint in bester Ordnung, auch wenn seine Liebe manchmal wohl etwas grob ist, ab und an sogar wehtut oder nervt.

Zum Glück waren Susanne und ihr Hund bei einer CreaCanis-Trainerin. Diese erklärte ihr, dass es wenig respektvoll ist, wie sich Cuno benimmt. Cuno musste lernen, zurückzustecken und dass er nicht immer die erste Geige im Leben von Susanne spielt. Dafür gab es Qualitytime mit Susanne, sie spielte ausgiebig mit Cuno, er durfte kleine Aufgaben erledigen und ist jetzt sogar eine gute Haushaltshilfe für Susanne, weil er alles aufhebt und bringt.

■ **Also sei höflich zu deinem Hund und verlange auch von ihm, dass er mit dir respektvoll umgeht!**

Schauen wir gemeinsam, wie das unter Hunden, die sich kennen, funktioniert.

## Hunde unter Hunden – wie lustig ist das Gruppenleben

Wer das Glück hat, mit mehreren Hunden zusammenleben zu dürfen, und Spaß daran hat, seine Hunde und ihr Verhalten untereinander zu beobachten, der hat die wunderbare Möglichkeit, täglich Lehrstunden über hündische Kommunikation zu bekommen. Was für ein Fundus an Verhaltensweisen, die fast nebenbei und unglaublich authentisch ablaufen. Eingepasst in das Zusammenleben, in den Tagesablauf und angepasst auch bei außergewöhnlichen Situationen. Wir können dabei so viel sehen und eine Menge über Respekt, Höflichkeit, klare Kommunikation, kurze Korrektur und Versöhnung lernen. Dazu ist es aber wichtig, dass du, mein lieber Hundehalter, sensibel genug bist, das nicht nur zu erkennen, sondern auch deine Rückschlüsse daraus zu ziehen.

Die Trainerin Martina erzählt dazu ihre Beobachtungen:

### ZORBA UND BENNY

**Alles eine Frage der Höflichkeit!** Nun leben sie schon seit etwas mehr als vier Jahren gemeinsam in unserem Rudel, die 7 1/2-jährige Zorba und der 4 1/2-jährige Benny. Beide echte Hovawarte, wie es der Rassebeschreibung entspricht. Tante Zorba hat bei dem kleinen Rüden, der mittlerweile größer und schwerer ist als sie, von Beginn an großartige Erziehungsarbeit geleistet. Insbesondere hat sie ihm alles über Höflichkeit beigebracht, auf das sie, selber nicht zimperlich im Umgang mit anderen Hunden, überaus großen Wert legt. Was sich gar nicht gehört, und daher auch nicht akzeptiert wird, sind Rempeln, Drängeln und Dinge ungefragt nehmen, die von Rechts wegen gerade von jemand anderem beansprucht werden.

Und so erhielt und erhält der Kleine eine um die andere Lektion, manchmal auch recht deutlich und heftig. Steht Zorba ihr Reich überblickend an strategisch dafür günstiger Position im Garten, ist Benny gut beraten, bei seinen wilden Läufen die Kurve so zu nehmen, dass er vor dem Zusammenstoß mit der Hündin noch abbremsen oder ausweichen kann.

Schafft er das nicht, folgt die Maßregelung auf dem Fuße: Er hat sich hinzulegen und darf erst wieder aufstehen, wenn er sich beruhigt hat und Madame ihm das huldvoll gestattet. Nimmt er in einem vermeintlich unbeobachteten Augenblick Zorbas Kauknochen, der natürlich interessanter ist als sein eigener, so geht die Hündin ruhig, aber bestimmt zu seinem Platz, nimmt ihm den Knochen weg, legt ihn vor sich hin und blockiert Benny allein mit ihrem Blick. Sobald er aufhört, lästig zu sein, gibt sie den Knochen regelmäßig frei und er darf ihn haben – so als wollte sie sagen: »Man sagt bitte, wenn man etwas nehmen will.«

Am schlimmsten aber ist das Dazwischendrängen, wenn Zorba mit Frauli zergelt. Unlängst wollte sich Benny doch tatsächlich die Beißwurst aus dem Zergelspiel heraus schnappen. Und weil er auf das erste Knurren hin nicht von dieser Idee abließ, sondern im Gegenteil die Zähne freilegte, setzte es gehörige Prügel.

Auf beschwichtigende Signale von Benny hin endete das Ganze unverzüglich. Wenn auch die Nase ein wenig blutete und wohl auch der männliche Stolz ein bisschen angekratzt war – ein zärtliches Lefzenbussi von Tante Zorba machte alles wieder gut!

Zorba und Benny sind ein Dream-Team und können gut miteinander kommunizieren.

Diese Geschichte und die Beobachtungen sind nicht ungewöhnlich, sondern normaler Hunderudel-Alltag. Können wir uns da etwas abschauen und im Zusammenleben mit dem Hund verwenden? Es wird immer wieder behauptet, wir Menschen wären keine Hunde, also brauchen wir auch nicht so zu tun als ob und versuchen, uns wie Hunde zu verhalten, denn wir können es sowieso nicht! Das möchte ich so nicht stehen lassen! Der erste Teil der Aussage ist wohl wahr, wir sind Menschen und keine Hunde. Den zweiten Teil, dass wir Hundeverhalten nicht anzuwenden brauchen, da uns der Hund nicht versteht, dem möchte ich vehement widersprechen! Unsere Hunde sind Meister im Lesen bereits der kleinsten Signale von uns Menschen. Sie versuchen diese schon als Welpe mit den ihnen geläufigen und bereits gelernten Kommunikationssignalen abzugleichen. Jeder, der mit einem Welpen schäkert, wird eine Antwort erhalten, wenn er Spielsignale anbietet. Der Welpe wird sich etwas zurückziehen, wenn der Mensch ihn anknurrt, und auf eine freundliche und versöhnende Einladung hin sofort wieder Kontakt aufnehmen. Und das alles versteht er, obwohl wir Menschen sind. Wir sollten unsere Hunde auf keinen Fall in Bezug auf zwischenartliche Kommunikation unterschätzen! Im Gegenteil! Wir sollten endlich anfangen, sie zu beobachten und von ihnen zu lernen! Ich denke, dass es schon von Beginn an für den Hund Missverständnisse gibt, wenn er bei seiner Menschenfamilie einzieht. Dabei wollen wir doch alles richtig machen, oder? Und schnell sind wir gefangen in einer Vermenschlichung, wodurch vielleicht Probleme entstehen, die bei einer artgerechten Herangehensweise gar nicht entstanden wären!

### Vermenschlichung als Faktor für Problementwicklung?

#### WALDEMAR

**Waldemar zieht ein oder ein Rauhaardackel besteigt seinen Thron:** Herr und Frau S sind im rüstigen Rentenalter. Die Kinder sind schon länger aus dem Haus und kommen mit den Enkeln regelmäßig zu Besuch. Schon lange besteht der Wunsch, einen Hund in die Familie aufzunehmen, denn endlich ist die Zeit dafür da. Die Entscheidung fällt auf einen Rauhaar-Zwergdackel aus liebevoller Hobbyzucht – nein, Papiere brauchen sie keine. Er soll ein Familienhund sein und nicht aus diesen sogenannten Leistungszuchten. Sie wissen, dass Dackel Arbeitshunde mit einem starken Charakter sind, aber mit viel Liebe und eben aus einer Hobbyzucht wird das schon klappen. Waldemar soll er heißen, der kleine Dackel, und die Wartezeit auf den Welpen ist lang. Frau S nutzt die Zeit, um sich auf den kleinen Welpen vorzubereiten, nur das Beste vom Besten wird natürlich gekauft. Die Familie wird informiert, wann der große Tag des Einzuges ist und natürlich zum Willkommensbesuch eingeladen. Der Tag ist da und Aufregung macht sich breit – heute wird der kleine Schatz, wie er jetzt schon liebevoll von Frau S genannt wird, bei ihnen einziehen.

Herr S freut sich natürlich auch, hat aber ein bisschen das Gefühl, als ob seine Frau kurz vor der Geburt ihres ersten Kindes stünde. »Waldi« alias Waldemar wird von den neuen Besitzern abgeholt und übersteht die Autofahrt auf dem Schoß vom Frauli gut. Schlafen konnte er nicht, dafür war alles viel zu aufregend. Daheim angekommen, darf Waldemar das Haus inspizieren, selbstbewusst macht er sich auf den Weg. Frauli läuft ihm hinterher, damit ihm ja nichts passiert. Pünktlich zur Ankunft von Waldi haben sich die Kinder mit den Enkeln versammelt.

Sie brechen in Entzücken aus und Waldi dreht vor lauter Freude richtig auf, lustig springt er die Enkel an, die verzückt quickend vor ihm weglaufen. Das lässt Waldemar zur Hochform auflaufen und er verbeißt sich in die Hosenbeine. Aber er ist ja so niedlich. Nach der Willkommensgaudi soll der kleine Dackelmann sein Fressen erhalten. Doch er schaut nur mäßig erfreut in seine Schüssel und schnüffelt in Richtung Esstisch, riecht es dort doch viel verlockender. Frau S sieht die Not des kleinen Waldi, schneidet ihre Wurst für ihn klein und bröselt diese über sein Futter, gekonnt sucht sich Waldi die Leckerbissen raus, den Rest des Futters verschmäht er. Danach wird ihm sein Körbchen eingerichtet und er soll schlafen – will er aber nicht! Er steht jammernd am Hosenbein von Frauli, die ihn sofort auf ihren Schoß nimmt, wo er sich einkuschelt und schläft. Waldemar lebt sich schnell ein, nur kann er nicht alleine bleiben und jammert und zerstört alles, was ihm unterkommt. Wenn Herr und Frau S wieder heimkommen, springt er sie die ganze Zeit an und bellt dabei aufgeregt. »Wie sehr er uns doch liebt«, denken sich Herr und Frau S.

Dackel sind äußerst selbstbewusste und agile Hunde, die wissen, was sie wollen, und ihre Ziele vehement verfolgen.

Auch das mit »in seinem Körbchen schlafen« klappt nicht so ganz, er hat seinen Platz im Bett und auf der Couch gefunden. Das Fressen funktioniert gut, aber nur, wenn er Lust und Zeit dafür findet. Aus einer Hundeschüssel frisst er gar nicht, aber wenn das Trockenfutter auf dem Teppich liegt und dort auch 24 Stunden zur Verfügung steht, dann findet er manchmal Zeit zum Fressen. Das Essen seiner Familie schmeckt allerdings immer. Beim Spazierengehen möchte Waldi nicht an der Leine laufen, er liebt es, getragen zu werden und die Welt von oben zu betrachten. Andere Hunde beobachtet er mit großem Interesse, da würde er auch drauf zulaufen. Frauli nimmt ihn aber vorsichtshalber schnell hoch, damit ihm nichts passiert. In eine Hundeschule oder auch Welpenstunde geht Waldi nicht. Das ist ja nur für große Hunde und ein kleiner Hund muss nicht erzogen werden. Er ist eh so lieb und der ganze Stolz von Familie S. Waldemar ist mittlerweile 10 Monate alt. Das Nicht-an-der-Leine-Laufen hat sich gewandelt in: der Dackel zieht an der Leine wie ein Rottweiler. Der Anblick anderer Hunde versetzt Waldi in große Aufregung. Er bellt wie ein Verrückter und will zu dem anderen Hund. Leider darf Waldi nicht mehr frei laufen, denn er rennt sofort in den Wald und musste schon einmal gesucht werden. Im Garten gräbt er große Löcher, aber er liebt es und ist auch in Ordnung für Familie S. Die Enkel mag er noch immer und er ist schon sehr gut geübt, ihnen in einem unbeobachteten Moment das Käsebrot aus der Hand zu stehlen. Sein Essen liegt wie immer auf dem Teppich, denn aus einer Schüssel isst er nicht. Es darf mittlerweile kein Mensch mehr in die Nähe dieses Teppichs kommen, da kann er richtig böse werden. Als frühreifer Dackel hebt er mit sechs Monaten schon das Bein. Jeder Geruch draußen ist extrem interessant und er hat da überhaupt keine Zeit für seine Menschen. Daheim liegt es sich immer noch am bequemsten auf dem Sofa oder im Bett. Herr S schläft seit zwei Monaten im Gästezimmer, da Waldi ihn nach einem nächtlichen Toilettengang nicht mehr zu Frau S ins Bett ließ. Auch auf der Couch gibt es Probleme, wenn Waldi als erster auf ihr sitzt. Frau S darf sich in die andere Ecke setzen und wenn er Lust hat, kommt er zum Kuscheln. Herr S wird angeknurrt. Dieser hat mittlerweile auch richtig Respekt vor Waldemar, hat er ihn doch schon zweimal so gebissen, dass es geblutet hat. Die Sofakissen rückt sich Waldi oft zurecht, um auf ihnen herum zu rackeln. Frau S kann sie ihm nicht wegnehmen, denn dann knurrt er auch sie an. Als Waldemar ein Jahr alt ist, sucht Familie S einen guten Hundetrainer und denkt über eine Kastration nach.

Diese Geschichte, nicht einmal frei erfunden, zeigt deutlich, dass das Beste aus dem Blickwinkel des Menschen, nicht immer das Beste für den Hund sein muss. Versuche dich in den Hund hineinzuversetzen. Du kennst dich nicht aus, probierst ein paar Verhaltensweisen und hast immer Erfolg. Du versuchst das beste Essen zu erhalten und bekommst es. Du willst an der Leine irgendwohin und darfst es. Wenn dir was nicht passt, dann sagst du es deutlich und es wird akzeptiert. Also, wie fühlst du dich? Gut, oder? Deine Wünsche werden erfüllt und du lernst es nicht anders kennen. Wie solltest du dann wissen, dass das irgendwann nicht mehr in dieser Form erwünscht ist oder sogar stört? Vermenschlichung des Hundes ist sicher ein sehr großes Thema, weil es oft nur unterschwellig passiert. Blicken wir in diesem Zusammenhang einmal Richtung Kindererziehung, stellt sich die Frage, ob nicht auch Kinder Entscheidungsfreiheiten bekommen, obwohl sie sich lieber an Vorgaben und Richtlinien halten würden. Möchtest du Käse oder Wurst auf dein Brot? Möchtest du das rosa oder gelbe Kleid anziehen? Das werden Kinder, die noch nicht einmal sprechen können, gefragt. Wäre es dann nicht eine gute Tat der Eltern, die Entscheidung für das Kind zu treffen?

Ihr dürft mich jetzt nicht falsch verstehen, ich möchte keinesfalls Hunde 1 : 1 mit kleinen Kindern vergleichen. Aber ich möchte gerne auf Gemeinsamkeiten und Verhalten in der Erziehung hinweisen. Wohingegen Kinder irgendwann einmal in ein Alter kommen, in dem sie selber Dinge entscheiden müssen und sich als junge Erwachsene auf ein selbstständiges Leben vorbereiten, ist dies bei unserem Hund nicht der Fall. Unser Hund wird im Normalfall immer im Familienverbund bei uns bleiben und unser (Klein-)Kind bleiben. Also wäre es wichtig, dass wir Regeln aufstellen, die er auch gut befolgen kann. Im Ausgleich dazu macht es Sinn, dem Hund Beschäftigungsmöglichkeiten anzubieten, bei denen er selber entscheiden kann oder darf. Und ja, der Hund soll nicht nur »Folgen lernen«, sondern sich auch entfalten dürfen! Ein Hund, der nur Regeln befolgt oder Befehle ausführt, ohne sich selber etwas erarbeiten zu dürfen, wird hilflos. Diese Hilflosigkeit ist hausgemacht und wird dem Charakter des Hundes und seiner Kreativität nicht gerecht. Also, wo will ich hin? Es gibt ein paar Regeln im Zusammenleben mit dem Hund, die für unsere »Familie« wichtig sind (diese können je nach Umfeld durchaus unterschiedlich definiert sein). Es gibt viele Entfaltungsmöglichkeiten für den Hund, wo er mit seinem Menschen zusammen etwas erleben und erlernen darf, wo er sich ausprobieren darf und auch entscheiden kann. Diese Ausgeglichenheit zwischen Regeln und Freiräumen zu erreichen und zu erhalten, ist ein wichtiges Ziel in einem guten und harmonischen Mensch-Hund-Team.

## Regeln als Basis für Freiheiten

Bleiben wir bei den Regeln. Was ist mir wichtig in meinem Zusammenleben mit dem Hund? Welche Regeln soll der Hund einhalten und befolgen? Hast du das für dich schon einmal definiert? Ich zähle hier auf, was uns an Wünschen in unseren Seminaren genannt wird, was der Hund tun oder lassen soll:

- ✓ Der Hund soll nicht an der Leine ziehen
- ✓ Der Hund soll kommen, wenn ich ihn rufe
- ✓ Der Hund soll sich mit Artgenossen vertragen
- ✓ Der Hund soll nicht an Menschen hochspringen
- ✓ Der Hund soll nichts zerstören
- ✓ Der Hund darf die Kinder nicht anknurren
- ✓ Der Hund soll kein Essen stehlen

- Der Hund soll nicht immer bellen
- Der Hund darf nicht auf das Bett oder auf die Couch
- Der Hund muss sich alles wegnehmen lassen
- Der Hund darf nicht jagen

Diese Liste könnte ich jetzt noch beliebig fortsetzen. Kennst du einige dieser Wünsche? Schreibe deine Wünsche an den Hund auf! Und jetzt kommen wir zum nächsten Schritt: Lies dir deine Wünsche an den Hund ganz genau durch! Wie oft kommt darin vor, dass der Hund irgendwas nicht tun soll? Formuliere deine Wünsche positiv! Beschreibe das Verhalten, das du von deinem Hund haben möchtest.

**Hier ein paar Beispiele:**

✓ Ich möchte, dass mein Hund an lockerer Leine läuft
✓ Ich möchte, dass er andere Menschen nicht belästigt
✓ Ich möchte, dass er sich angepasst bei mir daheim verhält

Ich wünsche mir, dass du ein Bild von deinem Hund und von seinem Verhalten hast! Erst dann kannst du damit beginnen, an diesem gewünschten Verhalten zu arbeiten, es zu fördern und den Hund zu trainieren.

Und nun frage dich ehrlich, ob du in der Lage bist, diese Wünsche, die auch Regeln für das Zusammenleben beinhalten, wirklich konsequent umzusetzen. Auch wenn wir es gerne wollen, wir schaffen es schon so nicht, viele Dinge konsequent zu trainieren, zu reglementieren und auch durchzusetzen. Wir haben zu viel vor und trainieren dann nicht konsequent genug oder haben auch eine gewisse Tagesform bei der Durchsetzung der Regeln. Und das ist auch in Ordnung!

Eine gute Leinenführigkeit und ein entspanntes Verhalten bei Hundebegegnungen sind im Alltag unabdingbar!

### Was ist wichtig? Was ist **wirklich** wichtig?

Ich lasse dich jetzt einmal in mein Leben als Hundetrainer mit meinem eigenen Hund schauen: Eigentlich (merkst du gerade etwas?) dürfen meine Hunde nicht auf die Couch. Wenn sie es versuchen, kann ich sagen, dass sie es bitte unterlassen sollen, dann legen sie sich vor die Couch. Falls sie mal oben sind und ich sage, sie sollen heruntergehen, dann tun sie das ohne Probleme. Somit gibt es Regeln, aber auch Ausnahmen. Gerade unsere junge Hündin Mica ist der Meinung, dass sie auf die Couch gehört und steigt gerne mal mit einer gewissen Selbstverständlichkeit drauf. Und nun kommt es – wir haben manchmal schlichtweg keine Lust, die Regel »Hund darf nicht auf die Couch« umzusetzen, also darf sie oben sein und mit Herrli um die Wette schmusen. Beim nächsten Mal geht sie aber problemlos wieder herunter, wenn wir es wollen. Warum akzeptiert sie das? Weil sie uns gut lesen und einschätzen kann und weiß, dass es, wenn wir eine Anweisung geben, sehr viel Sinn macht, diese auch zu befolgen. Dieses Wissen entspannt sehr und es muss nicht immer ein Tabu gesetzt werden.

Versuch für dich die Dinge zu unterteilen, in das, was dir wichtig ist und das, was dir wirklich wichtig ist. Diese wirklich wichtigen Wünsche müssen überschaubar sein, sodass du deine Regeln in diesem Fall auch konsequent durchsetzen kannst. Verliere aber bitte Dinge, die »nur« wichtig sind, nicht aus den Augen! Und stelle dir in regelmäßigen Abständen immer wieder die Frage, ob die Prioritäten noch stimmen.

Eine Geschichte unserer CreaCanis-Trainerinnen Aliki und Gaby zum Nachdenken:

## PUGGLE

Der Puggle (eine Mischung als Mops und Beagle) Max oder wie wichtig es ist, etwas wirklich zu wollen. Wir wurden zu einem Einzeltraining gerufen, da der Puggle Max sich im Haus nicht »ordentlich« benimmt. Wir kamen dort an und wurden von einem ungestümen 1,5-jährigen und ziemlich rüpeligen Jungrüden empfangen. Er sprang an uns hoch, versuchte in unsere Hände und Fersen zu zwicken und hatte offensichtlich klare Vorstellungen – die sich von denen seines Frauchens gänzlich unterschieden – wie eine Wohnungseinrichtung auszusehen hat. Er bellte und war außer Rand und Band. Die Couch gehörte sowieso ihm und war mit seiner persönlichen Note versehen worden. Die Ecken waren abgekaut und die Sitzfläche zeigte deutliche Kratzspuren vom Kuhlegraben.

Wir setzten uns und Max turnte fröhlich bellend auf uns herum. Sobald sein Frauchen aufstand, verfolgte er sie und klebte an ihren Beinen. Saß sie, legte er sich quer davor oder trat auf ihr herum. Stand sie, stand er quer vor ihr oder sprang sie an. Der Gummibaum im Eck hatte deutliche Markierspuren. Als die Besitzerin aufstand, um uns ein Wasser zu holen, und in die Küche ging, folgte Max ihr natürlich, bremste aber vor der Türschwelle zur Küche (die keinerlei Gitter oder Ähnliches hatte) und saß brav vor der Tür. Wir waren sehr erstaunt. Auf unsere Frage, wie das geklappt habe, erhielten wir die Antwort: Also in die Küche darf er auf keinen Fall. Das ist mir sehr wichtig.

Definiere dein Ziel in der Erziehung deines Hundes in einer Prioritätenliste. Bitte versuche nicht, perfekt zu sein! Am oben beschriebenen Beispiel von Max kann man erkennen, dass kleine Verhaltensauffälligkeiten im Alltag anfangs nicht klar erkannt und vielleicht auch übersehen wurden. Erst sind die Hunde ja noch so klein und so lieb. Aber bitte, wie gelingt der Spagat, auf der einen Seite Verhaltensweisen in die richtigen Bahnen zu lenken, wichtige Regeln durchzusetzen und auf der anderen Seite cool, gelassen und auch mal nachgiebig zu sein? Schaue immer wieder, wie Hunde im Rudel miteinander umgehen und versuche daraus zu lernen.

## RUDELLEBEN I

**Das Oberhaupt, Frau »Polizei und der »Suppenkasper« oder wie funktioniert ein gutes Zusammenleben in einer Hundegruppe?** Auch bei uns stand der Einzug eines Welpen bevor. Ein Enkel von meinem Rüden Cooper sollte es werden. Somit war unsere Banja, die Tochter von Cooper, die Tante des Welpen. Nur der Vollständigkeit halber: Ich bin mir nicht sicher, ob Hunde eine Art Verwandtschaft erkennen. Jetzt einmal unabhängig davon, dass ich mir wieder einen Hund zum Hundesport wünschte und wir natürlich die entsprechende Verpaarung ausgesucht hatten, war es besonders wichtig, dass er zu unseren beiden Hunden Cooper und Banja passte und sich gut integrieren konnte.

**Wenn sich das bloß auch immer die Menschenfamilien vorher fragen würden, wenn ein Hund einziehen soll!**

Ein Wurf mit 12 Welpen, davon 8 Rüden, brachte eine große Auswahl, was die Sache erleichterte. Die Züchterin kannte meinen Wunsch und beobachtete die Welpen im Rudel genau. Unser Besuch stand an, da waren die Welpen 6,5 Wochen alt, und wir waren schon sehr gespannt. Uns fielen 3 Rüden auf, die für uns in die nähere Auswahl kamen. Ich beobachtete diese Hunde etwas mehr als die anderen. Der eine Rüde war im Rudel immer oben auf, sehr präsent, frech wie Oskar. Auffällig war, dass er sich gerne mal in einen Zweikampf verwickeln ließ und diesen auch gewinnen wollte. Ständig war er in meiner Nähe und schaffte es immer auf meinen Schoß. Der zweite Rüde war eher selbstständig unterwegs, er war ein lustiger Kerl, ein Hans Dampf in allen Gassen. Er zeigte schon sehr schöne Anlagen im Spiel- und Beutebereich. Der dritte kleine Mann war im Rudel überhaupt nicht auffällig, sondern eher unscheinbar. Er passte sich gut an und lief mit den anderen, auch sehr freundlichen und offenen Welpen mit. Alle Hunde zeigten sich alleine mit mir wunderbar. Der kleine »Macho«, der im Welpenrudel immer oben auf sein wollte, gefiel mir zwar ganz gut, aber sein Verhalten im Rudel schien mir nicht angepasst an meine Hundekonstellation.

So blieben die beiden anderen Welpen in der engeren Auswahl und ich ließ meinen Rüden Cooper entscheiden. Die Entscheidung fiel mehr als eindeutig aus. Bei der ersten Begegnung mit Welpe Nr. 1 lief dieser direkt auf Cooper zu, um ihn stürmisch zu begrüßen. Cooper erwiderte diese »Anmache« mit einem deutlichen Knurren und Abwehrschnappen, der kleine Welpe verhielt sich in seinen Augen nicht standesgemäß.

**Wir Menschen freuen uns über stürmisches Begrüßen eher richtig und würden gar nicht die möglichen Konsequenzen für uns erkennen, die so ein offensiver A-Typ in unsere Familie bringen kann.**

Welpe Nr. 2 blieb beim Anblick von Cooper abwartend sitzen und ließ sich geduldig von ihm abschnüffeln. Er nahm angemessen Kontakt auf, Cooper drehte sich um und ging im Garten spazieren. Der kleine Welpe tappte wie selbstverständlich hinterher. Ich glaube dir ist klar, welcher Welpe bei uns eingezogen ist – oder? Banja durfte nicht mit aussuchen und das hatte natürlich einen Grund. Sie war mit einem sehr naturnahen Instinktverhalten ausgestattet und nicht freundlich zu fremden Welpen. (In der Natur kann es sogar vorkommen, dass fremde Welpen von Hündinnen getötet werden.) Aber ich wusste, dass sie akzeptiert, dass ich das Sagen habe und wir den kleinen Denzel in das Hunderudel integrierten können.

So kam es dazu, dass die Hunde im neuen Zuhause erst einmal getrennt waren. Ein Kindergitter im Türrahmen ist dafür eine gute Lösung.

Und da komme ich zu einem Punkt, bei dem viele Menschen andere Ansichten haben als ihre Hunde. Nein, die Hunde daheim müssen nicht jeden Welpen gleich herzlich willkommen heißen und sich gut mit ihm vertragen. Sie brauchen Zeit, Raum und Verständnis, sich mit der neuen Situation anzufreunden. Wie oft wird ein Welpe schon nach wenigen Tagen wieder zurückgegeben oder weitervermittelt, weil der Althund diesen angelblich nicht akzeptiert. Mit ein bisschen mehr Wissen über Hundeverhalten und auch verschiedene Eingewöhnungsmethoden wären viele dieser Abgaben überflüssig. Aus Sicht des Welpen ist es durchaus normal, dass er sich erst einmal langsam und vorsichtig mit fremden Artgenosse anfreunden kann. Einem Welpen und auch einem Althund muss Zeit und Raum gegeben werden! Lassen wir den Welpen ankommen und Schritt für Schritt seine neue Umgebung und die Menschen seiner Familie kennenlernen. Alle anderen dürfen, können und sollten noch warten.

## RUDELLEBEN II

Wieder zurück zum kleinen Denzel sowie Banja und Cooper. Da die Rudelzusammenführung Schritt für Schritt erfolgen sollte, war natürlich klar, dass auch der Denzel nicht immer im Mittelpunkt stehen konnte. Wenn ich mich mit Banja oder Cooper beschäftigt habe, dann musste er warten, bis er an der Reihe war. Auch eine gewisse Zeit alleine hinter dem Kindergitter zu bleiben, war vom ersten Tag an Teil seines neuen Alltags. Da es ohnehin nicht anders möglich gewesen wäre, habe ich es auch nicht wichtig gemacht, trainiert oder Ähnliches, sondern es wurde so gemacht und fertig. Man glaubt gar nicht, wie einfach

Das Dreierrudel Denzel, Cooper, Banja in der Anfangsphase.

sich Dinge fügen, wenn man diesen keine übermäßige Bedeutung schenkt. Alles mit Maß und Ziel natürlich, aber auch mit einer gewissen Selbstverständlichkeit.

**Jetzt frage ich mal etwas kritisch nach: Wie oft stehen Welpen von Anfang an im Mittelpunkt und lernen ausschließlich, dass sich alles nur um sie dreht?**

Weiter in unserem Rudelleben. Dazu gehörte, dass alle drei Hunde in einem Raum zusammen ihr Fressen bekommen haben, unter meiner Oberaufsicht natürlich. Der kleine Denzel lernte von Beginn an, erst Cooper, dann Banja und dann wurde ihm sein Essen serviert. Wollte er sich vordrängeln, gab es einen Anraunzer von mir und er nahm sich zurück. Auch dass er nicht am Napf der anderen schnüffeln durfte, lernte er sofort und nachhaltig. Hunde sind da sehr klar in ihrer Kommunikation. Das Leben im Haus spielte sich schnell ein. Draußen war es mit allen Dreien problemlos. Tante Banja, von uns auch gerne Frau Polizei genannt, war immer mehr an Denzel interessiert und nahm Kontakt auf. Waren draußen alle Drei zusammen unterwegs, dann orientierte sich Denzel völlig problemlos an den erwachsenen Hunden. Er folgte ihnen und blieb in ihrer Nähe. Er nahm die ruhige ausgleichende Energie von Cooper an. Denzel war höflich und angepasst zu den Althunden.

**Und wir? Rufen und locken den Welpen oftmals von Beginn an, so dass er gar nicht auf uns achten muss.**

Im Haus waren die drei unter Aufsicht zusammen. Denzel und Cooper alleine waren schon sehr entspannt, da Denzel wirklich großen und angemessenen Respekt vor Cooper hatte. Einmal passierte es, dass der kleine Denzel, inzwischen 10 Wochen alt, welpentypisch durch das Haus sauste und ihm Cooper plötzlich im Weg lag. Sich selbst überschätzend versuchte er, über Cooper zu springen. Er schaffte es nicht und landete auf ihm. Dieser sonst so coole Vertreter seiner Art wurde so richtig sauer, raunzte Denzel massiv an und trieb ihn in die Ecke, wo dieser schreiend sitzenblieb. Das Ganze dauerte keine fünf Sekunden, dann schaute Denzel nur noch ungläubig und für Cooper war die Sache wieder erledigt. Er nahm freundlich Kontakt zu Denzel auf. Der »Kas war gegessen«, wie man hier so schön sagt, und Denzel schaffte es von da an, immer rechtzeitig vor Cooper zu bremsen und angemessen um diesen herumzugehen, um dann wieder loszulegen.

**Und wir »trainieren« Monate vielleicht sogar Jahre, damit unser Hund uns nicht immer wild anspringt?**

Diese Episode darf zum Nachdenken anregen. Übrigens waren Cooper und Denzel sehr ausgeglichen und angepasst miteinander, auch als Denzel größer wurde.

Zurück zu Tante Banja. Ihr Interesse an Denzel stieg und sie zeigte immer häufiger Spielaufforderungen, die Denzel verzückt zur Kenntnis nahm. Aber vor dem Spiel, während des Spiels und nach dem Spiel hieß es immer: Denzel lege dich auf den Rücken und »unterwirf« dich. Das passierte mehrmals am Tag. Manchmal, wenn der Denzel dazu nicht die rechte Lust hatte, setze sich Banja auch mal kurz auf ihn drauf, woraufhin er das Zappeln einstellte und Ruhe gab. Das Ganze passierte sehr oft und ich hatte schon Bedenken, sie würde es übertreiben. Diese Bedenken waren aber unbegründet, Denzel und Banja wurden dicke Freunde fürs Leben.

So hat Denzel so ganz nebenbei viele Dinge gelernt, die für ein harmonisches Gruppenleben wichtig sind. Auch wenn wir jetzt nicht alles 1 : 1 übernehmen sollen und auch gar nicht können, so ist es doch sinnvoll, über viele Interaktionen unter Hunden ausführlich nachzudenken!

**Was können wir beobachten?**

- Kommt ein neuer Hund/Welpe in ein Rudel, dann wird er vorsichtig und angepasst integriert
- Der Hund achtet auf die Signale der anderen Hunde und lernt, was denen wichtig ist und wie er sich in Situationen verhalten sollte
- Der Hund kann mit Korrekturen problemlos umgehen und zieht seine Konsequenzen daraus
- In ungewohnter Umgebung hält er Kontakt zu den anderen Hunden und orientiert sich an deren Verhalten

- In sozialen Aktionen lernt der Hund Duldung und auch Zurückhaltung genauso wie übermütig sein zu dürfen und ausgelassen zu spielen

Warum verhalten sich die Hunde so und nicht anders? Hunde sind hoch soziale Lebewesen. Ihr Ziel ist nicht nur, dass es ihnen gutgeht, sondern, dass es auch im Rudel oder in der Hundegruppe funktioniert. Ist die Harmonie in der Gruppe stabil, dann geht es allen am besten. Ein neuer Hund soll und muss schnell die Gepflogenheiten lernen. Hunde können mit Konflikten umgehen und versöhnen sich danach schnell wieder. Ebenfalls haben Hunde kein Problem mit Einschränkungen und Begrenzungen.

Hunde sind einfach wunderbare Lehrmeister, Künstler der feinen Körpersprache, aufmerksame Beobachter und authentische Akteure. Was können wir von ihnen lernen? Wir Menschen sollten als erstes anfangen, Hunde und ihre Aktionen untereinander zu beobachten, auf feinste Signale zu achten und diese lesen zu lernen. Wer natürlich nur einen Hund sein Eigen nennt, hat es schwerer, aber bei Treffen mit anderen ausgewählten Hunden oder in einer gut geführten Welpenschule ist vieles möglich. Beobachte darum deinen eigenen Hund, er macht das auch mit dir, so dass er dich und deine Aktionen verstehen und einschätzen lernt. Mach es ihm gleich und verstehe ihn zu lesen.

Schreib ein Tage- und Verhaltensbuch: Wann ist der Hund aufgedreht? Wann total verschmust? Was regt ihn auf? Wovor hat er Respekt? Was ängstigt ihn?
Nimm dir Zeit für deinen Hund und nicht nur dafür, dass er das tut, was du möchtest! Interagiere mit ihm so, dass er dich gut versteht! Wenn du möchtest, dass dein Hund

Erwachsene Hunde gehen im Normalfall sehr gut mit Welpen um, setzen aber auch deutliche Grenzen.

sich ändert, dann ist der erste Schritt, dass du dich änderst!

**Beobachten, überlegen, anpassen und anwenden.**

Begib dich gemeinsam mit dem Hund auf den Weg, ein unschlagbares Team zu werden! Ich möchte dich dabei anleiten und unterstützen! Notwendiges theoretisches Wissen und eine mögliche praktische Umsetzung erfährst du in den nächsten Kapiteln.

Bist du bereit, ein CreaCanis zu werden?

# Verhalten der Hunde

## Verhalten – angeboren oder erlernt?

Wenn man zu diesem Thema Bücher durchstöbert oder durch das Internet surft, so erhält man Daten zur prozentualen Aufteilung, die besagen, dass 25–30 % der Verhaltensweisen angeboren (also genetisch bedingt) sind und es sich bei 70–75 % um erworbene Verhaltensweisen handelt. Aber ist es so einfach? Ich muss dich enttäuschen – angeborene und erworbene Verhaltensweisen bedingen einander! Eine genetische Veranlagung kann nur zu einem Verhalten des Hundes werden, wenn diese zur richtigen Zeit und am richtigen Ort durch Umwelteinflüsse angeregt wird.

### Angeborene Verhaltensweisen

Genetische Veranlagungen werden durch die Elterntiere an die Welpen weitergegeben. Wenn beide Elterntiere ähnliche

Veranlagungen in sich tragen und diese an die Welpen weitergeben, dann kann in etwa vorhergesagt werden, welche Anlagen der Welpe haben wird.

### BORDER COLLIE

Sehr gute Beispiele dazu sind das Hüte- und/oder Jagdverhalten. Sprechen wir von Welpen aus einer Bordercolliezucht, wo beide Elterntiere als Hütehunde gearbeitet werden und eine sehr gute Leistung zeigen, dann ist die Wahrscheinlichkeit sehr hoch, dass auch die Nachkommen eine gute Veranlagung für dieses Verhalten zeigen werden. Diese »Veranlagung« wird bei Besitzern, welche ihre Hunde auch als Hütehunde ausbilden wollen, frühzeitig gefördert (man könnte auch sagen geweckt). Wächst ein Hund aus dieser Verbindung z.B. als »nur« Familienhund heran, dann werden diese Veranlagungen nicht gefördert und der Hund wird sein Hüteverhalten so lange nicht zeigen, wie es keinen Auslösereiz gibt.

Jetzt passiert es aber durch Zufall, dass ein Radfahrer zu dicht am jungen Hund vorbeifährt und der Hund plötzlich in ein Eins-a-Hüteverhalten verfällt und den Radfahrer verfolgen und einbremsen möchte. Am Anfang könnte es noch als Zufall verbucht werden, aber da das Gefühl beim »Hüten« (Nachjagen) für den Hund höchst befriedigend ist (um es einfach auszudrücken), wird sich das Verhalten gut festigen und der Hund dann selber nach Auslösereizen suchen. Schnell überträgt der Hund dann sein Verhalten vom Radfahrer auf fahrende Autos oder andere Dinge – ein handfestes Problem ist entstanden.

Jetzt kann ich den gleichen Hund von klein an mit sich schnell bewegenden Dingen konfrontieren und ihm dabei ein Ersatzverhalten beibringen. Zum Beispiel: Immer wenn ein Radfahrer kommt, gibt es Futter beim Menschen, ohne dass der Radfahrer beachtet wird. Immer wenn eine Krähe im Feld sitzt (der aufgelauert werden könnte), lenke ich meinen Welpen ab und spiele mit ihm. Somit erzeuge ich eine erworbene Verhaltensweise, die dazu führt, dass ein möglicher Auslösereiz zu einem anderen Verhalten führen kann.

Es reicht also nicht, das Verhalten nur nicht zu fördern, sondern es macht Sinn, aktiv ein Alternativverhalten zu trainieren, bevor ein Auslösereiz das genetische Verhalten abruft.

Ich hoffe, Du bist noch bei mir. Es ist wichtig zu erklären, wie das funktioniert, damit du verstehen kannst, warum dein Hund gerade das tut, was er da tut. Kommen wir zu einem weiteren Beispiel.

### BEAGLEWELPE

Ein niedlicher Beaglewelpe ist, auch wenn er als Familienhund gehalten wird, ein Jagdhund. Seine ursprüngliche Aufgabe besteht darin, den Jäger zu unterstützen, indem er selbstständig einer Wildspur folgt und einen sicheren Spurlaut gibt. Dabei ist er sehr beharrlich. Den Beagle zeichnen aber auch besondere Familienhunde-Eigenschaften aus, wie ein sehr gutes Sozialverhalten und große Kinderfreundlichkeit. Diese Eigenschaften lassen ihn ein angenehmer Haus- und Alltagsgenosse sein. Ja, wenn da nicht seine genetische Veranlagung für die Jagd, aber auch für seine meist ebenfalls vorhandene zweite Leidenschaft wäre: das Futter.

Beagle jagen gerne. Warum nicht ein gemeinsames Jagdspiel mit dem Menschen unternehmen?

Ein Los, das alle Beagle-Führer eint: Die Sturheit ihres Hundes. Der Dickschädel der bunten Hunde ist groß, und wenn sich ein Beagle etwas in den Kopf gesetzt hat, dann wird das Ziel mit stoischer Beharrlichkeit verfolgt. All das bringen die angeborenen Verhaltensweisen mit und wenn der Beagle nicht jagen darf, weil er nicht jagdlich geführt wird, so ist er spätestens dann im Wald verschwunden, wenn er ein gewisses Alter hat und ihn keine Leine daran hindert. Jetzt könnte ich natürlich sagen, ich lasse ihn gar keine Spuren lesen, dann bekommt die Veranlagung keinen Auslösereiz. Aber ganz ehrlich – ist das machbar und ist das hundegerecht? Also, was tun? Vielleicht auch hier über ein Alternativverhalten nachdenken und mit dem Beagle Nasenarbeit als Freizeitbeschäftigung betreiben, ihn als Familienhund genießen und/oder seine große Verfressenheit für den Aufbau eines stabilen Rückrufes verwenden?

Um es noch komplizierter zu machen: Angeborene Verhaltensweisen können auch von einem Elterntier alleine weitergegeben werden und sich dominant vererben. Jetzt stellen wir uns einen Mischling aus zwei oder auch mehr Rassen vor, da können schon die wildesten Veranlagungen als Cocktail im Hund schlummern. Ich hatte ja im vorherigen Kapitel schon ein paar Anmerkungen zur Auswahl der passenden Rasse beschrieben.

## Beutefangverhalten als Anlage

Ich möchte diese genetische Veranlagung hervorheben, da ja immer wieder die Diskussion aufkommt, ob sie gefördert, umgelenkt oder eben völlig vermieden werden soll, sodass der Hund überhaupt einen Auslösereiz bekommt.

Grundsätzlich versteht man unter Beutefangverhalten: Nachjagen – Packen – Schütteln – Töten – Wegtragen – Fressen. Diese Abfolge wird durch einen Auslöser, ein sich schnell entfernendes Objekt, aktiviert, welches, wenn es hohe Geräusche und Töne von sich gibt, seine Attraktivität noch steigert. Was sonst noch alles zum Jagdverhalten vor dem Beutefang gehört, lasse ich an dieser Stelle außen vor.

Dieses Verhalten ist für freilebende Caniden, wie z.B. Wölfe, überlebenswichtig. Wenn sie es nicht hätten, würden sie keine Beute fangen und somit nicht fressen können. So kann man sich vorstellen, dass es genetisch fest verankert ist, auch noch in unseren modernen Haushunden. Also genetisch gesehen ist es überlebensnotwendig, aber wie ist es aus Sicht der domestizierten Haushunde? Grundsätzlich möchte ich festhalten, dass die meisten Haushunderassen für eine bestimmte Aufgabe gezüchtet wurden und nicht dafür, dass sie sich brav als Familienhund präsentieren.

Spezielle Aufgaben sind und waren: »Mitarbeiter« in allen Bereichen der Jagd, als Hütehund und Treibhund für verschiedene Nutztiere, als Hofsäuberer, der das Haus und den Hof mäuse- und rattenfrei hält, als Wachhund der meldet und Eindringlinge energisch stellt oder vertreibt. Für den Krieg wurden Hunde gezüchtet, die mitkämpften oder Gefangene bewachten, diese Aufzählung ließe sich noch weiter fortsetzen.

Die wenigsten Hunde hatten keinen Job, die meisten benötigten aber Sequenzen aus dem Jagd- und Beutefangverhalten, um ihre speziellen Aufgaben zu erfüllen. Daraus ergibt sich die Logik, dass diese genetisch verankerten Verhaltensweisen züchterisch weiter beachtet und auf das Arbeitsgebiet hin auch speziell selektiert wurden.
Der Trend zum Familienhund begann erst vor einigen Jahrzehnten. So ist es erklärbar, dass viele Hunderassen mit diesen Eigenschaften ausgestattet sind. Das ist auch gut so, denn für viele Arten von Hundesport sind diese Verhaltensweisen nützlich, ebenfalls für die gezielte Ausbildung von Dienst-, Rettungs-, Spür- oder auch Therapiehunden.

Gehen wir wieder zurück zu diesen speziellen genetischen Veranlagungen im Beutefangverhalten. Nicht jeder Hund verfügt über alle Sequenzen aus diesem Verhalten. Es gibt Hunde, die bei Bewegungsreizen auslösen, dann aber die mögliche Beute nicht packen, sondern vielleicht nur umkreisen und fixieren (Hütehunde). Dann gibt es Vertreter, die hetzen und packen würden, aber eine natürliche Beute nicht schütteln oder totbeißen (weil da eine Beißhemmung greift). Und es gibt die Vertreter, die zwar nicht so lange hetzen würden, aber packen und schütteln, wenn sich die Gelegenheit dazu ergibt (Bullenbeißer). Wenn der Auslösereiz, ein sich schnell bewegendes Objekt ist, dann kann leider für Hunde mit dieser Veranlagung, sehr vieles

Der Deutsche Drahthaar ist ein Jagdhund durch und durch. Für das Sofa und für ein Leben als Familienhund ohne Aufgabe wurde er nicht gezüchtet.

zur Beute werden. Aber ein normales Beutefangverhalten, das sich auf eine Ersatzbeute beschränkt, hat für uns und unseren Haushund nach erfolgreicher Adaption, Förderung und Ausrichtung, viele Vorteile und ist somit vor allem auch für Arbeitshunde unverzichtbar und eine wichtige Veranlagung.

**Wie kann der Mensch das Beutefangverhalten in die richtigen Bahnen lenken?**

- ✓ Sehr gute Sozialisierung und das Kennenlernen von vielen Außenreizen
- ✓ Förderung des Beutefangverhaltens mit Ersatzbeuten im Spiel mit dem Menschen
- ✓ Frühzeitiges und gut ausgeprägtes Training der Impulskontrolle

✓ Keine ausgeprägten Wurfspiele, bei denen der Hund sofort dem Beuteobjekt folgen kann

Nachfolgend ein Beispiel, welches die Problematik eines übersteigerten Beutefangverhaltens verdeutlicht.

## BEUTEFANGVERHALTEN

**Übersteigertes Beutefangverhalten:** Ich habe schon von meiner Schäferhündin Anka berichtet. Diese hatte ein übersteigertes Beutefangverhalten auf alle Tiere, die kleiner waren als sie. Leider hat sie sie nicht nur gefangen, sondern sofort getötet, wenn sie konnte. Das war sehr gefährlich und mir bei der Übernahme auch nicht in diesem Ausmaß bewusst. ich dachte, ich würde das schon in den Griff bekommen. Es war ein wirklich großes Glück, dass sie auf Menschen, respektive Kinder, auch rennende, kreischende oder hopsende Kinder, überhaupt nicht reagierte. Im Gegenteil: Anka zeichnete eine große Menschenfreundlichkeit aus. Hatte sie einmal auf die Bewegung als Auslösereiz reagiert oder auch auf Geruch, was dazu führte, dass sie Bodentiere wie Marder oder Igel aufspürte, in Sekundenschnelle packte und eben auch tötete, dann war sie weder umlenkbar, noch korrigierbar. Sie war dann wie in einer anderen Welt, in ihrer Welt, und komplett abgeschaltet. Das zu erkennen und zu akzeptieren war ein langer Weg für mich. Anka hatte eine Verhaltensstörung, die nicht trainierbar war. Wenn ich das Objekt vor ihr gesehen hatte, dann konnte ich ihr ein Alternativverhalten anbieten und sie umlenken. Aber nicht immer ist der Mensch so schnell.

Das Beutefangverhalten ist genetisch fest verankert und muss in die richtigen Bahnen gelenkt werden.

**Die Erkenntnis, dass dieses Verhalten nicht (ab-) trainierbar war, sondern nur zu managen, war für mich schmerzvoll, aber auch lehrreich.**

Anka hatte noch eine zweite »Macke«: ihren grünen Tennisball. Sobald dieser in ihrer Nähe war, konnte sie nicht mehr klar denken. Sie war wie verrückt, am Schlimmsten war es, wenn er geworfen wurde. Sie donnerte ohne abzuwarten hinterher, schmiss ihn mir wieder vor die Füße und glotze den Ball aufgeregt an. Sie wäre ihm bis zur totalen körperlichen Erschöpfung hinterhergelaufen. Hatte ich den Ball bei mir, dann wich sie nicht von meiner Seite und interessierte sich auch nicht für die Umwelt. Sie war süchtig nach dem grünen Ball.
Ich hatte dem Hund mühsam beigebracht, das Spiel mit einem Objekt, zusammen mit dem Menschen, als wertvoll anzusehen und nicht nur das Spielobjekt besitzen zu wollen. Das hat auch gut geklappt.

**Daraus folgt die gute Nachricht für alle Balljunkie-Besitzer: Ein Spiel, auch mit einer Spielbeute, ist möglich und sehr gut für die Bindung.**

Im Alltag lief Anka immer an der Leine und in Gebieten, wo sie möglicherweise Schaden anrichten konnte, war sie mit einem Maulkorb gesichert. Ich fand Folgendes heraus: Wenn Anka ihren Ball tragen durfte, packte sie keine für sie sonst ebenfalls relevanten Beuteobjekte. Dafür hätte sie ja den Ball hergeben müssen, was sie nicht wollte. Da sie mit Ball in der Schnauze beim Gassigehen glücklich war, durfte sie ihn als Maulkorbersatz des Öfteren tragen. Geworfen wurde der grüne Ball allerdings nie mehr. Ich habe in den Jahren herausgefunden, dass sowohl die Mutter von Anka, als auch die Oma dieses übersteigerte Beutefangverhalten, mit der Endhandlung Töten, hatten und dass Anka in ihrem ersten Lebensjahr, bevor sie zu mir kam, tagtäglich mit Ballwürfen müdegemacht worden war.

## Aggression als Anlage oder erlernt

Ein heißes Thema. Jeder, der einen Hund besitzt, der in verschiedenen Situationen aggressives Verhalten zeigt, kennt das Gefühl, sich manchmal wie ein »Aussätziger« zu fühlen.
Oft wird man als Hundehalter schief angeschaut, wenn der Hund, egal in welcher Situation, aggressives Verhalten zeigt. Das Thema Aggression ist oft durch und durch negativ behaftet. Aber was ist Aggression überhaupt? Ist Aggression immer schlecht?

**Aggression bedeutet nach dem lat. Verb »aggredere« an etwas herangehen« und »etwas in Angriff nehmen«.**

In Wikipedia findet man dazu folgenden Absatz:

*»Die negative Bewertung von Aggression, die (nur oder überwiegend) die destruktiven Seiten betont, wird nicht generell geteilt. Innerhalb der Psychotherapie betrachtet etwa die Gestalttherapie Aggression als eine Form der Erregung, die z. B. dazu dient, Hindernisse zu beseitigen oder Neues aus der Umwelt für den Organismus assimilierbar (angepasst) zu machen. Destruktiv oder zu Gewalt wird die Aggression erst unter bestimmten äußeren oder inneren Bedingungen.«*

Das gefällt mir. Aggression ist NICHT immer negativ! Wir können durchaus zwischen positiver und negativer Aggression unterscheiden. Ein kurzes Beispiel von positiver Aggression, die uns nachfolgend nicht weiter beschäftigen wird, wäre zum Beispiel ein Rettungs-/Lawinensuchhund.

Rettungshunde zeigen gefundene Menschen unter anderem durch »Verbellen« an. Dieses Verhalten benötigt ein Stück weit Aggression, weil der Rettungshund seine Beute (Belohnung) fordert.

## RETTUNGSHUNDE

In dieser Ausbildung, gerade im Trümmerbereich oder auf der Lawine, wird bei den Hunden ein Stück weit die positive Aggression gefördert. Ein Trümmerhund versucht mit allen Mitteln zu dem verschütteten Menschen zu kommen, nimmt dabei in Kauf, dass er etwas wegkratzen oder sich irgendwo reinzwängen muss. Er geht proaktiv an etwas heran, steigert seine Erregung, um zum Ziel zu kommen und kann damit etwas bewegen. Ein Lawinenhund gräbt aufgeregt im Schnee, um an den Verschütteten zu kommen. Beide Einsatzhunde zeigen positiv aggressives Verhalten. Sie agieren mit Durchsetzungswillen und haben »Biss«, wie man so schön sagt.

Wir sollten diese Eigenschaft bei unseren Hunden erhalten! Ein Hund, der sich durchsetzen will, ist aber eben in anderen Alltagsbereichen nicht der, der sich sofort zurücknimmt oder anpasst. Aggression kann aus Sicht des Menschen negativ sein oder sich negativ auswirken, denkt man zum Beispiel an das Angriffsverhalten (verbal oder körperlich). Angriff ist ein absichtlich feindseliges Verhalten, welches darauf abzielt, anderen Schaden zuzufügen. Viele Hundebisse, bei denen ein anderes Tier oder ein Mensch verletzt wird, sind auf Angriffe des Hundes zurückzuführen. Ein Angriff kann offensiv oder defensiv erfolgen. Bei einem offensiven Angriff ist der Hund bereit zum Kampf, bei einem defensiven möchte der Hund eine Abstandsvergrößerung zum Gegenüber.

**Offensive Aggression**: Mein Hund stürzt sich auf einen anderen Hund, wenn er diesen sieht, greift ihn an mit dem Ziel, ihn zu unterwerfen oder gar zu verletzen.

**Defensive Aggression**: Mein Hund wird bedrängt und greift an, wenn seine Warnungen, nicht näher an ihn ranzukommen, missachtet werden.

Es gibt verschiedene Aggressionsformen, jeweils mit unterschiedlichen Ursachen. Wir müssen es zur Kenntnis nehmen: Aggression ist ein angeborenes Verhaltensprogramm, das abgerufen werden kann. Die Fähigkeit, bei Bedarf aggressiv sein zu können, kann überlebenswichtig sein. Dass der Hund Aggressionen in verschiedenen Situationen zeigt, beruht auf seiner genetischen Veranlagung. Ein Hund mit einer genetischen Veranlagung zur Ressourcen-Aggression, wird sie niemals zeigen, wenn ihm in keinem Fall eine Ressource, die ihm wichtig ist, streitig gemacht würde (fehlender Auslösereiz). Der gleiche Hund wird seine Ressourcen-Aggression verstärken, wenn er damit Erfolg verbindet und den vermeintlichen Rivalen (was durchaus auch der Besitzer sein kann) wieder auf Abstand bringt. Dabei kann der Hund offensiv (er greift an) oder defensiv (er verteidigt) reagieren.

## ENNO

**Enno und die Alltagsgegenstände:** Meinen Hovawartrüden Enno habe ich Anfang der 1990er-Jahre als Junghund mit 15 Monaten übernommen. Wir haben uns sehr schnell zusammengerauft. Als eher unsicherer Junghund nahm er mich als ruhenden Pool in seinem Leben an. Er vertraute mir und er wurde zu einem »Mama-Kind«, was daran lag, dass er viel mit mir alleine zusammen war. Nach und nach fing er an, Gegenstände von mir (Taschen, Jacken oder Ähnliches) zu bewachen. Gegenüber fremden Menschen zeigte er deutlich: Hier geht es nicht lang, weil da die Tasche von Frauli steht.

Wurden seine Warnungen missachtet, dann griff er schnell und kurz mit einem Abwehrschnappen an. Dadurch kam es ab und an zu kleinen Verletzungen. Seine Warnung war nicht akustisch, sondern mimisch: Er senkte den Kopf leicht, schaute von unten rauf und sein Körper wurde steif. Alle Menschen, die ihn kannten, wussten dann, dass er mal wieder auf Gegenstände aufpasste und gingen nicht zu ihm hin. Wenn ich dabei war oder der Gegenstand entfernt wurde, benahm er sich ganz normal.

Enno hatte eine sehr ausgeprägte genetische Veranlagung zur Ressourcen-Aggression. Er konnte nicht anders, als sich so zu verhalten. Er hatte außerdem gelernt, dass seine Angriffe aus der Defensive heraus erfolgreich waren. So kam es, dass meine Schwester vor lauter Frust einmal die Küche putzte, weil Enno sie an meiner Tasche im Flur nicht vorbeiließ. Einmal mussten die Kinder einer Bekannten im obersten Stock bleiben, da sich Enno meine Jacke von der Garderobe geholt und sie genau vor die Treppe gelegt hatte. Darauf thronte er. War ich dabei, trat das Verhalten und damit das Problem nicht auf.

Zu diesem Beispiel ist ganz klar zu sagen: Einen Hund, der sich so zeigt, kann man nicht »umtrainieren« oder sein Verhalten ändern! In diesen Fällen muss der Mensch das Management übernehmen und Situationen dieser Art vermeiden!

Was ist jetzt aber Aggressivität?

- **Aggressivität ist die Bereitschaft zur Auseinandersetzung.**

Hunde besitzen sehr gerne Gegenstände und verteidigen diese unter Umständen auch. Das Verhalten ist normal, kann aber ausarten, wie im Beispiel beschrieben.

Die Aggressivität des Hundes wird beeinflusst von der genetischen Veranlagung, den Lernerfahrungen und der Situation.

Aggressionsverhalten ist in der Regel begründet und bis zu einem gewissen Grad als unerwünschtes Verhalten weg trainierbar. In einigen Fällen ist aber nur ein Management durch den Teamführer möglich und machbar. (Siehe das Beispiel von Enno.)

Bei manchen Fällen gibt es keine nachvollziehbare Erklärung für ein Verhalten:

### CHUMA

**Dr. Jekyll und Mr. Hyde – Aggressionen aus heiterem Himmel:** Chuma, ein Australian Shepherd, kam aus einer anerkannten Zucht. Eine sehr gute Hundesportlerin hatte die besten Bedingungen, einen Hund dieser Rasse zu fördern und ihm das richtige Umfeld zu geben. Auffällig war bereits im Welpenalter, dass der Hund, wenn er etwas nicht wollte, regelrecht ausrastete und um sich biss. Das führte bereits in diesem jungen Alter zu wirklichen Verletzungen. Er war dann völlig außer sich und nicht mehr ansprechbar. Nach dem Vorfall wirkte er eingeschüchtert und ängstlich.

Aussies sind hoch intelligente Hunde, die sehr kooperativ sind, aber eine klare Führung benötigen. Hunde wie Chuma sind zum Glück eine Ausnahme.

Von Anfang an wurde unter Traineraufsicht gezielt an diesem Verhalten »gearbeitet«. Man versuchte zu erkennen, wann er ausflippen würde und es wurde Alternativverhalten aufgebaut. Der Hund wurde an verschiedene Ruheübungen gewöhnt. Außerdem erhielt er eine rassetypische Förderung seiner Intelligenz und Auslastung. Im Hundetraining war er ein Musterschüler und ein Schnelldenker. Er war absolut kooperativ und lernwillig. Er erlernte seine Übungen im Handumdrehen und führte sie verlässlich und hoch motiviert aus.

Leider wurden seine Anfälle im Alltag nicht besser. Mit Erreichen der Geschlechtsreife ging er beim Spazierengehen immer öfters auf andere Hunde, aber auch auf Menschen los. Hinderte die Besitzerin ihn daran (ein Umlenken war nicht möglich), dann richtete er seine Aggressionen gegen sie. Das wurde so schlimm, dass der Vater der Besitzerin, der den Hund während ihrer Arbeitszeit beaufsichtigte, nicht mehr mit ihm rausgehen konnte. Im Gegenzug reagierte er immer ängstlicher auf ungewohnte Geräusche oder Umweltreize. Im Training war er hoch motiviert wie immer. Selbstverständlich wurde der Hund gesundheitlich komplett auf den Kopf gestellt. Auch eine Kastration brachte keine Entspannung.

**Die Erkenntnis, dass sein Verhalten schlecht umlenkbar oder korrigierbar war, war ein harter Schlag für die Besitzerin, für die Trainer und die Umwelt.**

Solch einen Hund sein Leben lang zu managen ist eine Aufgabe, die nicht immer einfach für die Besitzerin zu meistern ist. Die schlauen Sprüche anderer Hundebesitzer mit dem Tenor, der Besitzer hätte alles falsch gemacht und dem Hund müsse man nur mal zeigen, wer der Chef im Ring ist, zeugen von Ahnungslosigkeit und Unwissen davon, dass diese Verhaltensauffälligkeiten nur bedingt trainierbar sind. Chuma starb mit drei Jahren bei einem Autounfall, als er sich von der Leine gerissen hatte, um in die Vorderreifen eines Autos zu beißen.

**Nicht an jedem Fehlverhalten des Hundes sind der Mensch und/oder die Umwelt schuld!**

Wenn ich über Verhaltensweisen spreche, die in der Gesellschaft und im Umgang mit dem Hund schwierig zu handeln sind, möchte ich auch das Thema Angst ansprechen.

## Übersteigerte Ängstlichkeit – oder warum Angsthund

Ich werde immer wieder mit der Aussage »ich habe einen Angsthund« konfrontiert. Gerade durch den Import von Hunden aus den Tierheimen im Ausland, kommen viele Tiere mit einer unbekannten Vorgeschichte, die dann mit vielen Situationen ihres neuen Lebens überfordert sind, zu uns. Aber sind das alles Angsthunde, nur weil sie Unsicherheiten zeigen? Wie geht der Besitzer am besten mit diesem Typ Hund um? Diese Fragen stehen im Raum, wehalb ich den Verhaltensbegriff Angst – Ängstlichkeit an dieser Stelle mit aufgreife.

### Was ist Angst überhaupt?

Angst ist meist eine gesunde Reaktion auf eine bedrohliche Situation. Bei manchen Lebewesen ist die Angst so stark ausgeprägt, dass sie die Lebensqualität einschränkt. In unserem Sprachgebrauch ist es üblich, davon zu reden, dass der Hund Angst hat oder er sich vor etwas fürchtet (z.B. Gewitter, LKW oder auch Menschen). Sind Angst und Furcht das Gleiche? Angst ist ein anhaltendes Gefühl einer diffusen Gefahr. Es gibt keinen direkten sichtbaren, hörbaren oder riechbaren Auslöser. Es könnte nur sein, das etwas passiert.
Furcht wiederum wird durch eine identifizierbare Bedrohung ausgelöst. Wir sprechen davon, dass der Hund sich vor Silvesterknallern fürchtet und der erste Knall löst eine Reaktion bei unserem Hund aus. Oder der Hund geht an einer Straße entlang und der erste LKW, der vorbeifährt, löst eine Reaktion aus. Ansonsten verhält sich dieser Hund in seiner Umwelt unauffällig. Es braucht also den Auslösereiz, um seine Reaktion hervorzurufen. Hunde, die sich vor bestimmten Dingen fürchten, sind besser einzuschätzen und auch besser trainierbar. Diese Hunde können sich gut entspannen und haben somit die Möglichkeit, ihr Stresslevel immer wieder zu senken.

Bei der Angst hingegen ist die Bedrohhung nicht greifbar, es ist ein Gefühl, eine Erwartungshaltung, dass etwas Schlimmes passieren könnte. Jedes Geräusch, jede ungewohnte Optik, jede schnelle Bewegung löst Meideverhalten bis hin zur Panik aus. Der Stresslevel ist dauerhaft erhöht, es könnte ja etwas passieren. Wirkliche Angsthunde sind hinsichtlich einer Auslösesituation nicht gezielt trainierbar. Management, Planungssicherheit des Menschen und das Stärken des allgemeinen Selbstvertrauens durch Bindungsspiele in Verbindung mit viel Ruhe, helfen diesen Hunden und auch ihren Menschen.

Wirkliche Angsthunde sind zum Glück eher selten. Was ich jedoch immer wieder und auch immer häufiger beobachte ist, dass sich eine gewisse (normale) Furcht eines Hundes vor einer bestimmten Situation durch falsches Reagieren des Besitzers verstärkt oder sich auch zur diffusen Angst ausweiten kann.
Ich möchte es an dem Beispiel eines Mensch-Hund-Teams veranschaulichen.

**LISA**

**Lisa, die vorsichtige Goldi-Hündin:**
Das Team Lisa und ihr Frauli lernte ich in einem meiner Seminare kennen. Lisa war eine 2-jährige Golden Retriever-Hündin, die sich wie ein Häufchen Elend zeigte, sobald sie sich in der Öffentlichkeit befand. Bewegten sich Menschen freundlich auf sie zu, zog sie sich mit eingezogener Rute hinter ihr Frauli zurück und versuchte zu flüchten. Kontaktaufnahme? Keine Chance! An Spielen war überhaupt nicht zu denken. Futter nahm sie, wenn

überhaupt, nur mit »langen Zähnen«. Jede schnelle Bewegung ließ sie zusammenzucken. Ihr ganzes Verhalten zeigte deutlich: sie hatte Angst. Laut Aussage des Fraulis fürchtete sich Lisa vor so ziemlich allem. Sie ging über keine Brücken, traute sich nicht an Schaufenstern vorbei und versuchte um jeden Menschen einen großen Bogen zu machen.

Um Lisa und ihr Frauli besser kennenzulernen, schlug ich einen gemeinsamen Spaziergang zusammen mit meinem Rüden Cooper vor. Beim Zusammentreffen mit Cooper verwandelte sich Lisa sofort in eine lustige, spielfreudige junge Hündin. Völlig problemlos konnte ich, für die Hündin eine Fremde, mich bewegen und sämtliche Meidesignale waren verschwunden. Sie zuckte nicht zusammen und benahm sich unauffällig. Ihr Frauli war allerdings abgeschrieben, Lisa hatte nur Augen für Cooper und orientierte sich an ihm. Im weiteren Verlauf des Spaziergangs, Lisa ging an der Leine, kam die erste Herausforderung: eine Brücke. Ohne es zu merken, spannte sich das Frauchen schon vor der Brücke an und verkürzte die Leine. Lisa fiel in sich zusammen, stemmte alle vier Pfoten in den Boden und ließ sich keinen Schritt mehr vorwärtsbewegen. Ich bat die Besitzerin, sich so zu verhalten, wie sonst immer. Sie holte Leckerlis aus der Tasche und versuchte, Lisa damit zu locken. Sie machte den Hals lang, ging einen Schritt vorwärts, holte sich das Leckerli und wich wieder zwei Schritte zurück. Nur mit Hilfe der Futtertube gelang es, Lisa über diese Brücke zu locken. Mein Wunsch, Lisa einfach mal wirklich ruhig, aber selbstbewusst und bestimmt über diese Brücke zu führen, endete darin, dass Lisa

Den Menschen als »sicheren Hafen« anzunehmen, auch in stressigen Situationen, ist für Hunde ein wichtiger Lernprozess.

ihr Meideverhalten verstärke, sich auf den Rücken schmiss und sich auch nicht ruhig festhalten ließ.

Zurück im eingezäunten Gelände, wo sich auch Menschen aufhielten, wurde Lisa von der Leine gelassen. Ich bat Frauli in einem Moment, in dem Lisa nicht aufmerksam war, sich zu verstecken. Als Frauli verschwunden war, veränderte sich Lisas Verhalten, sie trug die Rute höher, die Vorsicht war viel weniger und sie begann, die passiven Menschen interessiert abzuschnüffeln. Dass ihr Frauli nicht mehr zu sehen war, bereitete ihr keine große Sorge.

An dieser Stelle breche ich die Geschichte mit dem Hinweis ab, dass sich Lisa nach vielen Änderungen im Team zu einer völlig normalen Hündin entwickelt hatte. Sie war nach wie vor etwas vorsichtig, aber konnte ihr Leben genießen. Das Spielen mit dem Menschen wurde ihre große Leidenschaft.

Was war schiefgelaufen?

- Lisas unsicheres Verhalten wurde durch falsche Reaktion verstärkt

- Lisa fing an, ihr Angstverhalten in einer bestimmten Situation auf viele andere Situationen zu übertragen
- Lisa hat nie gelernt, ihrem Menschen zu vertrauen, dass dieser die richtigen Entscheidungen trifft
- Lisa hatte keine Planungssicherheit und ihr fehlte die entsprechende Führung
- Lisa hat gelernt, dass Meideverhalten und Unsicherheit zu Aufmerksamkeit führt

Wir haben einen großen Einfluss auf das Verhalten unseres Hundes. Das sollten wir nutzen. Auch bei einem Hund wie Lisa können praktischen Übungen das Selbstbewusstsein verbessern.

## Verhaltensorigineller Hund – selbst gemacht?

Es gibt immer mal wieder Hunde, die sich augenscheinlich »außerhalb der Norm« bewegen, wobei sich die Frage stellt: Außerhalb welcher Norm? Entsprechen die unauffälligen Hunde, die ohne Leuchten in den Augen, solche, die sich nur anpassen, der Norm?

Ein Besitzer eines verhaltensoriginellen Hundes (sei es, dass er andere Hunde nicht mag oder auf Menschen abwehrend reagiert) fühlt sich oft so, als ob sein Hund nicht der Norm entsprechen würde. Vor allem dann, wenn ihm bescheinigt wird, nicht in der Lage zu sein, seinen Hund so zu erziehen, dass er nicht auffällt.

In unseren CreaCanis-Veranstaltungen werden wir des Öfteren von Teams besucht, bei denen irgendwas nicht stimmt. Der Hund zeigt Verhaltensweisen, die dem Menschen nicht gefallen, womit dieser überfordert ist oder auch die Umwelt nicht umgehen kann. Manchmal sind wir von CreaCanis, nach unzähligen Besuchen bei diversen Hundetrainen, die letzte »Rettung«.

Erstmal die gute Nachricht: Die meisten Hunde sind völlig normal. Wenn der Besitzer lernt, seinen Hund so zu akzeptieren wie er ist und vor allem, ihn besser lesen- und kennenlernt, dann ist es ein wichtiger Schritt in die richtige Richtung. Wenn dann diese Hunde mehr Führung und Planungssicherheit bekommen und außerdem ihre Bedürfnisse mit dem Menschen zusammen gut ausleben können, dann verschwinden viele Probleme fast von alleine. Wir sind immer wieder begeistert, wenn wir entsprechende Rückmeldungen bekommen.

### GUSTL

**König Gustl und die Palastrevolution:** Es war einmal… so fangen für gewöhnlich die erfundenen Geschichten über Könige und ihren Hofstaat an. So könnte auch diese Geschichte anfangen, denn die Zeiten von König Gustl sind vorbei. Er wurde von seinem Hofstaat, den »Knuddelvasallen« gestürzt. Und es war ein sehr liebevoller Umsturz, was man auch daran merkt, dass es Gustl heute sichtlich besser geht als früher. Er hat ein stressfreies Leben mit viel mehr Spaß und Spiel. Ihr merkt schon, bei Gustl handelt es sich um keinen gewöhnlichen König. Gustl ist unser Hovawartrüde, inzwischen fast 12 Jahre alt und (zum Glück) immer noch kein bisschen weise. Gustl lernte ich kennen, als ich Tanja das erste Mal besuchte. Er war damals zwei Jahre alt. Vom ersten Moment an war klar, was der Job eines Hovawarts war: Hofwächter. Als sich die Haustür öffnete, stürmten fast 40 kg Hund laut bellend auf mich zu und versperrten mir den Weg. Mir wurde gesagt, ich solle keine Angst haben, er sei halt so und mache nur seinen Job. Angst hatte ich nicht, ich war eher unbeholfen.

In den kommenden Monaten und Jahren tauchte ich ein in die Welt von Hundeplätzen, Kommandos, »Dominanz« und schaute bei den verschiedenen Trainern zu, bei denen Tanja und Gustl im Hundeverein arbeiteten. Ich besuchte Gustl immer am Wochenende, da ich rund 160 km entfernt wohnte, und ging mit ihm Gassi. Gassigehen war eine Herausforderung. Gustl hatte Kraft und die setzte er ein. Er zog ständig an der Leine. Ich war und bin ihm zwar körperlich immer noch überlegen, aber ein Hund dieser Größe, der pausenlos zieht, kann einen Spaziergang schon zum Workout machen. Nachdem alle Hunde von Tanja – Gustl ist der Dritte – relativ früh verstarben und man sich lange überlegt hatte, ob man überhaupt nochmal einen Hund möchte, war Gustl behütet wie ein Königskind. Und entsprechend benahm er sich auch. Er war nicht abrufbar, war sehr konzentriert bei allem, was ihn interessierte, und ließ sich davon auch nur sehr schwer abbringen. Laufen an der lockeren Leine gehörte nicht dazu. Aus Angst, dass er in einer Region mit viel Wildbestand auf die Jagd geht und weil er nicht abrufbar war, durfte ich ihn nicht frei laufen lassen.

Auf dem Hundeplatz gehorchte er und hatte Spaß an allem, was wir mit ihm machten. Auf dem Hundeplatz hatte man aber keinen wirklich funktionierenden Tipp für den Alltag. Wir mussten unseren Hundeplatz leider wechseln und landeten mit Gustl in einem anderen Verein. Es war immer nur ein Hund auf dem Platz und das mit zwei Trainern! Die Begeisterung über diese Überbetreuung wich aber schnell der Skepsis an den Methoden. Hier wurde mit Leinenruck gearbeitet und die Dominanztheorie überschattete alles. Wir lernen, dass der Hund nicht zuerst aus der Türe darf, nicht erhöht liegen darf und es gut ist, wenn der Hund vor dem Training zwei Tage nichts gegessen hat, um »motivierter« zu sein. Das passte nicht in unser Verständnis, wie wir mit Gustl umgehen wollten.

Leider hatte Gustl bis dahin schon ein paar unschöne Begegnungen mit anderen Hunden erlebt und sein Verhältnis zu seinen Artgenossen war nicht mehr ganz vorurteilsfrei. Nach einigen Attacken, von denen eine blutig ausging, hatte er es satt, immer angegriffen zu werden, und änderte seine Taktik zu: »Angriff ist die beste Verteidigung.« In der Zeit wurde Spazierengehen noch anstrengender.
Ein ständig ziehender Hund, der auch noch bei jedem noch so harmlos erscheinenden Vierbeiner zu pöbeln anfängt. Wenn ihm ein Hund zu nahe kam, was sich manchmal nicht vermeiden ließ, war Ärger vorprogrammiert. Also mieden wir Hundekontakt.

Gustl durfte auch noch mit Mantrailing anfangen. Und über Mantrailing sind wir zu CreaCanis gekommen. Wir meldeten uns zu unserem ersten ROOTS-Seminar an. In der Ausschreibung stand, dass am Ende alle Hunde gemeinsam auf dem Platz sein und wir spielen würden. Das konnte interessant werden, alle Hunde auf dem Platz und spielen – mit Gustl! Und dann? Alles gut? Bei Weitem nicht! Im Alltag erschien alles Gelernte auf einmal wieder unmöglich zu sein. Ich probierte die Ruheübung immer wieder aus, was er auch duldete, aber mehr auch nicht. Kaum war die Übung zu Ende, war König Gustl wieder da und übernahm erneut das Zepter. Mit dem Konzept

Gustl hat zwar noch einen Thron, ist aber kein König mehr, sondern ein wunderbarer Begleiter seiner Familie.

Lernen durch Spaß konnte er sich allerdings sehr schnell anfreunden.

Bei CreaCanis gibt es nämlich nicht nur Spiel und Spaß, sondern auch ausdauernde, nervige Konsequenz, wenn es sein muss. Ich war erleichtert. Das war das Werkzeug, das mir noch fehlte. Es folgte eine Zeit des Übens. Freiwillige Aufmerksamkeit, Ruheübung, die Führungsaufgabe ernst nehmen als Teamführer und nicht dem Hund die Führung überlassen. Spielen. Immer wieder spielen!

Gustl ist heute fast 12 Jahre alt und kein König mehr. Er wurde nicht vom Thron gestoßen, sondern er hat eine neue Rolle gefunden, die er selbst gerne angenommen hat. Er muss nicht mehr so viel Verantwortung tragen wie in den Zeiten als König, in denen er versucht hat, jede Situation zu klären. Eigentlich wollte ich nur Zugang zu meinem Hund finden und uns das Leben etwas angenehmer gestalten, doch mit Creacanis haben wir so viel mehr bekommen.

*Oliver Lang mit Gustl vom Merzbacher Hof (genannt König Gustl)*

## Verhaltensweisen fremdbelohnend und selbstbelohnend

### Verhalten fremdbelohnt

Ich möchte von meinem Hund, dass er Dinge tut, die er sonst in einem normalen Hundeleben nicht benötigt und ausführen würde. Der Klassiker für mich ist die Fußarbeit im Hundesport. Der Hund soll in einer bestimmten Stimmung dicht neben mir gehen, sich genau auf meiner Höhe befinden, Körperspannung zeigen, flüssig traben und noch zu mir aufschauen. Dieses Verhalten würde er im echten Leben wohl nicht zeigen, wenn es nicht verstärkt/belohnt werden würde.

Eine weitere Aufgabe wäre, dass er mit mir an lockerer Leine geradewegs auf einen anderen Hund zugeht (weil der Weg nicht breiter ist) und er dabei den anderen Hund nicht beachtet. Hier würde der Hund normalerweise einen Bogen laufen und mit dem anderen Hund kommunizieren. Wieder ein Verhalten, was sich der Mensch in seinem Alltag mit dem Hund wünscht, das aber durch den Menschen geformt/verstärkt und belohnt werden muss.

Es gibt dazu noch Verhaltensweisen, die fremdbelohnt werden, bei denen der Mensch aber nicht immer einen direkten Einfluss hat. Zum Beispiel steigt der Hund auf den Komposthaufen seines Nachbarn und findet dort die Reste des Suppenhuhns oder er springt mit den Vorderpfoten auf die Küchenarbeitsplatte und klaut den Käse, der nicht weggeräumt war. Gut, das können wir noch beeinflussen, indem der Weg zum Komposthaufen versperrt wird, oder auf der Küchenarbeitsplatte nichts Essbares zu finden ist.

Aber was ist, wenn er jagen geht und dabei Erfolg hat und das Wild fängt? Oder der Hund einem Kind beim Spazierengehen seinen Keks aus der Hand klaut? Hier gilt es, diese Verhaltensweisen nicht zu dulden und mit dem Hund zu trainieren.

## Verhalten selbstbelohnend

Da kommen wir dem natürlichen Hundeverhalten schon näher. Es gibt Verhaltensweisen, die müssen nicht vom Besitzer oder von außen verstärkt werden, damit sie häufiger gezeigt werden. Bei diesen Verhaltensweisen sind sowohl das Tun an sich als auch das Gefühl, dass dabei entsteht, schon die Belohnung. Wenn ein Hund buddelt hast du dich sicher auch schon gefragt, warum er das tut. Er findet doch nichts. Die einfache Antwort lautet: Buddeln macht Spaß! Oder du bist mit deinem Hund unterwegs und er rennt auf einmal wie angestochen los Er möchte nirgends hin, rennt nur im Kreis. Warum macht er das? Die Antwort: Rennen macht Spaß!

Rempeln ist für Hunde selbstbelohnend, sie machen es im Spiel mit den Artgenossen sehr gerne, aber auch bei ihren Besitzern.

Leider gibt es aber auch Dinge, die dem Hund sehr gefallen, uns jedoch nicht. Dein Hund sieht eine Katze, scheucht sie auf, jagt hinterher, bis sie auf einem Baum sitzt. Somit hatte der Hund keinen Erfolg – aber: Jagen macht Spaß! Oder dein Hund spielt mit einem anderen Hund und ist dabei grob und unhöflich. Warum? Weil Rempeln Spaß macht! Ich bin überzeugt, dir und mir würden jetzt noch weitere Beispiele einfallen, bei denen es keine Verstärkung/Belohnung von außen braucht. Trotzdem werden diese Verhaltensweisen des Öfteren gezeigt und es ist recht schwierig, sie um- oder weg zu trainieren.

## Verhaltensweisen

Wie kann sich ein Hund eigentlich verhalten, wenn er in eine bestimmt Situation kommt?

Ich gebe einmal ein ganz einfaches Beispiel, solch ein Szenario kommt bei uns allen immer wieder vor: Meinem Hund kommt ein anderer Hund entgegen. Beide Hunde sind frei, werden also nicht durch den Menschen, die Leine oder sonstiges beeinflusst.

Der andere Hund kommt → und mein Hund kann ihn angreifen

Der andere Hund kommt → und mein Hund kann weglaufen/fliehen

Der andere Hund kommt → und mein Hund kann Spielaufforderungen zeigen

Der andere Hund kommt → mein Hund wird starr und steifbeinig und bleibt regungslos stehen

Das sind die vier Grundverhaltensweisen, welche ein Hund in einer Situation oder durch einen Auslöser zeigen kann. Und alle vier gehören zur ganz normalen Hundekommunikation. Der Hund kann angreifen (kämpfen) oder weglaufen (fliehen), beides gleichzeitig geht nicht. Aber aus einer Flucht, wenn es zum Beispiel keine weitere Möglichkeit zum Weglaufen gibt, kann ein Angriff (Verteidigung) entstehen. Aus einem Angriff, wenn der Hund merkt, er hat keine Chance, kann eine Flucht entstehen. Wenn es der Situation angepasst ist, ist all dies normales Verhalten und sehr stabil. Der Hund kann auch erstarren – man nennt es einfrieren – und versuchen, regungslos stehen zu bleiben, um die Situation abzuwarten. Einige Hunde zeigen Übersprungsverhalten in Form von Spielaufforderung oder Herumhopsen. Wir meinen dann, der Hund wäre so freundlich, dabei testet er aus und dringt in den Individualbereich des anderen Hundes ein, was weder wirklich freundlich, noch höflich ist!

In der folgenden Grafik sind diese Verhaltensweisen aufgeführt. Ein normal veranlagter Hund kann je nach Situation alles zeigen. Ein Hund mit einer Verhaltensauffälligkeit zeigt, egal was passiert, immer die gleiche Strategie.

### BRUNO

**Bruno, der braune Labrador:** Mit 10 Monaten kam Bruno mit seinem Frauli im Schlepptau das erste Mal in unseren Hundekurs. 40 kg braunes Lebendgewicht wackelten bei meinem Anblick von vorne bis hinten. Schon war es passiert, Bruno zog an, Frauli konnte ihn nicht halten und ich sah Bruno freundlich auf Augenhöhe auf mich zufliegen. Da ich eher von standfester Natur bin, ließ ich Bruno an mir abprallen, verschaffte mir zwei Sekunden Zeitvorteil, bevor er zur Wiederholung ansetzte. Ich ergriff schnell die Leine und versuchte Bruno nur ruhig zu halten. Dieser überschlug sich weiter vor Freude und verstärkte seine Bemühungen, mir Bussi zu geben und mich anzurempeln. Ein energisches »Lass den Mist« schien ihn nicht zu beeindrucken bzw. er nahm meine eher abwehrende Stimmung überhaupt nicht wahr. So blieb mir nichts übrig, als den lustigen Bruno mal eben »in den Senkel« zu stellen. Ich fand es gar nicht lustig, wie er sich verhielt.

Und das war genau sein Problem bzw. das Problem vom Frauli, denn Bruno hatte damit ja keines. Er verhielt sich immer so.

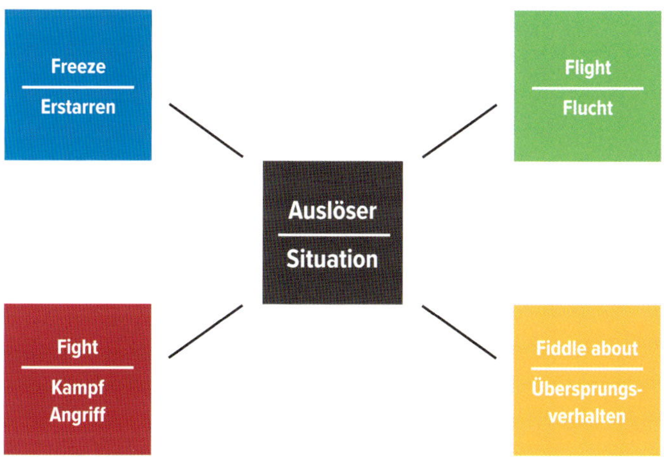

Da sie mit ihm so nicht spazieren gehen konnte, fuhr sie dreimal am Tag auf die Hundewiese. Da ging dann gleich die Post ab, Bruno hatte seinen Spaß und war am Ende ausgepowert. Die Frage, die sich mir stellte, war: Hatten auch die anderen Hunde ihren Spaß mit Bruno?

Aus einer Veranlagung hat sich bei Bruno eine handfeste Verhaltensstörung entwickelt, denn er konnte nur auf diese Art und Weise agieren. Egal was passierte, er war stürmisch, drehte auf, sprang alles an und machte auf lustig, aber er war dabei nicht zu regulieren oder zu bändigen. Das war auch im heimischen Umfeld so.

**An dieser Stelle ist es mir wichtig zu erwähnen, dass die Vorderkörpertiefstellung nicht immer automatisch eine Spielaufforderung ist!**

Sie kann eine Lauerstellung sein, eine Provokation und auch eine Übersprungshandlung. Somit gibt sie dem Gegenüber keineswegs die klare Aussage »Ich will ja nur spielen«, auch wenn das die Besitzer gerne so interpretieren.

Viele Hundebesitzer meinen, ihr Hund wäre so freundlich, wenn er mit Spielaufforderungen in den Individualbereich von anderen Hunden oder Menschen läuft.

Es war ein hartes Stück Arbeit mit Bruno und anfangs auch mit dem Frauli, da sie nicht einsehen wollte, dass Brunos Verhalten unangemessen ist. Er wäre doch so freundlich und lieb zu jedem. Ihr Problem wäre doch nur, dass er an der Leine zieht und sie ihn nicht halten kann. Nachdem die Erkenntnis da war, dass das Problem ganz anderer Natur ist, konnten wir am Mensch-Hund-Team erfolgreich arbeiten. Bruno hat sich verändert, er nimmt sein Frauli viel mehr wahr, liebt das gemeinsame Spiel mit ihr, kann sich beruhigen und auch runterfahren. Er kann sich deutlich besser beherrschen, wenn er potentielle Freunde sieht.
Wenn auch du einen Hund hast, der zu einem Extrem einer Verhaltensweise neigt, lohnt es sich, das Verhalten zu hinterfragen, zu erkennen und an euch als Team zu arbeiten. Um es gut umsetzen zu können, brauchst du trotzdem weiteren theoretischen Hintergrund. Also komme mit mir in die Welt des Lernens.

## Dominanz und dominantes Verhalten

Viele Verhaltensweisen werden mit Dominanz erklärt und dabei kommt Dominanz auch gerne schlecht weg. Vor allem, wenn das Wort Dominanz in Bezug auf »der Hundehalter sollte seinen Hund mit Dominanz erziehen« verwendet wird.

**REX**

Schon ein wenig stolz berichtet mir ein Hundehalter, er hätte einen sehr dominanten Hund, einen sogenannten Alpha-Hund. Er will einfach alles unterdrücken und der Boss sein, so wird er mir beschrieben. Deswegen geht er auf alles los und will es unterwerfen. Aha!

**Wir erinnern uns kurz an die Kopftypen, welche sich durch Führungsqualitäten auszeichnen, aber sicher nicht dadurch, dass sie alles und jeden unterwerfen müssen.**

O.K., zurück zum dominanten Schäferhund Rex, welcher sich mir als aufgedrehter, hibbeliger, herumbellender Hund präsentierte, der gar nicht registrierte, dass am anderen Ende der Leine auch noch sein Herrli existierte. Bei Bewegungsreizen konnte er sich schlecht zusammenreißen, beim Anblick von anderen Hunden flippte er aus, hing in der Leine und fletschte die Zähne.

Dieses komplette Verhalten wurde als dominant interpretiert, aber ist es das wirklich?

In unseren eingezäunten Bereichen und ohne Leine hat er sich am Zaun nicht an meinen cool und lässig dastehenden Rüden Cooper herangetraut. Nach unsicherem Bellen, trollte er sich mit einer riesen Fellbürste und tat so, als ob es weit weg von Cooper etwas ganz Interessantes zum Schnüffeln gäbe. Cooper zeigte Rex gegenüber dominantes Verhalten.

## Dominanzverhalten

Um Dominanz zu verstehen, werde ich zunächst versuchen, diesen so unterschiedlich interpretierten Begriff, etwas zu erläutern und zu beschreiben, sodass wir eine gemeinsame Grundlage haben. Es wird oft von Dominanzhierachien und -beziehungen gesprochen, welche bei vielen im Sozialverbund lebenden Tierarten, Hunden und Menschen zu finden sind. Dominanz ist somit keine Charaktereigenschaft eines Tieres oder eines Menschen. Dominanz ist eine

Auch im Spiel werden dominante Verhaltensweisen gezeigt.

Beziehungseigenschaft und ein Hund oder ein Mensch kann sich nur dominant verhalten, wenn das Gegenüber es auch zulässt.

*»Individuum A schränkt die Rechte und Freiheiten von Individuum B ein und gesteht sich selber diese Rechte und Freiheiten zu, was von B akzeptiert wird. Dominanz ist immer beziehungsspezifisch und ist zeit- und situationsabhängig.«*

Wikipedia

Wir sprechen von Dominanzverhalten, wenn ein Individuum das Verhalten eines oder mehrerer anderer Individuen beherrschen bzw. kontrollieren möchte. Schwierig wird es nur, wenn keiner zurücksteckt, sich vom Gegenüber nicht dominieren lassen möchte – hier entwickeln sich Konflikte. Dauerhafte Dominanz des Hundes gegenüber seinem Menschen sollte eher selten auftreten. Normalerweise bestimmt der Mensch den Tagesablauf, die Fütterung, er stellt Regeln auf und die Hunde sind regelrecht froh, sich dort einfügen zu können. Ist also Dominanz immer schlecht?

**Macht es vielleicht doch Sinn, sich als Mensch dominant zu verhalten, um seinen Hund besser führen zu können?**

Um dieser Frage besser auf den Grund zu gehen, möchte ich auf die Unterscheidung zwischen situativer Dominanz und formaler Dominanz hinweisen.

## Situative Dominanz

Wer setzt sich in dieser einen bestimmten Situation durch? Wer beansprucht bestimmte Plätze? Wem gehört diese bestimmte Ressource? Diese Art von Dominanzsituationen kann jeder beobachten, der mehr als einen Hund hat. Papa Denzel findet es großartig, seiner Tochter Mica die Spielzeuge zu stehlen. Er tut ganz unbeteiligt, Mica kommt mit ihrem Spielzeug und bei der nächsten Gelegenheit, zack, klaut er es ihr und sie schaut dumm aus der Wäsche. Tochter Mica hat eine wunderbare Technik entwickelt, Denzel von den Menschen wegzudrücken. Denzel lässt sich gerade genüsslich krabbeln und schmusen, da hüpft Mica einfach auf den Schoß des Menschen und drängelt sich so elegant dazwischen, dass Denzel weggedrängt wird. Schwierig würde es nur werden, wenn beide dasselbe wollen und keiner zurückstecken würde. Dann entstünde ein Konflikt, der geklärt werden müsste. Das aber versuchen beide tunlichst zu vermeiden.

Um ein großes Rudel souverän zu führen, benötigt der Mensch Führungskompetenz.

Wenn die Regeln im Rudel soweit stimmen, die Rahmenbedingungen gesteckt sind, muss ich als Mensch den Hund nicht ständig nötigen, mir aus dem Weg zu gehen, mir alles zu geben, was er gerade hat, oder mir den Vortritt zu lassen. Es genügt das Wissen, dass der Hund es problemlos zulassen würde, wenn eine Situation dies erfordert. Hierzu ein kleines Beispiel aus dem Hundealltag. Wenn ich mit den Hunden losgehe und ich sie bereits im Haus angeleint habe, dann ist es mir nicht wirklich wichtig, dass sie hinter mir aus der Türe gehen. Will ich sie aber nur mit zum Auto nehmen, dann sind sie ohne Leine und sie müssen sowohl hinter mir aus der Türe gehen, als auch bis zum Auto hinter mir bleiben. Das klappt ohne Probleme. Meine Hunde erkennen diese situative Dominanz an und respektieren auch Entscheidungen, die nicht in ihrem eigenen Interesse liegen.

## Formale Dominanz

Die formale Dominanz, auch Langzeitdominanz genannt, ist dadurch gekennzeichnet, dass ein Individuum eine Gruppe führt, für andere Entscheidungen trifft und auch mal den eigenen Willen durchsetzt. In der früheren Rollenverteilung innerhalb einer Familie war dies meistens das Familienoberhaupt – also der Vater. Im Gegenzug wurde von ihm erwartet, dass er durch sein Auftreten Sicherheit und Geborgenheit vermitteln konnte. Auch bei verschiedenen Entscheidungen hatte er auch das »letzte Wort«.

Ein sogenannter »Anführertyp« hat eine gewisse Ausstrahlung. Er hat eine aufrechte Körperhaltung, eine klare und feste Stimme und vermittelt Vertrauen. Wenn er etwas sagt, dann macht er es auch, ist somit zuverlässig und strahlt Führungsqualitäten aus.

Wieder zurück zu dir und deinem Hund. Möchtest du deinen Hund gut führen, ihm Geborgenheit geben, ihn beschützen? Möchtest du, dass dir dein Hund vertraut, dass er es auch mal akzeptiert, dass er seinen Willen nicht bekommt und er dich als zuverlässigen Entscheider einordnet?

- **Dann werde ein Anführertyp!**

Arbeite an deiner klaren Körpersprache, an deinem sicheren Auftreten, kommuniziere deutlich und motiviere deinen Hund mit dir zu kooperieren und sich von dir lenken und leiten zu lassen!

## Verhalten außerhalb der Norm

Im Zusammenhang mit diesem Thema und im Umgang mit Vierbeinern »außerhalb der Norm« werde ich einige Fragen an meine Trainerkollegin Aliki Busse stellen, die neben der Arbeit als CreaCanis-Seminarleiterin und Trainerin auch die Sonderausbildung für verhaltensauffällige Hunde hat:

### ALIKI BUSSE

**Gibt es Verhaltensweisen, mit denen manche Besitzer nicht klarkommen können oder wollen?**

**Aliki:** Diese Frage kann ich klar mit »Ja« beantworten. Grundsätzlich ist jede Verhaltensweise des Hundes zu managen. Das kann der ein oder andere Hundehalter allerdings nicht leisten, sei es aufgrund eines sehr unterschiedlichen Kräfteverhältnisses oder weil der Hund massiv bissig ist und der Halter nicht einschätzen kann, wann der Hund auslöst. Diese Hunde können in anderen, gut managenden Händen häufig ein (relativ) normales Leben führen. Es ist eine riesige Aufgabe mit solch einem Hund durchs Leben zu gehen. Meiner Meinung nach ist es verständlich, wenn man sich der Aufgabe nicht gewachsen fühlt oder sie einfach lösen möchte.

**Welche Auffälligkeiten sind schwierig für die Besitzer im Alltag?**

**Aliki:** Ich denke Bissigkeit ist für die meisten am schwierigsten. Dabei geht es noch, wenn der Hund »nur« aushäusig beißt, daher nur draußen mit Maulkorb geführt werden muss. Schwieriger wird es, wenn der Hund auch (oder ausschließlich – auch das gibt es) den eigenen Halter oder dessen Familienmitglieder attackiert. Wer sich im eigenen Heim nicht mehr frei bewegen kann, erfährt dadurch eine massive Einschränkung und damit einen deutlich spürbaren Verlust von Lebensqualität. Leinenpöbler und Hunde ohne oder mit nur geringer Impulskontrolle sind für die Besitzer eine Herausforderung, können aber in der Regel gut trainiert werden.

Ein weiteres Thema ist die Angst. Wir haben mittlerweile viele Hunde, die aus dem Süden kommen, die Menschen gar nicht oder nur als zu meidende Genossen sehen. Die unbeeinflusst von menschlichen Einschränkungen auf der Straße gelebt haben und nun plötzlich mitten in der

Großstadt in einer ein bis zwei Zimmer-Wohnung leben sollen und damit extremen Beschränkungen ausgeliefert sind.

Es gibt auch viele dieser »Angsthunde«, die Wegducken und Kleinmachen als Strategie entwickelt haben, um jeglichen Erwartungen zu entgehen. Sie fahren damit gut, da die Halter immer ihre (vermeintlich) schwere Vergangenheit im Hinterkopf haben und sie somit nichts tun müssen, was sie selbst nicht wollen. Diese Menschen handeln mit den besten Absichten. Sie wollen Vergangenes wieder gutmachen, während die »geretteten« Hunde stets im »Hier und Jetzt« leben und versuchen, das Beste für sich aus der jeweiligen Situation zu ziehen.

**Gibt es bestimmte Rassen, die vermehrt auffällig sind?**

**Aliki:** Hm, ich würde sagen »Nein«. Natürlich habe ich immer wieder von einer bestimmten Rasse oder Rassemischlingen mehrere »Problemkinder«. Das liegt aber meist daran, dass diese Rassen im Verhältnis häufiger anzutreffen sind, weil als derzeitige Modehunde sehr begehrt. Dazwischen gibt es aber immer wieder Hunde, die nur aufgrund ihres Aussehens angeschafft werden, ohne Rücksicht auf die rassespezifischen Bedürfnisse des Hundes. Ein Hovawart ist nun mal territorial, Vizslas oder Beagle sind jagdlich sehr motiviert und bei Weimaranern kommt noch eine gewisse Schärfe hinzu. Verhalten sie sich entsprechend ihrer Bestimmung sind sie plötzlich problematisch. Meine Erfahrung zeigt: Jeder Hund hat das Potenzial, auffällig zu werden. Ich kenne selbst einige sehr bissige Labradore und Retriever, die ja gemeinhin als eher freundlich gelten.

**Dürfen Hunde mit dem Problem »Beutefangverhalten« trotzdem mit einer Spielbeute spielen?**

**Aliki:** Dazu müssen wir zunächst definieren, was Spielen mit Spielbeute bedeutet. Es gibt viele Menschen, die im Spiel mit der Spielbeute nur das Wegwerfen derselben – vorzugweise ein Ball – sehen. Da bin ich dann klar bei einem Nein. Gerade mit solchen Hunden sollte dieses »Wirf-weg-brings-zurück-Spiel« nicht gemacht werden. Unabhängig davon, dass ich ohnehin nicht der Ansicht bin, dass das als alleinige Spielart ein Spiel mit dem Hund ist. Der Hundehalter ist dann eher eine seelenlose und austauschbare Ballmaschine.

Wenn wir aber das Spielen mit Spielbeute beschreiben und es so meinen, wie wir es verstehen, dann kommt es auf Folgendes an: Sprechen wir von einem ungerichteten Beutefangverhalten – der Hund springt also auf alles an, was sich bewegt – dann sollte mit sich bewegender Spielbeute nur eingeschränkt gespielt werden. Besser wäre es, den Hund zunächst mit Konzentrationsspielen (z.B. jede Art von Nasenarbeit) oder Dummyarbeit auszulasten. Das Beutespiel muss sehr kontrolliert aufgebaut und parallel dazu die Impulskontrolle ausgebaut werden. Wenn das gelingt, dann kann auch das Beutespiel bei Hunden mit (ursprünglich) ungerichtetem Beutefangverhalten eine tolle Alternative sein.

Aber Vorsicht: Bei manchen Hunden ist das ungerichtete Beutefangverhalten so tief verankert, dass ein verantwortungsbewusstes Beutespiel einfach nicht geht.

Manches ist einfach nicht trainierbar.

Anders, wenn das Beutefangverhalten gerichtet ist, beispielsweise auf Bälle. Wenn alles andere egal oder normal interessant ist und nur der Ball das Verhalten auslöst, sollte dieser natürlich keinesfalls mehr zum Spiel (vor allem nicht zum Wegwerfen) genutzt werden. Aber: Der Ball kann als »Schnuller« eingesetzt werden. Der Hund trägt diesen, hat eine Aufgabe und das darauf Herumkauen wirkt beruhigend. Beutespiel kann dann mit allen anderen Objekten (dem Ball nicht ähnlich) langsam aufgebaut werden. Aber auch dies sollte wirklich langsam und verantwortungsbewusst trainiert werden; nicht, dass plötzlich anstelle des Balls z.B. die Beißwurst ein problematisches Beutefangverhalten auslöst und nur die Objekte getauscht werden. Wichtig ist, dass niemals die Beute, sondern stets der Mensch, der die Beute führt, in den Mittelpunkt rückt. Ist die Art der Beute egal, löst diese als solche das Beutefangverhalten also nicht aus, steht einem Beutespiel nach CreaCanis nichts entgegen.

**Was sind die häufigsten Aggressionsprobleme?**

**Aliki:** Aggressionsverhalten ist mannigfaltig und – und das ist wichtig! – normal. Es ist unabdingbar für das Überleben. Aggressionsverhalten ist nun mal genetisch beim Hund verankert und wird durch die Umwelt geprägt. Abhängig von dem, was der Hund erfahren hat, entwickelt sich aus einem Aggressionsverhalten ein Aggressionsproblem, was sich in der Regel durch Attacken, im schlimmsten Fall Beißattacken, äußert. Ob Angstaggression, Ressourcenaggression, territoriale Aggression, Schmerzaggression oder, oder, oder. Unseren Hunden wird in unserem vollen, auf unsere Umwelt ausgerichteten Leben einiges abverlangt, was manchmal vom Hund nicht in sozial anerkannter Weise gelöst werden kann. So ist es normal, wenn ein Hund ein Kind anknurrt, das sich seinem Ball nähert. Er kommuniziert lediglich! Problematisch und nicht mehr akzeptabel ist es, wenn er sofort nach dem Kind schnappt.

Und – es gibt tatsächlich auch unter Hunden »miese Typen«. Ich weiß, es gibt jetzt einen großen Aufschrei. Nein – kein Hund kommt gefährlich auf die Welt. Das ist zwar grundsätzlich richtig, aber es kommen eben auch Hunde auf die Welt, die Spaß daran haben, sich zu prügeln. Genauso wie es menschliche Hooligans gibt, gibt es hündische Hooligans, die einfach Spaß an Aggression und Schlägereien (innerartlich und zwischenartlich – also mit dem Menschen) haben. Ich hatte mal einen Hund im Training, der mich und jeden anderen Menschen, der ein wenig »dominanter« aufgetreten ist, permanent angestarrt und versucht hat, einzuschränken. Habe ich zurückgeschaut oder mir die Einschränkung nicht gefallen lassen, indem ich einfach weiterging, löste er aus und attackierte mich. Er fand das schlicht lustig, ist aber für Menschen, die sich diesen 42 Argumenten entgegenstellen wollen, gefährlich. Zugegeben, diese »Spezies« ist sehr selten, aber sie existiert, und es ist meist für die Halter nicht einfach, sich einzugestehen, dass ihr Liebling zu dieser Sorte gehört.

Futter- oder Beuteaggression stehen in der Rangliste auch weit oben, ebenso wie die Leinenpöbler, die sich oft nur an der Leine stark fühlen … Kaum lässt der Halter die

Leine fallen und geht weg, werden kleine Brötchen gebacken. Für die Halter vermutlich am problematischsten sind die ressourcenaggressiven Hunde. Denn für die Menschen ist nicht immer klar, was der Hund gerade als Ressource auserkoren hat. Das kann schon eine leere Brottüte sein, die heruntergefallen ist. Der Mensch versucht sie wieder aufzuheben und hat die Zähne im Arm. Auch die Angstaggression ist ein schwieriges Thema. Hunde, die vor lauter Angst um sich beißen, sind kaum mehr einschätzbar.

**Kann man die Probleme so bearbeiten, dass sie verschwinden?**

**Aliki:** Manchmal ist es möglich, die Probleme so zu bearbeiten, dass sie verschwinden. Es gibt eine Reihe von verschiedenen Trainingsansätzen, die gute Ergebnisse erzielen. Beispielsweise der Ansatz bei der Leinenaggression, bei der der Mensch befähigt wird, den Hund ruhig und sicher zu führen, damit dieser sich am Menschen orientierten will und kann. Es gibt aber auch Aggressionsprobleme, die nur durch Management lebbar gemacht werden können. Hunde, die beispielsweise traumatisiert sind und Flashbacks (durch Konditionierung bedingter Rauschzustand) haben (was wir auch bei Kindern kennen), können, trotz noch so guten Trainings, wieder in die alte und für uns problematische Verhaltensweise zurückfallen.

Hunde, die gelernt haben, dass ihnen die Aggression durch Verschwinden des Triggers (also das die Aggression auslösende Element), Erleichterung und Befriedigung oder – bei den hündischen Hooligans – ein Hochgefühl verschafft, ist schwer etwas Anderes, Alternatives zu bieten, was sie ebenso befriedigt.

Keine Frage, häufig kann auch das erfolgreich bearbeitet werden. Aber ich denke, man sollte sich von der Vorstellung verabschieden, dass alles trainiert werden kann und das ist für viele Hundehalter sehr schwer zu akzeptieren.

**Was ist beim Training mit Hunden, die Verhaltensauffälligkeiten zeigen, das Schwierigste für die Besitzer?**

**Aliki:** Aus der Praxis weiß ich, wie schwierig es ist, sich einzugestehen, dass der Teamführer, also der Mensch, Fehlverhalten fördert oder befeuert. Der Mensch muss lernen, den Hund zu führen, ihm Sicherheit zu geben und ihm zu zeigen, dass er sich auf ihn verlassen kann.

Hat der Mensch das gelernt, kann sich der Hund an ihm orientieren, seine Führung akzeptieren und ihm vertrauen. Ist diese Orientierung gegeben, verschwinden viele Probleme. Das natürlich nur, wenn der Mensch diese Führung wirklich übernimmt und sie nicht dem Hund überlässt.

Beispiele dafür sind Hunde, die von klein auf bei den Besitzern sind und keinerlei Einschränkung erfahren haben, weil Antiautorität en vogue ist und vom Hund bloß nichts verlangt werden soll. Die Verwunderung vieler Halter ist dann groß, wenn der Hund sich, wenn er älter wird, nicht einschränken lassen möchte und sein Futter nicht teilt, seinen Hundeplatz (was eigentlich das menschliche Sofa ist oder Bett) freiwillig nicht verlässt oder alles, was er beansprucht, als »meins«

Aliki und Unix von der Hausbergkante.

qualifiziert und mit Drohung und auch Angriffen aktiv verteidigt.

Da sind öfters die Hunde, denen man vermeintlich einen wunderbaren Platz bietet, nachdem sie von der Straße gerettet worden sind und die einfach nicht dankbar sein wollen. Es kann gar nicht oft genug gesagt werden: Hunde sind nicht dankbar. Sie leben im Hier und Jetzt und nehmen, was sie bekommen können. Es sind Opportunisten, die froh sind, wird ihnen Führung, Klarheit und Berechenbarkeit zu Teil. Ein Gefüge, in dem sie sich sicher fühlen dürfen und können.

Dafür bedarf es der Bereitschaft, den Hund wirklich auch einzuschränken – zu erziehen. Gegenkonditionierung in positiver Form funktioniert auch (oft), aber wäre es nicht viel schöner, wenn der Hund es einfach macht, weil er seinen Platz im sozialen Gefüge akzeptiert und nicht, weil ihm etwas konditioniert wurde? Abgesehen davon, dass auch hier viele Pferdefüße lauern: ungenaues Timing oder die Bestätigung für etwas völlig Falsches …

Danke, Aliki, für Deine Ausführungen! Gerade bei dem Wunsch, ein Team mit seinem Hund zu werden, muss und sollte man ihn lesen und verstehen und nicht vor einem Buch mit sieben Siegeln stehen und die Schuld nur bei sich suchen.

# Lernen einfach erklärt

## Lernen einfach?

Wie Hunde (und Tiere generell) lernen, wurde in den letzten Jahrzehnten ausgiebig erforscht, viele Erkenntnisse gesammelt und in der modernen Literatur zum Lernverhalten veröffentlicht. Es macht viel Sinn, sich als Hundehalter mit den Lerntheorien und den Lerngesetzen zu beschäftigen! Es gibt sehr gute Bücher, in denen du viel darüber nachlesen kannst. Oftmals sind aber diese Bücher sehr wissenschaftlich geschrieben, was den einen oder anderen Hundehalter abhält, sich wirklich mit dieser wichtigen Theorie auseinanderzusetzen. Eine weitere Schwierigkeit besteht darin, die Theorie in der Praxis mit dem Hund umzusetzen, fehlt doch manchmal die Brücke von der Theorie zu praxisbezogenen und einfachen Beispielen. Ich werde dir in den folgenden Kapiteln zum einen die wichtigsten Lerngesetze und Verhaltensweisen möglichst einfach erklären und dir dazu zum anderen auch praktische Beispiele aus dem Hundealltag geben. Lass dich einfach auf diesen Ausflug ein, denn nur so entwickelst du dich als Hundehalter und Teamführer weiter, verstehst besser, warum der Hund das tut, was er gerade tut, und kannst besser und angepasster handeln. Je intensiver du dich mit deinem Teampartner Hund auseinandersetzen möchtest, umso wichtiger ist es, dass du verstehst, was du da gerade tust. So kannst du dein Training mit dem Hund besser planen und vorbereiten und ihr könnt euch als Team weiterentwickeln. Erinnere dich nochmal an die Frage, wer der Trainer ist. Das bist du! Daher eigne dir das Wissen eines Trainers an und lass dich darauf ein, auf deine Fragen selber Antworten und Lösungen zu finden! Wirklich interessant ist, dass wir Menschen gar nicht so viel anders lernen, als unsere Hunde. Also ran an die Theorie und dann ab in die Praxis!

*»Wer immer tut, was er schon kann, bleibt immer das, was er schon ist!«*

*Henry Ford*

## Was ist eigentlich Lernen?

**A)** Lernen ist die Veränderung des Verhaltens auf Grund von Erfahrungen.

**B)** Unter Lernen versteht man den Erwerb von Fähigkeiten.

**C)** Ein Individuum wird immer dann etwas lernen und damit sein Verhalten ändern, wenn dadurch seine Befindlichkeit verbessert wird.

Aus diesen drei eigentlich einfachen Definitionen zeigt sich, dass der Begriff »Lernen« gar nicht so klar zu fassen ist.

Eine gute Mutter und Welpenkinderstube bieten optimale Voraussetzungen für das Lernen.

### A) Lernen ist die Veränderung des Verhaltens auf Grund von Erfahrungen.

Der Einfachheit halber bleiben wir beim Hund. Gleich nach der Geburt beginnt das Lernen. Der kleine Welpe ist noch blind und taub. Instinktiv (ererbte Fähigkeit in bestimmten Situationen) kann er ein nicht bewusst gelenktes, aber richtiges lebens- und arterhaltendes Verhalten zeigen. Er robbt in kreisförmigen Bewegungen, bis er die Zitze der Mutter findet und die Wärme der Mutter spürt. Er wird satt und es geht ihm gut. Somit zeigt der Welpe ein Verhalten, das ihn zum Erfolg führt. Bald wird er wissen, dass er sich, sobald die Mutter in das Welpenlager kommt, zu ihr bewegen muss, um schnell die beste Zitze (eher im hinteren Bereich des Mutterbauchs) zu finden. Der Welpe reagiert nicht mehr nur instinktiv, sondern passt sein Verhalten auf Grund der Erfahrung an.

### B) Unter Lernen versteht man den Erwerb von Fähigkeiten.

Es gibt Fähigkeiten, die sich die Hunde selber beibringen. Viele Hunde öffnen zum Beispiel Türen, ohne dass es ihnen je beigebracht wurde. Der Hund hat – vermutlich ursprünglich zufällig – etwas erlernt, das ihm Erfolg bringt, weil er z.B. seinem Menschen hinterherlaufen oder in die Speisekammer gelangen kann, um da vielleicht etwas Leckeres zu entdecken. Es gibt natürlich auch Fähigkeiten, die der Mensch dem Hund beibringt. Diese wären im Hundeleben und aus Hundesicht eigentlich gar nicht wichtig und nötig. Zum Beispiel kann mein Hund aus der Sitz-Position die Vorderpfoten anheben und wie ein Hasi sitzen. Diese Fähigkeit bringt dem Hund im Alltag keine Vorteile, aber er hat verstanden, dass er, wenn er die »Übung« auf ein Hörzeichen zeigt, eine Belohnung von mir bekommt.

**C) Ein Individuum wird immer dann etwas lernen und damit sein Verhalten ändern, wenn dadurch seine Befindlichkeit verbessert wird.**

Der Hund kann lernen, dass er mit seiner Nase nicht zu nah an einen Stromzaun geraten soll. Denn wenn er darankommt, geht es ihm schlecht, weil er einen elektrischen Schlag bekommt. Vermeidet er den Kontakt mit dem Stromzaun, also ändert er sein Verhalten, dann geht es ihm besser – auch das

Diese Welpen werden liebevoll aufgezogen und geprägt durch den Züchter. Sie durften bereits viele positive Lernerfahrungen machen.

ist Lernen! Der Welpe kann lernen, sofort ruhig zu halten, wenn die Mutter ihn putzen möchte, und nicht herumzuzappeln, weil das ein Fixieren durch die Mutter zur Folge hätte. Auch hier wird erreicht, dass es dem Hund besser geht, wenn er sein Verhalten ändert und er dazu noch die Bauchmassage genießen darf.

- **Lernen ist mehr, als dem Hund etwas beizubringen und ihn zu belohnen!**

- **Lernen findet immer statt, auch außerhalb von Trainingseinheiten!**

Wir Hundehalter lernen mit jedem Hund auch immer wieder neu dazu. Ebenso lernt jeder Hund und hat dabei Stärken und Schwächen, die es zu erkennen gilt. Die gute Nachricht: Der Hund will und muss lernen, denn Lernen ist überlebenswichtig und das Gehirn ist wunderbar auf diese Aufgabe vorbereitet.

## Bringt jeder Hund/Welpe die gleichen Voraussetzungen zum Lernen mit?

Da komme ich schon zum ersten Knackpunkt! Bevor der Hund bei uns einzieht, hat er bereits Erfahrungen gesammelt. Vielleicht aber zu wenig oder zu wenig positive Erfahrungen, jeder Hund hat sein Päcklein zu tragen. Deswegen ist es wichtig, mich vor dem Kauf mit der Herkunft meines Hundes zu beschäftigen. Ich sollte wissen, wo er geboren wird und aufwachsen darf. Wenn man sich vor Augen führt, dass ca. 50 % der Gehirnentwicklung mit acht Wochen bereits abgeschlossen sind, dann ist in dieser Zeit schon sehr viel passiert.

Und es macht durchaus einen Unterschied für die spätere Lerngeschwindigkeit und das Lernvermögen, wie der Welpe von Anfang an gefördert wurde. Ich möchte dieses Thema wertfrei besprechen, denn jeder bekommt den Hund, den er sich ausgesucht hat, oder der ihm auch »passiert«. Mit ein wenig Recherche ist es für unsere gemeinsame Zukunft vielleicht einfacher, den richtigen Lernweg und die beste Lerngeschwindigkeit und Lernform zu finden. Ich versuche, das Ganze anschaulich und möglichst wenig wissenschaftlich darzustellen.

## STRASSENHUNDE

Stell Dir einen Wurf Straßenhunde vor, in Rumänien in der Nähe einer größeren Stadt. Die Mutter hat ein Versteck auf einem alten Bahnhof gefunden und die Welpen unter einem Eisenbahnwagon zur Welt gebracht. Unter diesem Wagon ist es sandig und sie konnte eine gute Höhle graben. Die Mutter verlässt die Welpen relativ häufig, da sie sich Futter beschaffen muss, sie versucht im Müll der Menschen etwas zu finden. Sie säugt und putzt die Welpen so gut es geht, zeigt aber dabei stets eine gewisse Unruhe und auch Schreckhaftigkeit. Sobald die Welpen ihre Sinnesorgane zur Verfügung haben, bekommen sie dieses Verhalten der Mutter vorgelebt und passen sich an. Sind ungewöhnliche Geräusche oder andere Einflüsse vorhanden, dann ist ein Versteck aufzusuchen immer die beste Lösung. Die Welpen sind sehr gierig nach Futter und raufen recht früh auch miteinander um den besten Platz an der Milchbar, oder um das Erhaschen des Futters, das die Mutter in unregelmäßigen Abständen hervorwürgt. Sie lernen, sich in der Nähe der Höhle zu lösen und spielen nur, wenn wirklich keine Gefahr zu erwarten ist. Menschen lernen sie in diesem Alter nicht kennen. Eines Tages wird das Welpenversteck gefunden (die Welpen sind ca. 8 Wochen) und die Mutter und die Welpen haben das Glück, nach Deutschland gebracht zu werden. Dort werden sie dann vermittelt.

**Was haben diese Welpen schon gelernt und welche Erfahrungen konnten sie sammeln?**

- Wenn die Mutter kommt, ist sie unruhig und angespannt – also dieses Gefühl/Verhalten ist normal und wird im Kontakt mit Artgenossen gezeigt
- Verstecken in ungewohnten Situationen ist das Mittel der Wahl
- In Zusammenhang mit Futter macht ein aggressives Verhalten Sinn, dann steigen die Chancen, es zu bekommen
- Wenn man das Futter bereits hat, muss es verteidigt werden
- Der Untergrund des Löseplatzes ist gleich wie der des Schlafplatzes
- Menschen haben als Sozialpartner keine größere Bedeutung

Nimmt man diesen Welpen in seine Familie auf, dann muss klar sein, dass er nicht alles gelernt hat, was man in diesem Alter erwarten würde, und dass er Verhaltensweisen zeigt, die in seiner neuen Welt nicht notwendig sind oder gar unangepasst. Dieser Welpe hat gelernt und Erfahrungen gesammelt, aber nicht so viele, wie das möglich gewesen wäre, und eher keine positiven. So kann es normal sein, dass sich dieser Welpe in einer Ecke oder in einer Box verkriecht, dass er flüchtet, wenn Menschen in seine Nähe kommen, dass er auf einem Fliesenboden nicht laufen kann, dass er sich nur drinnen lösen kann und sein Futter verteidigt. Dieser Welpe oder auch Hund, wenn er erst erwachsen vermittelt wird, hat ganz andere Voraussetzungen, gut lernen zu können, als der Hund aus dem nächsten Fallbeispiel.

## WURF DALMATINER

**Ein Wurf Dalmatiner wird erwartet:** Die Mutter lebt wohlbehütet in einer Familie mit noch zwei anderen Hündinnen. Die Welpen kommen in einem ruhigen Zimmer zur Welt, die Mutter ist rund um die Uhr bei ihnen. Futter und Wasser stehen zu jeder Zeit ausreichend zur Verfügung. Der kleinen Familie wird Ruhe gegönnt und die Menschen freuen sich über das Wunder Leben. Regelmäßig werden die Welpen in die Hand genommen und gewogen und lernen so schnell das Gefühl »Mensch« kennen. Die Welpen wirken sehr zufrieden und fressen und schlafen die meiste Zeit. Als sich die Augen und Ohren öffnen, wird die Wurfkiste erweitert. Ein Heuklo steht den Hundebabys zur Verfügung, auf das die kleinen Hunde auch fleißig gehen, soweit die Beine es schon zulassen. Mit vier Wochen dürfen die Welpen das erste Mal in den Garten und machen auch Bekanntschaft mit den anderen beiden Hunden der Familie, die sich entspannt und freundlich zeigen. Die Welpen bekommen zusätzlich feste Nahrung, die immer ausreichend ist, sodass alle satt werden. Diese Nahrung wird ihnen von den Züchtermenschen serviert. Nach und nach kommt immer mehr Besuch. Alle Menschen, ob groß ob klein, sind sehr freundlich zu den Welpen. Sie schmusen mit den kleinen Hunden und lassen sich beriechen und beknabbern. Auch wird der Welpenspielplatz eröffnet, und die kleinen Hunde lernen verschiedene Untergründe kennen, dürfen herumklettern, durch Tunnel kriechen und viele Erfahrungen und Eindrücke sammeln. Es ist auch manchmal laut, weil Schüsseln klappern oder etwas zu Boden fällt – alle Hunde bleiben entspannt und die Welpen natürlich auch. Mittlerweile gibt es eine Ecke im Welpengarten, die die Welpen schon sehr häufig als Klo benutzen. Auch haben die beiden anderen Hündinnen einen Teil der Beschäftigung mit den Welpen übernommen. Eine von ihnen ist sehr großzügig, die andere eher streng. Die Mutter putzt die Welpen mindestens einmal täglich, dafür verlangt sie, dass die Kleinen still halten und es sich gefallen lassen. Regelmäßig nehmen auch die Züchter die Welpen auf den Arm und lassen sie nur wieder herunter, wenn sie sich ruhig verhalten. Die Welpen schlafen sehr viel und verarbeiten alle neuen Eindrücke, dabei werden sie möglichst nicht gestört. Erste Ausflüge mit dem Auto werden gemacht und die Welpen lernen, dass eine Fahrt mit dem Auto neue Eindrücke bringt. Viel zu schnell sind diese acht bis zehn Wochen vorbei und die Welpen ziehen um in ihre Familien.

**Was haben diese Welpen schon gelernt, und welche Erfahrungen konnten sie sammeln?**

- Die Mutter strahlt immer Gelassenheit und Geborgenheit aus
- Menschen sind toll, riechen toll, bringen Futter und es ist angenehm, wenn sie den Welpen anfassen und streicheln
- Für das Geschäft macht es Sinn, andere Untergründe zu verwenden
- Futter steht ausreichend zur Verfügung
- Neugierig sein bringt neue Eindrücke
- Unterschiedliche Untergründe sind gut zu laufen
- Klettern oder durch Tunnel gehen macht Spaß
- Ab und an mal still halten bei der Mama oder bei den Menschen ist sinnvoll
- Andere Hunde sind toll

Nimmt man aus dieser Zucht einen Welpen auf, kann man davon ausgehen, dass er

Eine kleine Dalmatiner-Dame, optimal vorbereitet auf ihr neues Leben.

schon viel Positives gelernt hat und viele gute Erfahrungen sammeln durfte. Es fällt dem Welpen/Hund sehr leicht, neue Dinge auszuprobieren und er kooperiert gerne mit seinem Menschen. Bei Krach oder anderen Störungen bleibt er gelassen. Er hat schon ein größeres Gedächtnis und ist besser vorbereitet auf das weitere Leben.

Was hat der Vergleich mit Lernen zu tun? Ziemlich viel. Wenn viele verschiedene Dinge schon als Welpe gelernt wurden, dann ist das Gehirn weitaus strukturierter und stärker ausgebildet. Es wurden zahlreiche Verknüpfungen angelegt (an dieser Stelle möchte ich gerne einschlägige weiterführende Literatur zum Lernverhalten empfehlen). Es ist einfacher, wenn die Lernerfahrungen beim Welpen mit vielen verschiedenen positiven Erfahrungen belegt sind und nicht mit einzelnen Standardlösungen, die später nicht immer zielführend sind. Je mehr Erfahrungen vorhanden sind, umso besser kann der Hund neue Situationen mit diesen Erfahrungen abgleichen und auf ein bereits Erfolg versprechendes Verhalten zurückgreifen und dieses anwenden. Mit diesem Wissen kann und soll man mit jedem Hund angepasst trainieren und arbeiten, sodass er lernen und sich weiterentwickeln kann. Daraus erklärt sich, dass Standartlösungen, egal für welches Team, schon mal ausfallen. Ich baue deswegen auf individuelles Lernen für unterschiedliche Mensch-Hund-Teams! Bevor wir uns aber mit verschiedenen Lernformen und deren Umsetzung in der Praxis genauer beschäftigen, möchte ich auf etwas hinweisen, was viel zu oft nicht beachtet wird.

### Lernen findet im Schlaf statt!

Also nicht wie du jetzt vielleicht denkst – Hundeausbildungsbuch unter das Hundekissen und gut. Wenn der Hund lernt, dann ist das Gehirn sehr aktiv – es wimmelt quasi im Kopf des Hundes, gerade wenn es sich um neue Lerninhalte handelt und nicht um die Abfrage von etwas bereits Bekanntem. Optimal ist es, wenn der Hund nach dieser Lerneinheit wirklich Ruhe findet. Auch wenn er von außen betrachtet schläft, läuft das Gehirn noch einmal zur Hochform auf, verarbeitet das Neuerlernte und verankert es an den dafür vorgesehenen Stellen. Dadurch werden diese Lerninhalte gefestigt.

Bevor wir zusammen die wichtigsten Lernformen »beleuchten« wäre noch die Frage zu klären, welches Verhalten beeinflusst werden kann, und welches genetisch ganz einfach vorgegeben ist.

Regelmäßige und ausreichend lange Ruhephasen sind für alle Hunde, aber insbesondere für junge Fellnasen, sehr wichtig!

## Wie funktioniert Lernen?

Wir wollen jetzt gemeinsam das Lernen etwas genauer betrachten und uns mit einigen Lernformen beschäftigen. Bitte blättere nicht ungeduldig weiter, um endlich zur Praxis zu gelangen, sondern bleib bei mir! Ich versuche dieses zugegeben eher trockene und theoretische Thema so spannend wie möglich zu präsentieren und würde mich freuen, wenn du daraus Nutzen ziehen könntest für einen besseren Umgang mit deinem Hund.

### Assoziationslernen

Lernen durch Assoziation ist das Verknüpfen von zwei Reizen, die annähernd gleichzeitig stattfinden. Das passiert im Leben der höher entwickelten Säugetiere eigentlich ständig, sehr häufig besonders am Lebensanfang. Dabei hilft Erfahrungen zu sammeln.

**Ein uns allen bekanntes Beispiel:** Wenn in der Schule die Glocke läutet, bedeutet das: Pause. (Der Mensch ist sogar so clever, dass er das gleiche Glockengeräusch mit dem Unterrichtsbeginn in Verbindung bringen kann.) Es hat also eine Verknüpfung im Menschengehirn stattgefunden – das Läuten der Glocke wurde mit einer Situation (Pause oder Unterrichtsbeginn) verknüpft, also assoziiert. Soweit zu uns Menschen. Bei unseren Hunden müssen wir uns klarmachen, welche Dinge im Hundegehirn wirklich verknüpft werden. Oft erkennen wir es nicht oder beurteilen es anders. Manche Hundebesitzer wundern sich, wenn ihre Hunde auf andere Hunde aggressiv reagieren. Der Mensch ist der Meinung, dass sein Hund andere Hunde nicht leiden kann, die Verknüpfung hat aber so stattgefunden, dass der Hundebesitzer seinem Hund immer einen schmerzhaften Leinenruck gegeben hat, als dieser zu einem anderen Hund wollte. Was hat der Hund verknüpft? Wenn ein anderer Hund kommt, bedeutet das Schmerz! Lebewesen können mit allen Sinnesorganen verknüpfen.

Ich sitze hier und schreibe und mein Mann ist unten in der Küche. Ich höre nichts, ich sehe nichts, aber ein mir bekannter Geruch erreicht mich, es riecht nach Essen. Schon läuft mir das Wasser im Munde zusammen und mein Magen meldet sich und sagt – Hunger!

**Somit können Verknüpfungen stattfinden durch:**

- Hören
- Sehen
- Riechen
- Fühlen
- Schmecken

Natürlich sind auch oft mehrere Sinnesorgane daran beteiligt, denn wenn ich das Essen nicht nur rieche, sondern auch sehe, dann hat das eine gesteigerte Wirkung!

Wir Menschen nehmen die Welt stark mit den Augen wahr, haben dadurch zahlreiche Verknüpfungen angelegt und viele Erfahrungen gesammelt. Der Hund ist eher ein Nasentier und einige Dinge, die er verknüpft hat, können wir gar nicht nachempfinden, weil wir die Voraussetzung dafür nicht mitbringen. Deswegen wundern wir uns vielleicht über gewisse Verhaltensweisen des Hundes und können die Ursache dafür gar nicht erkennen oder herausfinden.

Hier ein Beispiel, das du vielleicht kennst: Mein Hund geht an 9 Hunden problemlos vorbei, ohne sie zu beachten. Auf den 10ten Hund, der auch nicht anders wirkt, sich weder anders benimmt, noch komisch aussieht, geht mein Hund plötzlich los. Genauso kann das bei Menschen passieren, die uns

Hunde sind Nasentiere und nehmen ihre Umwelt sehr ausgeprägt durch Riechen war.

entgegenkommen. Offensichtlich ist es ein Geruch oder auch eine bestimmte Körperhaltung, die wir gar nicht erkennen, bei der der Hund jedoch eine Verknüpfung in seinem Gehirn abgespeichert hat und dann ein einsprechendes Verhalten zeigt.

- **Nicht wundern, sondern lernen, den Hund zu lesen und sich in ihn hineinzudenken!**

- **Verknüpfungen können positive oder auch negative Auswirklungen haben!**

Eine Assoziation im Lernprozess findet nicht immer bewusst statt. Einem Hund ist ein bestimmtes Ereignis bereits bekannt und es erregt seine Aufmerksamkeit – es ist somit ein bekannter Reiz. Passieren zeitgleich oder kurz vorher Dinge, die er nicht kennt, bringt er diese mit dem Ereignis in Verbindung. Um unerwünschte Verknüpfungen zu vermeiden, solltest du am Anfang in ablenkungsfreier Umgebung trainieren!

## Klassische Konditionierung – das Verknüpfungslernen

Verbindung (Verknüpfung) eines unbekannten Reizes mit einem bekannten Reiz. Die klassische Konditionierung besagt, dass zwei Reize so miteinander verknüpft werden, dass beide dieselbe Reaktion auslösen, obwohl diese Reaktion zuvor nur von einem biologisch bedingten (angeborenen) Reiz ausgelöst wurde.

Einfach erklärt: Der Hund riecht Futter und fängt an zu sabbern. Wenn ich jetzt das Futter immer vorher in den Hundenapf gebe, wird der Hund schon anfangen zu sabbern, wenn er die Futterschüssel sieht, bevor er das Futter sieht oder riecht. Der zuvor unbekannte Reiz Futterschüssel wurde somit mit dem bekannten Reiz Futter erfolgreich verknüpft.

Streut man dem Hund sein Futter immer auf den Boden und frisst er nie aus der Schüssel, so kann er mit der Futterschüssel nichts anfangen und würde auf sie nicht reagieren. Das Lernen durch klassische Konditionierung findet immer und überall statt, ob wir es wollen oder nicht. Gerade Welpen und Junghunde lernen auf diese Weise noch häufiger als erwachsene Hunde, denen ihre Umwelt und ihr Lebensablauf bereits bestens bekannt sind. Ihnen fällt es auch zunehmend schwerer, Verknüpfungen zu bilden, vor allem, wenn sie anderen sehr ähnlich sind. Je mehr ein junger Hund lernt, Dinge, die ähnlich sind, zu unterscheiden und richtig zu verknüpfen, desto besser kann er das auch im Alter umsetzen.

Ich springe einmal in den Alltag/Ausbildung. Jedes Hörzeichen, das wir unserem Hund beibringen, wird klassisch konditioniert und mit dem jeweiligen Verhalten verknüpft. Sage ich immer »Sitz«, wenn sich der Hund von alleine hinsetzt, dann wird er bald verstehen, dass das Hörzeichen »Sitz« dieses Verhalten bedeutet. Habe ich bei dieser Handlung immer ein Leckerli in der Hand, wird nicht nur das Hörzeichen mit dem Verhalten verknüpft, sondern auch das Leckerli. Wiederhole ich das Ganze oft, wird es dem Hund schwerfallen, sich nicht hinzusetzen, sobald er ein Leckerli sieht. Genial ist, dass mit einem Hörzeichen auch Emotionen mit demselben Verhalten konditioniert werden. So legt sich mein Denzel auf das Hörzeichen »Liegen« ziemlich entspannt hin und bleibt dabei gelassen und locker. Sage ich allerdings das

Das Hörzeichen für Herankommen wurde mit dem natürlichen Verhalten, zum Rudel zurückzulaufen, verknüpft.

Hörzeichen »Platz«, dann schmeißt er sich förmlich hin und baut eine freudige Erwartungshaltung auf. Warum das so ist und wie das genau funktioniert, dazu komme ich im Kapitel »Emotionales Lernen« – sei also gespannt!

Um dir einen kleinen Einblick in mögliche Verknüpfungen der Hunde zu geben, habe ich unsere CreaCanis-Teams gebeten, über positive Verknüpfungsgeschichten aus dem Alltag zu berichten. Nachfolgend ein kleiner Auszug – vielleicht findest du ja deinen Hund hier wieder?

Die lustigsten Verknüpfungsgeschichten von einigen Seminarteilnehmern.

**Sarah**
»Ich habe meiner Hündin Amy versehentlich etwas Ungewolltes antrainiert. Und sie frisst so gerne, dass Amy mir schon fast leidtut. Jedes Mal, wenn wir nachhause kommen, rennt sie wie ein Rennpferd durch den Innenhof, zischt in den Aufzug rein, sitzt im Aufzug ganz angespannt da. Dann zischt sie wieder raus und sprintet die zwei Meter zur Wohnungstür. Sobald die Tür offen ist rennt sie, ohne Rücksicht auf Verluste, in die Küche und wartet dort, weil sie denkt, dass sie etwas zu fressen bekommt. Seitdem ich ihr Futter in kleine Mengen aufteile ist es in letzter Zeit oft dazu gekommen, dass Amy direkt nach dem Nachhausekommen ihre Mahlzeiten erhielt.«

**Aliki**
»Das Ganze geht auch andersrum: Die Verknüpfungsgeschichte, wie Yara micht konditioniert hat: Wenn wir morgens spazieren gehen, dann laufen wir über Felder und Wiesen. Yara rennt gerne weit in die Wiese hinein. Da ich nicht möchte, dass sie sich zu weit entfernt, rufe ich sie, wenn sie eine bestimmte Distanz erreicht hat. Sie dreht dann brav um, kommt zu mir und bekommt ein Leckerli. Und wo ist jetzt die Konditionierung? Bei mir. Sie rennt nämlich ganz bewusst los, um dann gerufen zu werden und das Leckerli abzustauben. Nachdem Antje mich darauf aufmerksam gemacht hat – ich habe es echt selbst nicht gemerkt – habe ich den Rückruf mal unterlassen. Und siehe da, bei der Rückrufdistanz wird sie langsamer, dreht sich um und schaut jetzt komisch, weil der obligatorische Rückruf nicht kommt. Yara hatte mich echt gut konditioniert.«

**Saskia**
»Sophie bekommt bei meiner Mama eine Walnuss, wenn diese draußen Wäsche aufhängt. Bei Mama steht die Waschmaschine im Keller. Mittlerweile verknüpft Sophie das Waschmaschine = Fertig-Signal mit Walnuss. Wenn sie hört, dass die Wäsche fertig ist, läuft sie zur Kellertür und wartet. Kommt meine Mama nicht schnell genug, läuft Sophie zurück ins Wohnzimmer und stupst meine Mama an, bis diese in den Keller geht. Sie wartet an der Treppe, bis Mama mit dem Wäschekorb hochkommt. Dann läuft sie zur Terrassentür und setzt sich an der Wäscheleine hin, da bekommt sie eine Walnuss. Das ist total süß, weil sie das nur bei meiner Mama zuhause macht. Und das Faszinierende ist: Nur bei der Waschmaschine, nicht beim Trockner und nicht bei dem Geschirrspüler (und diese haben den gleichen Ton … in meinen Ohren).«

**Marion**
»Meine kleine Podenco-Mix-Hündin Pepper hat wahnsinnig viel Spaß am Tricktraining. Als sie aus dem Tierschutz zu uns kam, war

Hunde beobachten ihren Menschen genau, dabei lernen sie ständig und versuchen ihr Leben dabei angenehmer zu machen.

sie ein sehr zurückhaltender und eher ängstlicher Hund. Das Tricktraining hat ihr geholfen, mutiger und selbstbewusster zu werden. Vor einiger Zeit haben wir den Hunden das Socken-Ausziehen beigebracht. Pepper hat etwas gebraucht, bis sie sich traute, den Socken wirklich mit Kraft vom Fuß zu ziehen. Sie hatte jedes Mal Spaß, wenn es klappte. Dafür kam das Leckerli geflogen. An einem Sonntagnachmittag hatten wir Besuch von meiner Tante, die immer recht locker ist und irgendwann im Gespräch ihre Schuhe auszog und die Beine überschlug. Ihr Gesicht hättet ihr sehen müssen, als Pepper regelrecht aus ihrem Körbchen geschossen kam und ihr den linken Socken vom Fuß riss.«

## Operante und instrumentelle Konditionierung

### Das Lernen am Erfolg

Lebewesen lieben es grundsätzlich, Erfolg zu haben. Sei es die beste Nahrung zu bekommen, das begehrteste Spielobjekt, den attraktivsten Sexualpartner oder einfach nur den gewünschten Keks. Das Verhalten, das zu diesen Zielen führt, wird wiederholt, um wieder in den Genuss dieser Belohnungen zu gelangen. Es fühlt sich gut an, zu gewinnen. Das ist auch uns Menschen schon in die Wiege gelegt. Babys werfen gern den Schnuller aus dem Kinderwagen und freuen sich diebisch, wenn die Mama ihn aufhebt, wieder lutschbar macht und überreicht. Anschließen fliegt er wieder raus, erfolgreiches Verhalten wird wiederholt. Am besten spielt man auch mit seinen Kindern so, dass sie gewinnen.

Ich beispielsweise war ein Canasta-Kind (das Kartenspiel kennst du vielleicht). Schon mit drei Jahren habe ich mit meiner Mama, Oma und Tante »gezockt« und natürlich sehr oft auch gewonnen. (Vermutungen, dem sei etwas nachgeholfen worden, sind nicht beweisbar.) Ich war hoch motiviert, weiterzuspielen, denn es fühlte sich gut an, zu gewinnen. Und dafür gab es zur Belohnung nicht einmal ein Stück Schokolade – schon alleine das Gefühl des Erfolges war berauschend. Als ich älter wurde, habe ich (zwangsläufig) gelernt, auch zu verlieren und mich dann beim nächsten Spiel noch mehr anzustrengen. Der Erfolg stellte sich wieder ein und ich lernte im Gegenzug, mit einer Niederlage gut umzugehen und vor allem nicht aufzugeben. Eigentlich funktioniert so gute Hundeausbildung. Klingt einfach, ist es aber nicht. Und weißt du warum? Ich behaupte, Hunde lassen sich nicht so gut täuschen wie Kinder. Dein Hund wiederholt erfolgreiches Verhalten oft ohne dass du es merkst. Aber du kannst diese Lernform wunderbar nutzen, um deinen Hund zu erziehen und auszubilden.
Wie passiert Lernen am Erfolg, ohne dass du wissentlich Einfluss darauf nimmst? Hier ein Beispiel aus meinem Hundealltag: Unsere Hunde bekommen nichts vom Esstisch, das ist sehr praktisch, dann betteln sie nicht und fangen auch nicht an zu sabbern. Aber sie dürfen die Eisschalen auslecken. Damit hatte ich irgendwann zunächst wieder aufgehört, da mich der bettelnde Blick beim Eisessen nervte. Da alles Lieb-Schauen nichts nützte, gaben die Hunde auf und legten sich völlig unbeteiligt vor die Couch. Weil sie da so friedlich waren, durften sie die Schüsseln wieder auslecken. Was passiert seitdem? Setzen wir uns mit unseren Eisschüsseln auf die Couch, legen sich beide sofort auf den Teppich zu uns, als ginge sie das gar nichts an, ohne uns anzuschauen oder zu nerven. Wenn wir fertig sind, bekommen sie ihre Eisschalen zum Auslecken.

## COOPER

Ein anderes Beispiel: Mein Rüde Cooper liebte es, draußen im Garten aus der Gießkanne zu trinken. Eines Nachts weckte er mich. Ich dachte er, müsse sich lösen und ließ ihn in den Garten. Kurz danach kam er zufrieden wieder herein und schlief weiter. Die nächste Nacht weckte er mich wieder so um die gleiche Zeit, ich fand das zwar komisch, dass er schon wieder musste, ließ ihn aber in den Garten. Als er mich die dritte Nacht hintereinander weckte, ging ich mit hinaus, um zu sehen, was der Grund dafür war. Dieser war ganz banal, Herr Cooper wollte nachts um drei aus der Gießkanne im Garten trinken. Und das »Mich-wecken« hat ihm den gewünschten Erfolg gebracht. Ich muss, nicht erwähnen, dass er im Haus jederzeit Zugang zu frischem Wasser hatte!

Beim Lernen am Erfolg wird oft von operant und instrumentell gesprochen – zwei unterschiedliche Begriffe für ein und dasselbe? Im Ergebnis ja, aber nicht im Grundgedanken.

### Operante Konditionierung

Hinter dieser Trainingsform steckt keine Absicht, sondern ein zufällig gezeigtes Verhalten wird verstärkt (belohnt) und somit öfter gezeigt. Diese Verstärkung kann bewusst oder unbewusst erfolgen. Unbewusst verstärke ich beispielsweise, wenn mein kleiner Hund, weil er meine Aufmerksamkeit haben will, wie ein Hase die Vorderpfoten hebt, und ich daraufhin lache, mich freue und ihn süß finde. Ich mache das nicht bewusst, aber er merkt, dass sich dieses Verhalten lohnt.

### Instrumentelle Konditionierung

Das ist die Trainingsform, die im modernen Hundetraining sehr gerne und häufig angewendet wird. Ich habe einen Plan, was

Auch die Urenkelin Mica teilt die Leidenschaft von Cooper – das Wasser aus der Gießkanne schmeckt einfach am besten.

der Hund lernen soll. Ich offeriere ihm die Belohnung, denke dabei an das Verhalten, das er zeigen soll, und schaue oder bewege mich dorthin, wo das Verhalten stattfinden soll. Wenn zum Beispiel der Hund mit der Nase irgendwo dran stupsen soll, kann ich ihm helfen, indem sich mein Körper leicht in diese Richtung hin verlagert und ich das Objekt anschaue. Und jetzt kommt das schwierigste: Ich muss jeden Gedanken und jede Bewegung des Hundes in die richtige Richtung verstärken und belohnen.

Der Hund lernt selbständig, dass es eine Belohnung gibt, wenn er auf das kleine Podest steigt. Der Mensch belohnt bei dieser Übung jeden kleinen Schritt.

Wie Konditionierungsformen gezielt für Ausbildung und Training genutzt werden können, und wie ich mit Marker-Signalen arbeite, wird dir im Praxisteil erklärt.

### Das Lernen am Misserfolg

Auch wenn es in modernen Trainingsausbildungen für Hunde gerne verschwiegen wird – jedes Lebewesen, auch unser Hund, lernt an seinem Misserfolg. Es ist wichtig zu lernen, nicht den Mut zu verlieren, und trotzdem weiter aktiv und lernbereit zu bleiben.

Ein Verhalten wird weniger häufig gezeigt, wenn es nicht belohnt und nicht beachtet wird, oder wenn es ein unangenehmes Gefühl oder vielleicht auch Schmerz verursacht. Wir hatten früher einen Kachelofen, der war außen richtig heiß. Meine Mutter predigte, dass ich nicht zu nahe an den Ofen gehen sollte. Als Dreijährige verstand ich die Erklärung nicht, passte nicht auf und verbrannte mir den ganzen Unterarm. Erst danach habe ich tunlichst darauf geachtet, vom Ofen Abstand zu halten.

Wäre mir das nicht passiert, dann hätte ich ab einem bestimmten Alter auch anhand der Erklärung meiner Mutter verstanden, dass ich nicht hingreifen soll. Im Gegensatz zum Menschen ist auch der klügste Hund nicht im Stande, durch Erklärung zu verstehen, dass Dinge, die er tut, gefährlich oder schmerzhaft sein können, oder von seinem Menschen nicht erwünscht sind.

Nun lasse ich natürlich meinen Hund nicht absichtlich am Kachelofen oder am Stromzaun schnüffeln. Es liegt in meiner Verantwortung, dass mein Hund solche Lernverknüpfungen nicht machen muss! Aber vielleicht probiert sich mein Hund im Hunderudel aus und provoziert den älteren Hund, indem er diesen immer wegdrängt oder anrempelt. Dieser lässt sich das nicht gefallen und staucht den Rüpel zusammen.

Somit wird das Verhalten dann weniger oft gezeigt. Wenn wir uns in unserer gemischten Gruppe authentisch zeigen, kann der Hund durchaus lernen, auch den Menschen mit Respekt zu behandeln und verschiedene Verhaltensweisen nicht mehr zu zeigen. Ein Beispiel wäre das Erlernen der Beißhemmung, indem ich als Mensch durchaus meinen Unmut zeige, wenn der Hund es zu heftig treibt und zu grob ist.

Hier wurde die einjährige Baila vom neunjährigen Bjarni korrigiert, Baila hatte sich sehr aufdringlich verhalten. Schnell lernte sie, dass man Bjarni mit Respekt behandelt. Sie hat dabei eine wichtige Lernerfahrung gemacht.

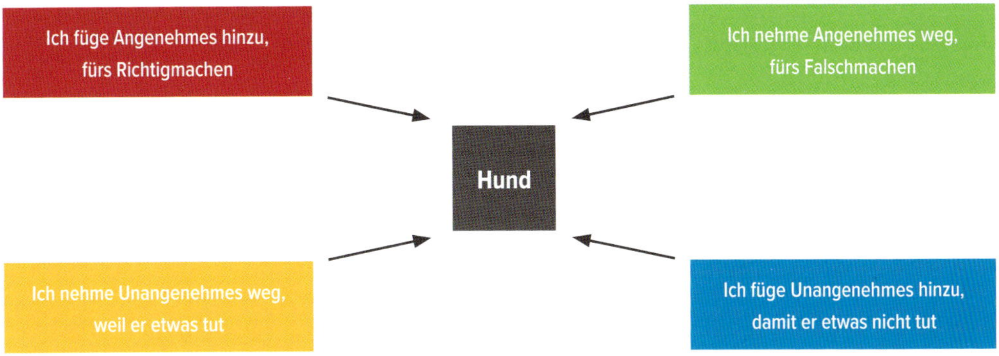


## Verstärkungen

Was kann ich tun, damit ein Verhalten öfter gezeigt wird, oder auch aufhört? Ich kann meinen Hund belohnen, wenn mir sein Verhalten gefällt und ich möchte, dass er dieses Verhalten öfter zeigt. Ich kann ihn »bestrafen«, wenn mir sein Verhalten nicht gefällt und er dieses nicht mehr zeigen soll.

So, mein lieber Leser, was fühlt sich grundsätzlich besser an? Natürlich alles, was mit »angenehm« zu tun hat, oder? So wird es uns doch in unzähligen Fachzeitschriften, Werbeaussagen von Hundeschulen oder Büchern suggeriert – wir sollen nur positiv mit unserem Hund arbeiten! Und Bestrafung bringt nichts, etwas Unangenehmes ist Gewalt und bringt natürlich auch nichts! Gewaltfreiheit und Training über positive Motivation ist der Schlüssel zur Hundeerziehung, oder? Gibt es noch etwas dazwischen?

Ich sage: »Ja! Wir brauchen keine Gewalt oder Schmerzreize!« Ich als Mensch benötige Präsenz und Konsequenz. Ich arbeite mit Körpersprache und Signalen, die der Hund versteht. Dazu gehört auch, dass mein Hund einmal in die zweite Reihe treten muss. Ich gebe planbare Grenzen und fordere deren Akzeptanz auch ein. Innerhalb dieser Grenzen aber erlaube ich meinem Hund Selbstständigkeit und Entfaltung!

Wir hatten ja an anderer Stelle schon besprochen, dass ich zwischen Erziehung und Training (also dem Einüben verschiedener Verhaltensweisen auf Hörzeichen) einen deutlichen Unterschied sehe. Und ja, wenn ich mit meinem Hund trainiere, dann arbeite ich in kleinen Lernschritten und über die positive Verstärkung. Ich gestalte das Trainingsumfeld so, dass die Ablenkung gering ist, ich bin voll konzentriert und belohne/verstärke kleinste Schritte. Mein Hund kann sich vollkommen konzentrieren und es liegt ausschließlich an mir, wie er die Übung versteht.

Warum sollte ich ihn jemals bestrafen, wenn er es dann nicht richtig macht? Ein guter Trainer hat einen erfolgreichen Schüler, also suche den Missstand bei dir und trainiere deinen Hund besser und damit erfolgreicher. Und – ganz ehrlich – Belohnen findet nicht nur der Hund gut! Ich liebe es, meinen Hund zu belohnen, und es fühlt sich auch für mich toll an! Aber was passiert im Alltag, wenn die Außenreize größer sind als das, was ich als Belohnung habe?

Ein entspanntes Miteinander von Mensch und Hund in allen Lebensbereichen ist unser Ziel!

Ein gut gemeinter Tipp aus der Trainererfahrung. Was folgt aus Ideen wie:

- die Ablenkung kleiner werden lassenn
- mehr Abstand zum anderen Hund halten
- nicht mehr durch den Wald gehen wegen des Wildgeruchs
- stehen bleiben wenn der Hund zieht und dann belohnen und Ähnliches?

Wir kennen Menschen, die gehen nur noch ganz früh morgens oder spät abends mit ihrem Hund vor die Tür, aus Sorge, auf andere Hunde oder Menschen zu treffen. Es kommen Menschen an der Leine mit ihrem Hund keine 500 m weit, weil sie immer wieder stehen bleiben, das richtige Verhalten belohnen, und schon geht das Ganze (in diesem Falle auch eine Lernverkettung) von vorne los. Beide werden frustriert und der Hund zunehmend unausgelastet, denn er muss an der Leine bleiben, weil er, wenn er dann einmal etwas sieht, das plötzlich auftaucht, nicht mehr zu bremsen ist. Ist es wirklich das, was wir haben wollen? Ist es nicht dein Ziel, mein lieber Leser, dass du dich auf deinen Hund im Alltag verlassen kannst und ihr unbeschwert durch das Leben gehen und die schönen Seiten eurer Beziehung genießen könnt?

**Aus diesem Grund arbeiten wir bei CreaCanis mit allen vier Verstärkungsformen!**

Unser Ziel ist es natürlich, so viel wie möglich positiv zu verstärken, und so wenig wie nötig für den Hund unangenehme Dinge ins Spiel zu bringen! Wir möchten dir zeigen, dass eine Strafe einfach nur eine unangenehme Konsequenz ist, nichts mit Gewalt und Schmerz zu tun haben muss und wir uns authentisch und natürlich verhalten können. So verstehen uns unsere Hunde und akzeptieren und vertrauen uns.

**Das Leben und das Zusammenleben mit unserem Hund ist so bunt wie unser bunter Hund von CreaCanis!**

Schauen wir einmal in die Natur und zwar in die des Menschen, der Hunde und anderer sozialer Lebewesen. Die autoritäre Erziehung, die auf Einschüchterung und Gewalt beruht, ist wohl schon lange überholt. Sie ist ebenso abzulehnen, wie die antiautoritäre Erziehung, bei der versucht wird, Verhalten ausschließlich über Belohnungen zu beeinflussen. Es ist doch das Beste, wenn mein Kind in einem Familienverband aufwächst, in dem es behütet und umsorgt wird, dabei aber Regeln und Grenzen kennt. Wir hatten ja schon darüber gesprochen, dass unsere Hunde so etwas wie einen Kinderstatus (und nicht Partnerstatus) besitzen. Damit du dir vorstellen kannst, wie die Verstärkungsformen im Alltag eingesetzt werden können, habe ich im Folgenden einige Beispiele aus meinem Alltag zusammengestellt:

Wie schon erwähnt, gehören zu unserem Rudel der Rüde Denzel, 5,5 Jahre, und die junge Hundedame Mica, 9 Monate. Wir lieben es, wenn unsere Hunde viel Freiheit haben und viel ohne Leine laufen dürfen, also sind uns im Alltag einige Dinge wichtig.

**Ich füge etwas Angenehmes hinzu:**
Ich rufe die Hunde zu mir und wenn sie sofort kommen, werden sie großzügig belohnt (dafür nutzen wir einen Teil ihrer Futterration.) Außerdem wird der Hund auch belohnt, wenn er von sich aus ohne Rufen zu mir kommt.

**Ich nehme etwas Angenehmes weg:**
Ich möchte mit meinen Hunden spielen und hole das Spielzeug heraus. Meine Hunde sind aufgeregt und springen und pöbeln mich an – ich stecke das Spielzeug wieder weg und sage: »So nicht.«

**Ich füge etwas Unangenehmes hinzu:**
Ich gehe mit meinen Hunden gerne frei und sie sollen bei mir, also neben mir laufen. Nach einiger Zeit sind sie immer weiter vorne. Ich drehe mich zu den Hunden und dränge sie über meine Körpersprache, ohne sie zu berühren, ein Stück nach hinten und schon laufen sie wieder entspannt auf der richtigen Höhe.

**Ich nehme etwas Unangenehmes weg (etwas Unangenehmes hört auf):**
Mica ist in Jagdstimmung und aufgeregt und kann sich nicht beruhigen. Ich nehme sie zu mir, stelle sie an mein Bein und halte sie fest. Sie versucht noch eine Weile wegzuspringen und wird dann ruhiger. Dadurch wird es für sie viel angenehmer und sie genießt mein Streicheln und ist wieder gelassen.

Gutes Einhalten der Regeln verhilft zu viel Freiheit im Alltag.

Lass deinem Hund Zeit, sich Dinge anzuschauen, die im Alltag vorkommen. Bleibe dabei gelassen, der Hund wird deine Stimmung übernehmen und sich an die Ding – wie hier die Pferde – gewöhnen.

Verstärkungsformen können natürlich auch jederzeit kombiniert werden, wie im letzten Beispiel beschrieben.

### Die Gewöhnung – eine einfache, aber unterschätzte Lernform

Lernen findet auch statt, wenn keine Verknüpfung erfolgt. Lebewesen können lernen, Reize zu ignorieren. Diese Lernform wird Gewöhnung genannt. Gewöhnung findet ständig statt und wird oft von uns Menschen nicht bewusst beeinflusst. Unser Hund ist ein wahrer Gewöhnungskünstler und kann sich deswegen so wunderbar an sein jeweiliges Leben anpassen. Er gewöhnt sich an Dinge in seiner Umwelt, die immer wieder vorkommen und ihn nicht betreffen (Straßenverkehr z.B.), an Gerüche, an Lebewesen oder an Situationen. Wir sitzen am Tisch und essen und es riecht so gut, dass sich der Hund davor setzt und uns lieb anschaut. Bekommt er weder Beachtung und NIE(!) eine Belohnung, dann wird er sich wohl irgendwann einmal in die Ecke legen. Er wird sich an den Ablauf, dass Menschen am Tisch sitzen und essen und den Geruch der Speisen, gewöhnen. Ich war schon immer fasziniert von Großstadthunden, die völlig entspannt durch dichte Menschenmengen laufen, an viel befahrenen Straßen den Verkehr nicht beachten und damit offensichtlich sehr gut klarkommen. Diese Hunde sind an das Leben in diesem Trubel gewöhnt. Dieselben Hunde bekommen bei uns auf dem Land einen halben »Herzkasper«, wenn sie das erste Mal auf einem engen Weg an Jungkühen vorbeigehen, an denen unsere Hunde völlig relaxt und unaufgeregt vorbeispazieren. Da macht es doch Sinn, dass wir unseren Hund bewusst an Dinge und Situationen gewöhnen, die in unserem Zusammenleben oft vorkommen und ignoriert werden sollten.

Bis hierhin hast du es gut geschafft, prima! Dann aufgepasst, ich gehe jetzt in ein Thema, das in unserem Basisprogramm Roots einen sehr großen Stellenwert hat.

## Soziales und emotionales Lernen

### Soziales Lernen

Soziales Lernen ist keine Lerntheorie, die im Labor nachgewiesen werden kann. Es ist viel eher der Erwerb sozialer und emotionaler Fähigkeiten und Kompetenzen. Diese können ausschließlich innerhalb einer sozialen Verbindung/Gruppe erworben werden und zwar auch artübergreifend – das ist für uns das Interessante daran. Die Eigenwahrnehmung und Akzeptanz des anderen wird gefördert, Möglichkeiten und Grenzen werden ausgetestet, die Wahrnehmungsfähigkeit ausgebaut und Kontakt und Kommunikation geschult. Soziales Lernen ist nicht nach dem Jugendalter des Hundes beendet, sondern begleitet uns ein Leben lang.

**Wo kann soziales Lernen besser verwirklicht werden, als im innerartlichen und zwischenartlichen Spiel? Ein Kernstück unserer CreaCanis-Idee!**

Soziale Interaktionen und fröhliches Zusammensein erhöhen die Freude am gemeinsamen Tun und fördern auch die Lernbereitschaft des Hundes.

## Nachahmung als soziale Lernform

Alle Affen machen nach oder wie ist das zu verstehen? Unlängst habe ich ein Video gesehen, in dem ein Orang-Utan-Weibchen im Zoo voller Begeisterung die Fenster putzte, weil sie sich das von ihrem Wärter abgeschaut hatte. Wie häufig imitieren uns Kinder, die uns gegenübersitzen, oder »arbeiten« in ihrer Puppenküche, während ihre Mama am echten Herd steht. Auch wird mit der Puppe geschimpft, wenn sie etwas »falsch« gemacht hat.

Nun können wir nicht erwarten, dass der Hund bei uns Bügeln oder Kochen lernt. Und natürlich ist die Nachahmung artübergreifend nicht vollumfänglich möglich, wie bei Individuen einer Gattung. Aber es ist dennoch erstaunlich, was der Hund alles lernen kann, wenn wir es ihm unbewusst oder bewusst vormachen. Es klingelt beispielsweise an der Haustüre, ich laufe aufgeregt durch das Haus, die Treppe hinunter, stürze ins Vorhaus, um die Türe aufzureißen, denn heutzutage sind viele Botendienste nach einmaligem Klingeln wieder verschwunden. Ich nehme das Paket an und gehe wieder ins Haus. Obwohl meine Hunde keinen Menschen gesehen haben und nicht mit ins Vorhaus dürfen, passiert bei ihnen Folgendes, wenn es klingelt: Sie laufen aufgeregt durch das Haus, stürzen die Treppe hinunter und würden sich mit ins Vorhaus werfen, wenn sie es dürften. Für ihr Verhalten gibt es aus ihrer Sicht keinen Anlass und keine Verstärkung (es ist ja auch nicht jedes Paket für sie). Aber sie haben sich durch die Nachahmung mein Verhalten abgeschaut und dieses mit dem Auslöser »Klingel« verbunden. Du erinnerst dich – klassische Konditionierung.

Ein anderes Beispiel: Ich kaspere mit dem Hund herum, lege mich dabei auf den Boden und rolle mich auf den Rücken. Was macht der Hund? Er legt sich auch hin und kullert herum. Es gibt mittlerweile dazu sogar Seminarprogramme – DO AS I DO – Mach's mir nach – ein spannendes Thema.

Nachahmungslernen kann wunderbar beobachtet werden, wenn man mehrere Hunde hat.

Probiere es mit deinem Hund aus: Das gemeinsame Tun und das Verhalten zu kopieren wird euch beiden gefallen. Ganz nebenbei entsteht Bindung.

## DENZEL UND MICA

**Denzel und Mica oder das Platz auf Entfernung:** Mica ist unsere Hovawarthündin und eine Tochter von meinem Rüden Denzel. Sie ist als Welpe bei uns eingezogen und wird nicht nur von uns (also den Menschen) erzogen, sondern auch direkt und indirekt von ihrem Papa Denzel. Sie schaut sich eine Menge von ihm ab. Wir genießen es, dass sie durch ihn wünschenswerte Verhaltensweisen einfach übernimmt. Eine Episode hat mich aber trotzdem verblüfft: Ihr Herrli trainiert viele Elemente in unserem kleinen Trainingsraum. Dort hat er unter anderem auch das Platz aufgebaut. Sie konnte es mit viel Hilfe, direkt vor ihrem Herrchen und mit sofortiger Belohnung. Also war sie noch weit davon entfernt, das Hörzeichen verstanden zu haben, geschweige denn, dass sie es überall ausführen konnte. Bei unseren Spaziergängen ist es uns wichtig, dass wir unsere Hunde überall und an Ort und Stelle stoppen können. Dafür verwenden wir das Platz auf Entfernung, der Hund soll sich sofort, da wo er gerade ist, hinlegen. Wir waren zusammen mit Mica und Denzel unterwegs (Mica war ungefähr sieben Monate alt). Beide Hunde waren frei und vor uns. Aus Routine verlangte ich das Platz auf Entfernung von Denzel. Mica blieb stehen, schaute sich an, wie ich danach zu Denzel ging und ihn belohnte, legte sich darauf auch hin und bekam natürlich ebenfalls sofort eine Belohnung.

Ich fand das sehr spannend und versuchte es gleich nochmal. Denzel legte sich nach dem Hörzeichen sofort wieder hin und Mica schaute nur kurz zu Denzel und schmiss sich ebenfalls auf den Boden, da wo sie gerade war. Mit diesen zwei Versuchen und den nachfolgenden Verstärkungen hatte sie durch Nachahmungslernen das Platz auf Entfernung verstanden.

Ein Welpe/Junghund profitiert sehr von gut sozialisierten und erzogenen erwachsenen Hunden, er kann von ihnen viel lernen, z.B. Ruhe und Gelassenheit.

Dieses Beispiel ist nicht 1:1 auf das Gespann Mensch und Hund übertragbar, es stellt sich daher die berechtigte Frage: Wie mache ich das mit meinem Hund? Nutze gezielt Treffen mit wirklich gut erzogenen Hunden. Diese Hunde, ihr Verhalten, ihre Energie, haben einen positiven Einfluss auf deinen Hund. Es ist wesentlich besser, wenn mein Hund im jugendlichen Alter gezielte Sozialkontakte zum Lernen mit erwachsenen Hunden genießt, als dass er nur mit einer Gruppe Gleichaltriger ungebremst über die Felder bolzt!

### Soziale Verstärkung

Vor lauter Belohnen mit Futter oder auch einem Spiel wird manchmal das Wichtigste im

Sich als Teamführer einmal richtig zu freuen, wenn der Hund etwas prima macht, ist bei vielen vor lauter »belohnen wollen« verloren gegangen.

Zusammenleben vergessen: das Lob und die Freude über eine tolle Leistung. Hunde lieben es, wenn man sie bewundert. Sie spüren, wenn sie ehrlich gelobt werden. Zum sozialen Lernen gehört ebenfalls, dass ich meinem Hund sozial vermitteln kann und auch darf, wenn mir etwas nicht passt und er mit dem Verhalten aufhören soll. Das richtig soziale Loben müssen wir Menschen teilweise wieder erlernen. Durch unser Basisprogramm Roots wirst du an dir vielleicht völlig neue Seiten entdecken.

## Emotionales Lernen

### Emotionen und Gefühle

Emotionen werden durch ein Ereignis oder eine Situation ausgelöst. Sie können bewusst oder auch unbewusst wahrgenommen werden. Es kommt zu einer Gefühlsregung (es entstehen positive oder negative Gefühle), körperlichen Reaktionen und Verhaltensreaktionen. Emotionen/Gefühle können zum Beispiel sein:

- Freude
- Trauer
- Ärger/Wut
- Frust
- Furcht/Angst
- Überraschung
- Ekel

Emotionen können Ausdruck einer negativen oder einer positiven Gestimmtheit sein. Vorrangig sprechen wir im Training über positive Emotionen, aber ein Hund muss und soll auch lernen, mit negativen Emotionen umzugehen. Auch wenn keiner gerne darüber spricht: Frust, Wut oder Furcht gehören zum Leben. Es ist ein Stück weit unsere Aufgabe, dem Hund zu zeigen, wie er damit umgehen soll, dass er dadurch stärker wird und an seinen Problemen wachsen kann!

### Emotionales Lernen verstehen

Uns Trainern ist es sehr wichtig, dass du das emotionale Lernen, und damit auch deinen Hund, besser verstehst! Ich versuche dieses in einfache Worte zu kleiden und mit Beispielen zu untermauern. Immer dann, wenn der Hund in eine Situation gerät (der Hund nimmt damit einen Reiz wahr), erfolgt automatisch eine emotionale Bewertung. Es entsteht ein Gefühl – positiv oder negativ. Ein Reiz in einer Situation kann auch neutral bewertet werden. Jedes Gefühl erzeugt eine körperliche Erregung im Hund, diese kann von schwach bis ganz hoch reichen.

Im Folgenden einige Beispiele für ein besseres Verständnis:

**Situation:** Ich habe ein Stück Gurke in der Hand

→ Reiz auf den Hund: Geruch, Mensch hat etwas (Neugier)
→ Gefühl neutral
→ Erregung keine, Gurke isst der Hund nicht, Hund geht seiner Wege

**Situation:** Ich habe etwas Trockenfutter in der Hand

→ Reiz auf den Hund: Futtergeruch, Mensch hat etwas (Neugier)
→ Gefühl positiv, Freude
→ Erregung gering, da Trockenfutter, Hund wartet entspannt, aber aufmerksam ab

**Situation:** Ich habe ein Stück Hühnerherz in der Hand,

→ Reiz auf den Hund: Futtergeruch, Mensch hat etwas (Neugier)
→ Gefühl positiv, Freude
→ Erregung hoch, da Hühnerherz, Hund hopst herum und springt mich an

**Situation:** Mir und meinem Hund (Rüde) kommt ein anderer Hund entgegen, dieser zeigt deutlich, dass er keinen Kontakt möchte, es ist ein kleiner, alter, kastrierter Rüde

- Reiz auf den Hund: Hund an sich, seine Körpersprache, sein Geruch, sein Geschlecht
- Gefühl neutral bis positiv
- Erregung gering, Hund lässt den anderen Hund entspannt vorbeigehen

**Situation:** Mir und meinem Hund (Rüde) kommt ein anderer Hund entgegen, dieser zeigt einen freundlichen Ausdruck und ist eine Hündin

- Reiz auf den Hund: Hund an sich, seine Körpersprache, sein Geruch, sein Geschlecht
- Gefühl positiv, Freude
- Erregung mittel, Hund wartet ab und nimmt entspannt Kontakt auf

**Situation:** Mir und meinem Hund (Rüde) kommt ein anderer Hund entgegen, dieser zeigt Angriffsabsichten und hat eine sehr dominante Körpersprache

- Reiz auf den Hund: Hund an sich, seine Körpersprache, sein Geruch, sein Geschlecht
- Gefühl Wut, Ärger
- Erregung sehr hoch, mein Hund dreht sofort durch, ist nicht mehr ansprechbar und will sich auf den Rüden stürzen

Was kannst du aus diesen Beispielen ableiten? Der Erregungslevel kann aufgrund der Situation unterschiedlich hoch sein. Die Stärke der Erregung steuert auch das Verhalten des Hundes. Ist sie niedrig, kann der Hund sein Verhalten bewusst steuern. Wir sprechen auch gerne davon, dass sich alles im »grünen Bereich« befindet. Je höher aber die Erregung wird, umso weniger ist das Verhalten des Hundes noch steuerbar und umso unbewusster läuft dieses Verhalten ab. Das geht so weit, dass der Hund rein aus dem Instinkt heraus handelt und ihm gar nicht bewusst ist, was er gerade macht. Der Hund befindet sich im »roten Bereich« und ist da auch nicht mehr ansprechbar.

Das Verhalten, das der Hund auf Grund der Situation, des Gefühls und der Erregung zeigt, zieht eine Konsequenz nach sich. Diese Konsequenz ist mit der ursprünglichen Situation (dem Reiz) verbunden, das nennt man auch »Rückkopplung«. Durch Wiederholung der Situation kommt es zur Verstärkung und Festigung der Emotion. Bleiben wir bei dem letzten Beispiel: Zwei Rüden, die sich angreifen. Gehen wir zu diesem Hund, der in die Leine springt und den anderen Hund angreift. Die Konsequenz für ihn ist auch wieder vom Verhalten des anderen Hundes abhängig.

**Situation:** Mir und meinem Hund (Rüde) kommt ein anderer Hund entgegen, dieser zeigt Angriffsabsichten und hat eine sehr dominante Körpersprache

- Reiz auf den Hund: Hund an sich, seine Körpersprache, sein Geruch, sein Geschlecht
- Gefühl Wut, Ärger
- Erregung sehr hoch, mein Hund dreht sofort durch und ist nicht mehr ansprechbar und will sich auf den Rüden stürzen

- Verhalten des anderen Hundes: Dieser zeigt deutliche Beschwichtigungssignale, läuft einen großen Bogen und geht nicht auf diese Kampfstimmung ein.
- Konsequenz für meinen Hund:
  1. Mein Hund hat den anderen Hund durch sein Verhalten verjagt
  2. Mein Hund merkt, dass er nicht angegriffen wird, auch wenn der andere Hund sich erst so darstellt

- Verhalten des anderen Hundes: Dieser greift an und gerät in eine Beißerei mit meinem Hund, in der mein Hund überlegen ist und diesen auch verletzt:

- Konsequenz für meinen Hund:
    3. Mein Hund lernt, er muss angreifen, weil es zum Kampf kommt und muss nur früher reagieren.
    4. Mein Hund hat daraus gelernt, lieber nicht anzugreifen und auszuweichen, weil es schmerzhaft war

Und hier sind wir wieder bei dem, was Lebewesen so interessant macht, es gibt nicht DAS Verhalten oder DIE Konsequenz, sondern es gibt viele abgestufte Varianten und Formen. Kennst du das? Hast du einen Hund, der manchmal »rot« sieht? Und hast du dich schon einmal gefragt, warum er das tut? Ich hoffe, meine Erklärung hilft dir weiter.

## BANJA

**Banja und ihr Wutanfall:** Unsere Banja, eine Hovawarthündin, war nur bedingt verträglich mit anderen Hunden. Da ging es nicht darum, ob Rüde oder Hündin, ob groß oder klein, sondern bei ihr entschied das Verhalten des anderen Hundes ihr gegenüber, ob sie diesen Hund akzeptierte und mochte oder eben nicht. Wie es meistens so ist, wenn man im heimischen Gebiet spazierengeht, man trifft oft dieselben Menschen mit ihren Hunden und kann sie ganz gut einschätzen. Man kennt sich und man versucht, gut miteinander umzugehen und auszukommen. In unserem Spaziergehgebiet trafen wir regelmäßig einen großen kastrierten Leonberger-Schäferhund-Mischling. Dieser wurde von einem älteren Herrn an der Leine geführt, der manchmal Mühe hatte, den großen Rüden zu halten. Unsere Begegnungen liefen immer in etwa so ab: Der Herr ging mit seinem Hund an die Seite und versuchte, ihn irgendwie zu halten. Wir gingen vorbei und lenkten unsere Hunde ab. Jedes Mal, wenn wir vorbei waren, sprang der andere Hund in die Leine und motzte. Das Herrchen flog immer einige Schritte hinterher, was den Hund zusätzlich bestärkte. Auch wenn Banja offensichtlich keine Regung zeigte (Impulskontrolle hatten wir schon sehr gut trainiert), spürte ich die Emotionen WUT und ÄRGER, die dieses Verhalten des anderen Hundes (dieser Reiz) in Banja auslöste.

Sie wirkte zusehends angespannt und zwar schon beim Anblick des anderen Hundes. Mein Gefühl sagte mir, dass es, wenn es so weitergeht, krachen könnte. Ich bat den Herrn, doch das Verhalten seines Hundes nicht mehr zuzulassen, umzulenken oder sonst irgendwie abzustellen. Das klappte leider nicht. Der Hund zeigte weiter sein provokantes Verhalten. Und dann passierte das, was wohl passieren musste. In dieser Situation ging Banja wie immer an dem Hund vorbei. Als er sie anmotzte, machte sie einen Schlenker mit dem Kopf, schlüpfte aus dem Halsband und stürzte sich auf den Hund. Sie war im absolut roten Bereich, war hoch erregt und hatte wenig Einfluss auf ihr eigenes Verhalten. Auch war sie nicht mehr ansprechbar – obwohl normalerweise der Rückruf sehr gut funktionierte. In Sekundenschnelle legte sie den großen Rüden auf den Rücken und verprügelte ihn. Wir trennten sie und konnten damit Schlimmeres verhindern. Bei allen nächsten Treffen zeigte der Rüde ein deutliches Meideverhalten und zog sich hinter seinem Besitzer zurück.

Banja war eine Hovawarthündin, die in bestimmten Situationen unangemessen reagieren konnte, wenn die Emotionen zu hoch wurden.

Auch wenn von da an der Hund nicht mehr nach vorne sprang, war er nicht entspannt und zeigte Meideverhalten. Leider hat der Besitzer meine vorherigen Gespräche und mein Anraten ignoriert, für den Hund verständlich aktiv an einer Verhaltensänderung zu arbeiten.

## Wie wichtig ist die Ersterfahrung?

Oftmals passiert etwas das erste Mal zufällig. Wir nehmen es wenig oder intensiv wahr, je nachdem, wie viele Emotionen diese Situation bei uns auslöst. Es können Dinge passieren, die negativ sind und auch Dinge, die wir als ausgesprochen positiv empfinden.

### Negative Ersterfahrung

Ein Beispiel für eine negative Ersterfahrung für ein Kind wäre, wenn es im Kleinkindalter von einem Hund gebissen wird und die Eltern verständlicherweise aufgeregt reagieren. Dadurch hat das Kind eine hoch emotionale Ersterfahrung aus einem Mix mehrerer Emotionen. Diese Ersterfahrung kann so prägend sein, dass ein Leben lang eine große Ängstlichkeit vor Hunden bestehen bleibt. Beim Hund können ähnliche Situationen negative Erfahrungen prägen. So kann der Dackel, der als Welpe von einem schwarzen Labrador gebissen wurde, sein ganzes Leben lang ängstlich auf schwarze Hunde reagieren. Es kann also unseren Hunden einiges passieren mit nachhaltigen Folgen für ihr späteres Leben. Es wäre also gut, wenn du vorauschauend agieren würdest, um wenn möglich diese (extremen) Situationen zu vermeiden. Allerdings solltest du deinen Hund auch nicht in Watte packen. Der Hund muss und soll Situationen erfahren, die etwas unangenehm sein können. Wenn ich meinen Hund vor allem behüte, dann wird er nie lernen, dass es Lösungen gibt, um seinen Zustand wieder zu verbessern.

### Positive Ersterfahrung

Die positive Ersterfahrung passiert oft zufällig. Wenn zum Beispiel ein Kind ein ganz besonderes Erlebnis mit Pferden hatte, fühlt es sich sein ganzes Leben zu diesen wunderbaren Tieren hingezogen. Das Gute bei positiven Ersterfahrungen ist, dass wir sie gezielt planen und so für das Training nutzen können. Gibt es einen eklatanten Unterschied zwischen Kindern und Hunden? Unseren Kindern können wir was besonders Tolles ankündigen. Es entsteht Vorfreude, die Erwartung und die Spannung steigt. Wenn dann noch das besondere Ereignis stimmt, ist das Erlebnis umso schöner und tiefgreifender. Meinem Hund kann ich schlecht sagen: Am Sonntag machen wir etwas ganz Besonderes, Spannendes, Neues, das du noch nicht kennst. Ich kann aber die Situation, das Ereignis selbst, spannend und emotional gestalten. Mehr dazu erkläre ich im zweiten Teil des Buches. Ich kann eine positive Ersterfahrung wunderbar planen und vorbereiten, wie das gehen kann, schildert uns Aliki an einem Beispiel:

## UNIX

**Unix und der Golfplatz:** In einer Zeit vor unserem Herzenshund Unix waren wir leidenschaftliche Golfspielerinnen. Als dann Unix bei uns einzog sahen wir nicht ein, warum wir nicht beides verbinden sollten, waren wir doch mindestens zwei Stunden draußen – der Hund sollte mit. Wir wollten natürlich, dass sie ein perfekter Golfhund wird und die Etikette einhält, daher nahmen wir uns viel Zeit. Sie sollte es schließlich auch toll finden. Gesagt, getan. Im zarten Alter von vier Monaten betrat Unix erstmals einen Golfplatz. Eine von uns spielte, die andere sollte sich um den Hund kümmern und es ihm – im wahrsten Sinne des Wortes – schmackhaft machen.

Am besten ist es, bereits den Welpen an wichtige Dinge des täglichen Lebens positiv zu gewöhnen.

Und so wurde sie mit viel Lob und noch mehr Leckerchen beim ersten Abschlag ins Platz gelegt. Als der Ball endlich weg war, wurde mit dem nicht-golfenden Frauchen gespielt, gewonnen, getragen, gelobt, anerkannt, bis das golfende Frauchen beim Ball angelangt war und wieder schlagen musste. Innehalten, einatmen, Atem anhalten. Ball fliegt und wir spielten weiter. Beim Putten (= Einlochen, für alle Nichtgolfer) bekam Unix wieder einen tollen Platz neben dem Grün und noch mehr Leckerchen und Lob. War die erste Bahn gespielt, brachte das nicht-golfende Frauli Unix zurück und wartete gemeinsam mit ihr auf das Ende der Runde. Was soll ich sagen: Am nächsten Wochenende parkten wir und Unix konnte gar nicht schnell genug auf den Golfplatz zum Abschlag 1 kommen. Knallte sich dort ins Platz, wartete auf Lob und Lecker und das erlösende »Ping«. Kaum war dies erklungen, sprang sie auf und wollte spielen. Durfte sie auch.

Bis heute – auch wenn wir leider nicht mehr so häufig spielen, wie wir gerne würden – liebt Unix JEDEN Golfplatz und kann gar nicht schnell genug zum Abschlag kommen. Dabei hat sie natürlich über die Zeit gelernt, dass nicht »Ping« das Startsignal ist, sondern wenn sich der gesamte Flight (die ganze Gruppe) losbewegt und dass immer nur hinter der letzten des Flights gespielt werden darf.

Werde ein Team mit deinem Hund und habt Spaß miteinander!

## Sozialverbund Mensch-Hund

Emotionen spielen zwischen Mensch und Hund eine bedeutsame Rolle, halten wir sie nicht zurück! Aber wir sollten sie etwas kontrollieren, zumindest die negativen Emotionen. Ich kann meinem Hund schon zeigen, dass ich sauer bin, aber ich sollte nicht gleich ausflippen und auf ihn losgehen. Wenn dann wirklich einmal der »Hut brennt« und ich zeige, dass ich böse bin, dann wird das auch wahrgenommen, was gut so ist! Meistens wollen wir unsere Emotionen etwas verbergen oder wir können die positiven Emotionen nicht so stark zeigen, wie Hunde das untereinander tun würden.

Es ist nicht gefragt in unserer Gesellschaft, wirklich herzhaft zu lachen und albern zu sein und auch einmal vor Freude herumzuhüpfen – als Erwachsener tut man so etwas nicht mehr. Aber unsere Hunde denken und fühlen so. Wie freuen sich Hunde, wenn wir nach längerer Abwesenheit heimkommen. Wie glücklich hüpfen sie im Schnee herum und springen uns spielerisch vor lauter Freude. Oder denke an ihre Rennanfälle, bei denen sie von ihrem Hinterteil überholt werden. Wir sollten auch wieder lernen, aus uns herauszugehen und im Spiel und Training Emotionen zeigen. Das ist wichtig für die Teambindung, macht Spaß und Mensch und Hund lernen sich besser kennen. Freu dich schon auf unseren Praxisteil, da gibt es die eine oder andere nette Übung dafür.

### Die Wahrnehmung

Ich möchte mit dir noch über die Wahrnehmung deiner Gestimmtheit und deiner Emotion gegenüber dem Hund reden. Menschen können andere Menschen hier und da täuschen und ihre wahren Gefühle verbergen. Wenn das geschickt geschieht, dann merkt es der andere Mensch meist gar nicht. Mit einem aufgesetzten Lächeln wird Freundlichkeit geheuchelt, obwohl wir den anderen zum Teufel wünschen. Oder ich zeige mich zutiefst betrübt, obwohl ich Schadenfreude empfinde. Du weißt vielleicht, was ich meine. Hunde kann man nicht täuschen oder belügen. Hunde haben sehr sensible Antennen und eine außergewöhnliche Wahrnehmung für Gefühle und Emotionen.

Wenn mir der Hund wegläuft und nach unzähligen Rufen endlich wiederkommt, ich ihn dann zähneknirschend lobe, weil das so sein muss, denn er ist ja gekommen, dann wird er mir das nicht glauben. Dasselbe gilt, wenn ich meinen Hund streichle und eigentlich mit den Gedanken ganz woanders bin, oder ihn einfach nur anfasse, weil es so sein soll – der Hund wird es merken und sich nicht wohlfühlen oder sich mir entziehen wollen. Unser Hund lacht innerlich, wenn wir versuchen, ihn mit hoher Stimme und einem »Nein, das darfst du aber nicht«, von einem Verhalten abzubringen oder ihm etwas zu verbieten – er merkt einfach, wenn wir es nicht so meinen und nicht ehrlich sind. Agiere also nur so, wie du fühlst. Sei authentisch und mit Gefühl bei deinem Hund. Er wird es genießen, wenn du wirklich emotional auch Zeit mit ihm verbringst und ihn nicht nur als netten Mitläufer und Begleiter siehst!

# Beziehung und Bindung

## Die Beziehung

Ein großes und umfangreiches Thema. Ich versuche es auf die wesentlichen Punkte herunterzubrechen und den Praxisbezug herzustellen. Beziehung lässt sich als Interaktion zwischen zwei Lebewesen beschreiben. Es entsteht eine Kommunikation, man kennt und erkennt sich. Beziehungen zu anderen Lebewesen, insbesondere zu Menschen, sind für Hunde wichtig, sie können vielfältige Beziehungen aufbauen. So gibt es viele Hunde, die mit anderen Tieren problemlos zusammenleben und auch mit ihnen kommunizieren. Es gibt Hunde, die schnell neue Bekanntschaften schließen, sei es zu Menschen oder auch zu anderen Hunden und die stets offen für neue Kontakte sind.

Rückblickend auf den Grundcharakter der Hunde, sind die offensiven A-Typen beziehungsoffener als die introvertierten B-Typen,

Eine gute innere Beziehung zu der eigenen Familie schafft Stabilität in der Umwelt.

diese schauen genau, welche Beziehung sie zulassen. Beziehungen zählen zu den Grundbedürfnissen sozialer Lebewesen, wie dem Menschen oder auch dem Hund. Wir merken im Corona-Lockdown gerade schmerzlich, wie uns das Pflegen von Beziehungen nach einer gewissen Zeit fehlt, weil wir kaum andere Menschen treffen, um hier und da einen Smalltalk zu halten.

Wild lebende Caniden (z.B. Wölfe) wissen Beziehungen innerhalb des Rudelverbundes sehr zu schätzen. Mit fremden Lebewesen hingegen schießen sie keine Freundschaften. In der Natur werden artgleiche, aber rudelfremde Lebewesen in der Regel vertrieben oder es wird ihnen sogar feindlich begegnet.

Beim modernen Menschen ist es eher so, dass Beziehungen nicht nur auf die eigene Familie beschränkt sind, sie sind vielfältig und in Beruf, Freizeit oder Hobby vorhanden. Und es entsteht somit der Wunsch, dass der »moderne Hund« sich seinem Menschen anpasst. Somit haben es reservierte, misstrauische Hunde, die mit Fremden nichts zu tun haben wollen, sich nicht anfassen lassen wollen oder eine Individualdistanz einfordern, eher schwer in unserer Gesellschaft. Dabei verhalten sich diese Hunde völlig normal!

Durch den schnellen Zuchtdurchlauf (in 8–10 Jahren können durchaus 4 Generationen entstehen) werden Veränderungen rasch sichtbar. So wird in der heutigen modernen Hundezucht darauf geachtet, dass unsere Hunde auch fremden Lebewesen gegenüber freundlicher werden. Eine gute Prägung, die bereits beim Züchter beginnt, verstärkt dieses Verhalten. Aus diesem Grund möchte ich kurz auf die inneren und äußeren Beziehungen eingehen.

**Innere Beziehung:** Beziehungen des Hundes zu Gruppen- und Familienmitgliedern und deren näheren Bekannten.

**Äußere Beziehung:** Beziehungen, die Hunde zu vormals unbekannten Lebewesen, Menschen und Hunden, eben auch Zufallsbekanntschaften aufbauen.

Beide Arten sind in der heutigen Zeit wichtig. Ein Hund, der schnell Freundschaften schließt, ist wesentlich einfacher im Umgang. Allerdings möchte ich zu bedenken geben, dass eine gute Bindung aus einer stabilen Beziehung besteht. Wenn ein Hund so viele »Freunde« hat, ist ihm dann seine eigene Familie trotzdem wichtig und legt er Wert auf eine stabile Bindung?

### SAMMY

**Sammy, der Labby, sehr freundlich, aber das Frauli ist wurscht?** Sammy, ein gelber Labrador, ist ein lustiger Geselle. Wenn er draußen Menschen oder Hunden begegnet, dann kennt seine Freude keine Grenzen. Er saust hin und »begrüßt« überschwänglich seine neuen Freunde. Viele Menschen finden ihn nett, sprechen ihn an und streicheln ihn. Trotz seine Freundlichkeit, weiß er sich zu benehmen und spring die Leute nicht an. Gehen die »neuen Freunde« weiter, dann geht er einfach mit, als ob es völlig selbstverständlich wäre.

Petra, sein Frauli, beachtet er mit keinem Blick und scheint ganz vergessen zu haben, dass sie auch noch da ist. Selbst wenn Petra in die andere Richtung davongeht, bleibt Sammy bei seinen neuen Freunden und achtet nicht weiter darauf, was sein »Rudelmitglied« da so treibt. Nach mehrfachem Rufen trollt er sich dann doch Richtung Heimat. Trifft Sammy auf andere Artgenossen, ist es noch schlimmer. Er spielt gerne mit anderen Hunden, auch wenn diese nicht wollen, läuft er trotzdem weiter mit. Da hilft kein Rufen, kein Weggehen seines Menschen (Petra ist sogar schon mal heimgegangen, als es ungefährlich war). Petra muss zu Sammy hingehen, ihn einfangen und anleinen. Man kann wirklich sagen, Sammy hat draußen in der Umwelt eine gute äußere Beziehungsfähigkeit, die innere Beziehung und auch Bindung ist aber leider sehr brüchig und manchmal scheint sie nicht vorhanden.

Und an dieser Stelle kommen wir von CreaCanis ins Spiel. Durch unser Roots-Programm geben wir Menschen wie Petra mit ihrem Sammy »Werkzeuge« an die Hand, wie sie ihre innere Beziehung und ihre Bindung verbessern und stärken können. Heute geht Sammy an Menschen vorbei und beachtet sie nicht. Begegnet er Hunden, dann wird Petra um »Erlaubnis gefragt«, ob er zu diesen laufen darf. Wenn er es nicht soll, dann bleibt er bei Petra auch ohne Leine – die beiden sind ein wunderbares Team geworden.

Positive Kontakte zu Menschen und anderen Hunden sind wichtig! Nur sollte der eigene Hund dabei nicht vergessen, wo er hingehört.

## Was hat es mit der inneren Beziehung auf sich?

Kennst du es, dass der Hund dir daheim ständig nachläuft, sich ein Bein aus freut, nur weil du aus dem Keller wieder raufkommst und er am liebsten mit auf die Toilette gehen würde? Und er sich, sobald ihr das Haus verlasst, draußen völlig anders verhält, in seine Welt abtaucht und dich überwiegend ignoriert? Wenn ja, befindest du dich in bester Gesellschaft mit vielen Hundehaltern. Es wird sehr häufig beklagt, dass der Hund draußen schlecht hört, sich viel ablenken lässt und unkonzentriert wirkt.

Und hier möchte ich ansetzen, denn die »innere Beziehung« ist in Schieflage. Wenn der Mensch auf jede Animation daheim reagiert, jeder Blick mit »Oh, schau mal, wie er guckt«, quittiert wird, nach jedem Pfoteauflegen eine Streicheleinheit folgt, jeder Schwanzwedler und Kopfschiefleger Entzücken beim Menschen erzeugt, ist es nicht verwunderlich, dass unsere Hunde uns »verfolgen«. Sie mögen ja die soziale Interaktion und nehmen viel, wenn sie viel bekommen können. Aber viele soziale Interaktionen haben eine gewisse Sättigung zur Folge, werden zur Routine und die emotionale Beteiligung sinkt.

Was glaubst du, wie würde ich mich fühlen, wenn mein Partner mir 50 mal am Tag »Ich liebe Dich« sagt, mich entsprechend abbusselt und in den Arm nimmt. Klar fühle ich mich geschmeichelt, aber je öfter es passiert, umso mehr nehme ich es als Alltag, Routine, Normalität an, es gehört einfach dazu und ist nichts Besonderes mehr, was in mir die Schmetterlinge im Bauch flattern lässt.

Dann gehe ich mit meinem Mann spazieren und er ist wie ausgewechselt. Er spricht nicht mit mir, schaut anderen Frauen nach, bleibt bei flüchtigen Bekannten einfach stehen und schwätzt mit denen. Es ist ihm egal, ob ich da bin oder nicht ... O.K.! Kopf-Kino aus!

Wie sieht es aus, wenn wir mit unserem Hund vor die Türe gehen? Ist es da nicht so, dass der Hund an allem schnüffeln möchte, sich für Dinge in der Umgebung interessiert und uns auch mal nicht beachtet? Keine Sorge, das ist auch völlig normal so. Aber der Hund sollte nicht so selbstvergessen sein, dass er sich nicht mehr für uns interessiert oder uns kaum mehr wahrnimmt! Oder, dass er überall unbedingt hin muss, um sich es anzusehen oder um Lebewesen zu begrüßen, ohne uns zu beachten. Ist das der Fall, dann haben wir außerhalb der eigenen vier Wände zu wenig an der inneren Beziehung zwischen unserem Hund und uns gearbeitet und diese vernachlässigt.

Der Grundstein für die innere Beziehung außerhalb der eigenen vier Wände wird in den ersten Wochen nach Einzug des Hundes beim Besitzer gelegt. Da ist es nicht wichtig, dass der Hund draußen mit anderen Menschen oder anderen Hunden klarkommt, sondern es ist wichtig, dass er bei allen Lebewesen und Ablenkungen, die ihm begegnen oder unterkommen, weiß, wo er hingehört und seinen Menschen als sicheren Hafen erfährt. Für dieses braucht es die volle Konzentration des Menschen auf den Hund. Er sollte draußen das gleiche machen wie daheim, nämlich auf Aktionen vom Hund in seine Richtung positiv reagieren und seine Aufmerksamkeit und Folgsamkeit verstärken. Das ist anfangs viel Arbeit – aber es lohnt sich!

Wie sieht eine gute innere Beziehung außerhalb der eigenen vier Wände aus?

- ✓ dein Hund kann locker in seine Welt abtauchen, seine Körperhaltung und ab und an ein Blick zu dir verrät aber, dass er mit dir verbunden bleibt
- ✓ Er läuft nicht zu weit weg und kommt immer wieder von selbst zu dir zurück
- ✓ Er nimmt Blickkontakt zu dir auf und reagiert sehr gut auf Ansprache
- ✓ Sobald er etwas sieht, andere Menschen, andere Hunde und Tiere, bleibt er stehen und schaut zu dir zurück. Er ist dabei entspannt und nicht angespannt
- ✓ Er kommt entweder von selbst oder auf deine Einladung zu dir zurück und du kannst entscheiden, ob er Kontakt aufnehmen darf oder nicht
- ✓ Wenn er Kontakt aufnimmt, bleibt er höflich und gelassen und lässt sich sofort abrufen
- ✓ Ist kein Kontakt erwünscht, dann geht er entspannt weiter
- ✓ Egal was ist, er kommt, wenn du ihn rufst, immer zu dir
- ✓ Wenn er etwas Unheimlich findet, z.B. die »grüne Mülltonne«, dann ist er bereit, diese mit dir zusammen anzuschauen, ohne dass du ihn locken musst
- ✓ Wenn er etwas nicht möchte, z.B. über eine offene Treppe gehen, dann hat er Vertrauen in dich, wenn du ihm zeigst, dass du es trotzdem möchtest

✓ Und dein Hund kann sehr gut mit Umwelteinflüssen umgehen, ist auch in der äußeren Beziehungsebene offen und weiß trotzdem dass er zu dir gehört

Jetzt wirst du vielleicht sagen, das schaffe ich nie, mein Hund schafft das nicht. Ich frage dich aber: Hast du es denn wirklich schon richtig versucht? Weißt du überhaupt, was du machen kannst, um das oben genannte Ziel erreichen zu können? Viele dieser Fragen, wie es gehen soll, möchte ich dir im Praxisteil beantworten. Ich unterstütze dich mit verschiedenen Übungen beim Aufbau der inneren Beziehung und der Bindung.

## Die Bindung

Bindung wird sehr gerne mit Beziehung in einen Topf geworfen. Aber ist es tatsächlich das Gleiche?

**Als Bindung wird eine besondere soziale und emotionale Beziehung zwischen Hund und Mensch bezeichnet.**

Aus dieser einfachen Beschreibung geht bereits hervor, dass die Bindung eine höhere Beziehungsebene darstellt, die zum einen auf einer guten Beziehung aufbaut und zum anderen mehr soziale und emotionale Komponenten aufweist. Daraus sollte sich für uns ableiten, dass wir uns nicht nur eine gute Beziehung zu unserem Hund wünschen, sondern auch eine stabile und sichere Bindung.

Hier ein kleines Beispiel, um nochmal den Unterschied zwischen Beziehung und Binding zu verdeutlichen:

Gute Bindung lässt Freiräume zu, zusammen zu leben und trotzdem die Individualität nicht zu sehr einzuschränken.

### POSTBOTE

Zu uns kommt immer derselbe Postbote – er heißt Norbert, ein netter Kerl immer gut gelaunt und ab und an geht sich ein Mini-Schwätzchen aus. Man kennt sich flüchtig. Es fällt auf, wenn Norbert Urlaub hat und eine Vertretung kommt. Ich frage dann, wo ist denn der Norbert, und bin zufrieden mit der Antwort, dass er Urlaub hat. Heißt es, Norbert ist krank, dann lasse ich ihm gute Besserung ausrichten und bemerke es auch, wenn Norbert wieder fröhlich und gesund vor unserer Türe steht. Ich habe zu Norbert eine äußere Beziehung aufgebaut.

Ich bin oft mehrere Tage unterwegs und halte Seminare. Ab und an bleibt mein Mann zuhause. Es gibt wenig Zeit zu telefonieren, aber wir nutzen diese regelmäßig. Es fühlt sich gut an, wenn ich weiß, ihm geht es gut und daheim ist alles in Ordnung. Er geht mir auch ab und ich würde es schöner finden, wenn er dabei wäre. Ich denke an ihn! Wenn ich ihn nicht erreiche, werde ich unruhig und bin dann froh zu hören, dass alles in Ordnung ist.

In dieser Zeit denke ich nicht an Norbert, unseren Postboten …

**Bindung ist eine emotionale Beziehung zu einem Lebewesen.**

Man empfindet Freude, Liebe, Trauer, Enttäuschung usw. Man fühlt sich sozial zusammengehörig und tief verbunden. Eine gute Bindung hält auch einiges aus und ist belastbar, wenn es mal nicht so gut läuft.

Die Bindungsfähigkeit erlernen Menschen, aber auch Hunde in den ersten Wochen ihres Lebens, wenn sie von der Mutter und von der Familie betreut werden und es viel Kontakt gibt. Der Hund lernt in dieser Phase mindestens zwei Bindungspartner kennen, den Hund und den Menschen. Herdenschutzhunde z.B. lernen in dieser Phase andere Lebewesen als Bindungspartner kennen und zwar die Tiere, welche sie später beschützen sollen.

Natürlich ist dieses Kennenlernen durch positive Erlebnisse gekennzeichnet. Hunde, die sehr früh viel Körperkontakt zu Menschen haben, ihre Stimme hören und ihren Duft riechen, fühlen sich mit dem Menschen verbunden.

Daraus leitet sich die Erklärung ab, dass sich manche »Südhunde« schlechter an ihre neuen Besitzer binden können. Sie haben zwar eine

Welpen bauen erste Beziehungen auf, vieles wird kennengelernt und positiv verknüpft. Ab 4 Monaten etwa stärkt sich die Bindung zum Besitzer und zur Familie.

gute und positive Beziehung, aber mit einer engen Bindung zu ihren Menschen tun sie sich schwer.

Und an dieser Stelle sei eindrücklich gesagt: Gut und sicher gebundene Hunde sind nicht daran zu erkennen, dass sie ständig an ihrem Menschen kleben, diesen nicht aus den Augen lassen und ein Problem haben, wenn der Mensch nicht vor Ort ist. Im Gegenteil, diese Hunde sind explorativ, freundlich spielfreudig und kontaktfreudig unterwegs. Sie kommen in der Regel gut mit problematischen Erlebnissen zurecht, sind weniger ängstlich, haben eine hohe soziale Kompetenz und eine hohe Frustrationstoleranz.

Habe ich jetzt gerade deinen Traumhund beschrieben? Dann lass uns daran arbeiten, dass dieser Wunsch bald zur Wirklichkeit wird! Es liegt in großen Teilen an dir als Hundebesitzer, dass dein Hund zu dir eine gute und stabile Bindung aufbaut. Dafür braucht der Hund eine gewisse Planungssicherheit und Vertrauen in deine Kompetenzen. Und da sind wir wieder beim entscheidenden Punkt, es liegt viel an uns, was aus uns und unserem

Hund wird und dann ist eine gute Bindung kein Wunsch – sondern Wirklichkeit!

## Überbindung – zu viel des Guten?

Eigentlich sollte man meinen, es kann nie zu viel Bindung geben. Da man Bindung nicht messen kann, ist es auch schwer zu greifen, wann es vielleicht dann doch zu intensiv oder eben zu viel ist. Erkennbar ist es daran, dass ein Bindungspartner, wenn der andere nicht bei ihm ist, handlungsunfähig ist, extreme Stresssymptome aufweist oder er sich im Beisein des Bindungspartners nicht mehr selbstständig verschiedenen Aufgaben oder auch Interessen widmen kann.

Manche Leute sind stolz darauf, dass ihnen der Hund nicht von der Seite weicht und sich nicht für andere Lebewesen oder auch seine Umwelt interessiert. Er hat seine äußeren Beziehungen komplett eingestellt. Solche Schieflage ist nicht gut und macht krank. Es kann sich durchaus auch um den Menschen handeln, welcher zugunsten des Hundes seine ganzen Sozialkontakte einstellt und keinen Schritt alleine ohne seinen Hund mehr machen kann.

## Einseitige Bindung

Vielleicht kennst du das von früher: Ein Hund wird an der Kette gehalten, bekommt keine oder wenig Liebe und Zuneigung und wenn er dann frei ist, bleibt er da und nutzt diese Gelegenheit nicht, um wegzulaufen. Fragt man sich da nicht mit Recht, warum der Hund dableibt, wenn er so ein schlechtes Leben hat. Der Hund hat eine einseitige Bindung zu seinem Besitzer.

Umgekehrt gibt es Hunde, die sich nur sehr schwer an Menschen binden, gerade die Hunde aus dem Auslandstierschutz haben wie gesagt häufig schon aufgrund ihrer Prägung damit Probleme. Die Besitzer, die diese Hunde ihrer Meinung nach gerettet haben (versteh mich nicht falsch, jeder Hund verdient ein gutes Zuhause!), binden sich sehr an ihren manchmal auch sehr ängstlichen Hund. Und trotzdem passiert es, dass diese Hunde, wenn sie erschreckt werden weglaufen, aber nicht zurück in ihr Zuhause, sondern irgendwohin. Der Grund ist häufig, dass sie nur schwer eine wirkliche Bindung eingehen können.

Bindung ist eben vielschichtig und lässt sich weder trainieren, noch einfordern. Auch mit viel Liebe und »jeden Wunsch von den Augen ablesen«, kann eine Bindung nicht einfach hergestellt werden. Bindung setzt Gegenseitiges Verständnis, Vertrauen und Rücksichtnahme voraus. Eines möchte ich an dieser Stelle anmerken:

- **Eine gute Bindung kann man nicht ausschließlich »keksen«!**

Um mit dieser Erkenntnis mehr anfangen zu können, lies fleißig weiter, damit es dir klarer wird und du auch unsere praktischen Anleitungen besser verstehen kannst.

Es gibt mehr zwischen Mensch und Hund als Konditionierungslernen.

# Kommunikation, Körpersprache und Motivation

## Alles eine Frage der Kommunikation?

### Kommunikationsebenen

Kommunikation ist der Austausch oder die Übertragung von Informationen, was auf verschiedene Arten und auf verschiedenen Wegen stattfinden kann.

**Kommunikation ist eine Verständigung mit Hilfe von Zeichen und Sprache.**

Sender-Empfänger-Prinzip: Signale werden ausgesendet und müssen beim Empfänger wieder entschlüsselt werden. Was haben Lebewesen für Möglichkeiten in der Kommunkation miteinander?

### Verbale Kommunikation

**Mensch:** Sprache und das geschriebene Wort, Art der Artikulation (Tonfall, Sprechtempo, Lautstärke (paraverbal)

**Hund:** Laute wie Bellen, Winseln, Heulen, Knurren (Lautstärke)

### Nonverbale Kommunikation

**Mensch:** Mimik sind Gesichtsbewegungen wie: Augenbrauen hochziehen, Stirnrunzeln, Nase kräuseln, Lachen, Zunge herausstrecken und Ähnliches.
Gesten sind Bewegungen außerhalb des Gesichtes wie: am Kopf kratzen, Schultern zucken, Zeigefinger erheben, Faust ballen usw. Bewegung und Körperhaltung wie z.B. schnell oder langsam gehen, aufrecht oder geduckt.

**Hund:** Mimik sind Gesichtsbewegungen wie: Stirn kraus ziehen, mit den Augenbrauen wackeln, Augen schmal oder weit geöffnet, Mundwinkel kurz oder länger, Nase kräuseln, Zunge schlecken.
Gesten sind Kopf- und Halsbewegungen, Schulterbewegung, Ohrenspiel. Bewegung und Körperhaltung beim Hund sind sehr viel ausgeprägter: viele Bewegungsvarianten von Hüpfen bis Kriechen, Erstarren oder locker Stehen.

**Menschen bevorzugen eher die verbale Kommunikation, Hunde bevorzugen die nonverbale Kommunikation.**

Es gibt eine wichtige Grundbedingung für eine erfolgreiche Kommunikation. Hast du eine Idee, liebe Leserin, lieber Leser? Was mache ich gerade, bevor ich dir etwas mitteilen möchte? Genau, ich versuche deine Aufmerksamkeit zu bekommen, indem ich dich direkt anspreche. Jetzt, wo du gerade

Aufmerksamkeit ist die Grundbedingung für Kommunikation, diese fünf Hunde hier wollen alle nichts verpassen.

richtig aufmerksam und neugierig bist, kann ich es dir verraten – eine der wichtigsten Grundbedingungen für eine gute Kommunikation ist die:

## Aufmerksamkeit

**Wenn der Empfänger nicht auf Empfang ist, kann der Sender so viel senden wie er möchte, das Signal kommt nicht an.**

Ich kann meine E-Mails erst lesen, wenn ich meinen Computer hochgefahren habe. Früher musste man auf Briefe einige Tage warten. Kein Lebewesen kann immer und in alle Richtungen gleich aufmerksam sein. Das würde uns überanstrengen und überlasten. Deswegen haben wir – wie auch unsere Hunde – einen »Standby-Modus«. Wir sind also eingeschaltet (wach), aber nicht sofort bereit, eine Nachricht zu empfangen. Unter Umständen haben wir unsere Aufmerksamkeit auch auf ein anderes Signal oder eine andere Situation gerichtet.

Ich sitze mit meinem Mann beim Fernsehschauen und es läuft ein interessanter Film.

Ein ausgebildeter Hund, z.B. Mantrailer, ist auch dann aufmerksam und auf Empfang, wenn er im Arbeitsmodus ist.

Wenn ich ihm jetzt einfach zusammenhangslos die Frage stellen würde: »Was gibt es morgen Mittag zu essen?« Glaubst du, ich würde wie aus der Pistole geschossen eine Antwort bekommen? Nein, mein Mann würde mich eher verblüfft anschauen und höchstens vielleicht ein verwirrtes »Hää« als Antwort finden. Hätte ich ihn aber vorher angesprochen und zum Thema (Film) gefragt, etwa: »Andreas? Was hat der Mann gerade gesagt?« Dann wäre vielleicht die Antwort angepasst und aussagekräftig gewesen. Daraus ist abzuleiten, dass es neben einem »Standby-Modus« noch einen anderen Zustand gibt, in dem die gesamte Aufmerksamkeit des Kommunikationspartners auf etwas anderes gerichtet ist.

Wir versuchen nun, das auf deinen oder auch meinen Hund zu übertragen:

1. Mein Hund schaut mich an, die Ohren sind zu mir gerichtet, sein Ausdruck ist offen und locker, die Augen schauen erwartungsvoll – **optimale Aufmerksamkeit**
2. Mein Hund liegt unter dem Tisch und döst, sein Ohrenspiel verrät – er schläft nicht, die Augenpartie spielt, ab und an gibt es einen Blick zu mir – **Stand-by**
3. Mein Hund schnüffelt ganz intensiv an einem Strauch und »saugt« sich da so richtig fest. Der Körper hat die optimale Position, um schnüffeln zu können – **Ausrichtung auf eine andere Situation und auf andere Signale**
4. Mein Hund schläft tief und fest und träumt gerade – **Ausgeschaltet**

Die Frage ist: Wann hast du die beste Chance, mit deinem Hund zu kommunizieren? Natürlich bei dem 1. Szenario. Dein Hund ist auf Empfang, du kannst also senden. Es stellt sich eine weitere berechtigte Frage: Wie schaffe ich es überhaupt, dass der Hund genau dann aufmerksam ist, wenn ich es möchte?

Später haben wir einige praktische Übungen genau dazu für dich.

Vorbereitend für dich folgende Szenarien aus unserer digitalen Kommunikation:

Wir haben mittlerweile so viele Kommunikationskanäle neben dem Zusammensein und sprechen, dass einem manchmal geradezu schwindlig werden kann. Viele Nachrichtendienste arbeiten mit einem sogenannten »Messenger«, bei dem die Nachricht auf unser Handy in Echtzeit übertragen wird.

Damit wir, aus Sorge etwas zu verpassen, nicht ständig auf das Handy schauen müssen, wird jede eingehende Nachricht mit einem Ton angekündigt. So wird die Aufmerksamkeit des Menschen auf die Nachricht gelenkt und er kann die Informationen lesen, verarbeiten und auch eine Information zurücksenden, wenn nötig. Trotzdem gibt es immer wieder Leute, die auch ohne den Piepton ständig auf ihr Handy schauen, denn es könnte ja doch eine Nachricht eingegangen sein. Kennst du das?

Wir erwarten eine Kommunikation und erhöhen die Aufmerksamkeit, ohne, dass wir eine

Ankündigung brauchen. Wir bauen trotzdem eine Erwartungshaltung auf, die manchmal, aber eben nicht immer, auch bestätigt wird – und das macht es gerade so spannend. Erinnere dich an dieses Beispiel, wenn wir in der Praxis über freiwillige Aufmerksamkeit sprechen!

## Kommunikationsformen

**Ignorierend:** Der Sender sendet die Informationen, der Empfänger ist nicht empfangsbereit und zeigt keine Reaktion – es gibt überhaupt keine Interaktion. Mein Hund ist im Freilauf und schnüffelt ganz intensiv an einer Stelle am Boden. Ich rufe ihn und er wackelt weder mit dem Ohr, noch hebt er den Kopf. Er bleibt in seiner eigenen Welt und ignoriert meine Kommunikationsversuche – es entsteht keine Interaktion zwischen uns.

**Respondierend:** Der Sender sendet die Informationen, der Empfänger ist empfangsbereit und nimmt die Signale auf (soziale Interaktion). Mein Hund ist im Freilauf und schnüffelt ganz intensiv an einer Stelle am Boden. Ich rufe ihn und er zieht das Ohr hoch, hebt kurz den Kopf und schaut mich an. Es entsteht eine soziale Interaktion zwischen uns.

Ob er meinen Anweisungen folgt, steht auf einem anderen Blatt – zumindest ist er mit mir in Verbindung getreten. Wir sind uns einig, dass die Information des Senders den Empfänger erreichen muss. Der nächste Schritt wäre, dass der Empfänger diese Information auch versteht und den Inhalt erfasst. Erst so kann er entweder reagieren oder eine Antwort zurücksenden.

Ich war vor einigen Jahren in St. Petersburg in Russland. Dort war es nicht immer einfach, sich zu verständigen. Ich versuchte, meine alten Russischkenntnisse aus der Schule herauszukramen. Aber mehr als Vokablen, wie ich heiße, guten Tag, danke, bitte und Prost waren mir nicht mehr in Erinnerung. Trotzdem veranlasste mein spärliches Russisch mein Gegenüber, sich mit mir freudestrahlend auf Russisch zu unterhalten. Ich verstand nur sehr wenig und versuchte, anhand der Gesten und der Körpersprache herauszufinden, was mein

Hunde sind entweder weg (Aufmerksamkeit auf etwas Anderes gerichtet) oder da (Aufmerksamkeit beim Menschen).

Gesprächspartner mir sagen wollte. Ich war wirklich sehr aufmerksam.

Was ist passiert? Mir wurde eine Nachricht gesendet. Ich habe sie empfangen, aber konnte sie nicht entschlüsseln. Ich habe die Nachricht nicht verstanden und konnte weder antworten, noch richtig reagieren. Genauso geht es oftmals unseren Hunden – sie sind aufmerksam, sie bekommen Informationen von uns, können diese aber entweder nur halb oder gar nicht verstehen.

Es ist somit unsere Aufgabe als Hundehalter in der Kommunikation mit unserem Hund:

1. Die Hundesprache zu lernen, um die Informationen, die wir von unserem Hund bekommen, auch zu verstehen, zu reagieren und zu beantworten
2. Bereits kleine Signale zu erkennen, zu verstehen und vorausschauend zu handeln
3. Sich dem Hund gegenüber in der Kommunikation klar auszudrücken
4. Verbale und nonverbale Kommunikation in den richtigen Zusammenhang zu setzen
5. Beim Training von Hörzeichen kleinschrittig und nach den Lerngesetzen vorzugehen

## Fokus

Oft sprechen wir von Fokus. Der Hund soll den Fokus da oder dort haben, am besten bei uns. Wie ist das zu verstehen?

**Ich beschreibe den Fokus gerne als zielgerichtete Aufmerksamkeit.**

Der Hund konzentriert sich auf ein Ereignis oder auf eine Aufgabe ganz besonders und lenkt alle seine Sinne dahin.

Stell dir einen Wolf vor, der ein jagdbares Objekt sieht, z.B. einen Hasen. Als erstes »fokussiert« er sich, indem er alle Aufmerksamkeit auf dieses Objekt bündelt. Dann versucht er, sich vielleicht noch in eine bessere Position zu bringen. Er schleicht sich an, lässt den Hasen dabei nicht aus den Augen. Sobald es am günstigsten ist, beginnt der Wolf die Jagd oder der Hase flüchtet, weil er die Gefahr bemerkt hat.

**Und jetzt kommen wir zum wichtigsten Punkt, der oft nicht beachtet wird:** Wenn sich ein Beutegreifer fokussiert (also seine ganze Aufmerksamkeit in eine Richtung bündelt), dann blendet er alle Nebenereignisse aus. Das können Gerüche, Geräusche oder auch optisch wahrnehmbare Dinge sein. Diese werden nicht mehr registriert. Der Hund ist im Gegensatz zu uns nicht wirklich multitaskingfähig. Das liegt in seiner Natur, denn sich zu fokussieren steigert einen möglichen Jagderfolg und sichert somit das Überleben.

Uns Menschen ist diese Eigenschaft abhandengekommen. Wir müssen uns nicht mehr unbedingt fokussieren, um zu überleben, obwohl wir grundsätzlich dazu in der Lage wären. Gute Sportler, Künstler, überhaupt erfolgreiche Menschen, zeichnet diese Fähigkeit aus.

Ein Jagdhund bei der Arbeit ist voll fokussiert und blendet alles andere um ihn herum aus.

Der Hund merkt, ob wir ganz bei der Sache sind, wenn wir mit ihm kommunizieren oder auch trainieren. Umgekehrt werden wir zum »Nebenereignis« für unseren Hund, wenn er sich auf Dinge in seiner Umwelt konzentriert. Wir dringen in beiden Fällen nicht mehr zu unserem Hund durch und können keine respondierende Kommunikation aufbauen.

Stell dir Folgendes vor: Dein Hund hat schlechte Erfahrungen bei Hundebegegnungen gemacht. Er hat daher entschieden, jeden entgegenkommenden Hund zu fixieren. Er spannt dabei seinen Körper an und springt, sobald er dicht am anderen Hund dran ist, in die Leine und keift ihn an. Kein ungewöhnliches Szenario – oder? Jetzt kommt das Problem: Ab einem bestimmten Zeitpunkt ist dein Hund nicht mehr ansprechbar. Du bekommst weder seine Aufmerksamkeit, noch kannst du ihn mit den besten Leckerlis oder Spielzeug von seinem Vorhaben ablenken. Er nimmt dich einfach nicht mehr wahr, denn du bist zum Nebenereignis geworden.

Ich möchte das mit einem Tunnel vergleichen. Wenn ich am Eingang des Tunnels stehe, merke und sehe ich, was um mich herum passiert. Doch bin ich im Tunnel

- höre ich nicht mehr, was außen passiert
- sehe nicht mehr, was außen passiert
- rieche nicht mehr, was außen passiert
- fühle nicht mehr, was außen passiert

So geht es deinem Hund. Ein wichtiger Hinweis an dich, lieber Hundehalter: Wenn ich das Verhalten verändern möchte, das mein Hund nach der Fokussierung zeigt, dann kann ich ihn nur am Eingang vom Tunnel abholen, wenn er noch die Möglichkeit hat, die Umwelt wahrzunehmen. Ist er erst im Tunnel, kann ich sein Verhalten nur noch mit

Wenn dein Hund gelernt hat, dass der Innenfokus in verschiedenen Situationen erwünscht ist und ihm Vorteile bringt, wird er diesen freiwillig suchen.

drakonischen Maßnahmen stoppen, die dann sehr beeindruckend sein müssen.

Worüber ich gerade gesprochen habe, nennt sich Außenfokus. Natürlich gibt es das Gegenstück dazu, den Innenfokus. Die Aufmerksamkeit des Hundes ist zu 100 % bei uns und alle Nebenereignisse werden wieder ausgeblendet.

Stell dir vor: Dein Hund hat von klein auf gelernt, dass fremde Hunde, die ihm entgegenkommen, keine Gefahr für ihn darstellen, und es auch keinen Anlass gibt, diese aufgeregt begrüßen zu müssen. Du hast immer dafür gesorgt, dass dein Hund nicht belästigt wird. Du hast deinem Hund von Anfang an beigebracht, dass es sich lohnt, wenn er mit dir beim Anblick eines Hundes Kontakt aufnimmt, sich auf dich konzentriert und sich fokussiert, weil es dann zum Beispiel super Futter gibt oder auch ein tolles Spiel.

Nun kommt ein fremder Hund und dein Hund geht in den Innenfokus, die Aufmerksamkeit ist bei dir, und der andere Hund wird zum Nebenereignis und nicht beachtet. Das klingt doch prima, oder?

Das gesamte Ausdrucksverhalten hat ein Ziel: Eine klare und unmissverständliche Kommunikation und Interaktion.

Ich beschreibe das gerne so: Der Hund ist in seiner Welt (Außenfokus) und in unserer gemeinsamen Welt (Innenfokus). Noch ein wichtiger Hinweis: Es soll sich eine Balance dahingehend entwickeln, dass der Hund unbedarft in seiner Welt unterwegs sein kann (schnüffeln, beobachten usw.) und es aber auch kurzzeitig schafft, trotz der Außenreize, in unserer Welt zu sein und zu bleiben! Das zu vermitteln ist ein großes Anliegen von uns.

Um den Hund insgesamt besser kennenzulernen und um erkennen zu können, wenn er darüber nachdenkt, eine Aktion zu setzen, ist es wichtig, über Körpersprache und Ausdrucksverhalten zu sprechen.

## Ausdrucksverhalten/Körpersprache

Dieses Thema füllt etliche Bücher, da es unglaublich interessant ist. Es gibt Bücher zu Ausdrucksverhalten und Körpersprache der Hunde, es gibt Bücher über die Körpersprache des Menschen. Hier ist nicht der Raum, alle Bereiche zu beleuchten. Ich möchte in diesem Buch hier und da als »Übersetzer« fungieren und dich, lieber Leser, für die Körpersprache deines Hundes und für deine eigene sensibler machen. Wenn wir uns ohne Lautäußerungen verständigen wollen, müssen wir unser Gesicht und unseren Körpers einsetzen. Für Menschen haben Arme und Hände eine große Bedeutung.

Was steht uns und unseren Hunden zur Verfügung, um uns auszudrücken? (Ausdrucksformen, Körpersprache)

- **Mimik:** Ausdruck über Gesicht und Ohren
- **Gestik:** Ausdruck über Kopf, Hals, Brust, Arme und Hände
- **Haltung und Bewegung:** Angespannt, locker, aufrecht, geduckt, langsam, schnell, aufrecht
- **Berührung:** Ruhig und sanft, rumplig und grob

Mit diesen vielen Möglichkeiten werden wir uns in der Praxis eingehend beschäftigen. Was kann ich als Mensch erreichen, wenn ich mich so und nicht anders verhalte? Beobachten wir unsere Hunde und versuchen daraus zu lernen. Hunde, gerade wenn sie mit Artgenossen gut vertraut sind, nutzen bestimmte Gesten, um dem anderen Hund Informationen zu übermitteln. Wir betrachten daher an dieser Stelle die

## Gesten, die das Hundeleben schreibt

### Achtungsgeste

**Ausdruck:** Hund bleibt stehen, Körper leicht angespannt, Kopf erhoben, Brust rausgestreckt, Ohren nach vorne gerichtet, aufmerksamer Blick, Nase bewegt sich
**Information:** Achtung, ich habe etwas gesehen, weiß aber noch nicht genau, was es ist und ob es wichtig ist
**Reaktion des anderen Hundes:** Er wird ebenfalls aufmerksam, steht auf, geht nach vorne, schaut in die selbe Richtung

**Resultat:** Die Situation wird bewertet. Ist sie nicht wichtig, erfolgt keine weitere Reaktion, ist sie wichtig, kommt es zu Angriff, Flucht, freundlicher Annäherung oder Erstarren. Dabei beeinflusst die Entscheidung des einen Hundes meist auch das Verhalten des anderen.

## ALLTAG

**Dazu ein Beispiel aus dem Alltag meiner zwei Hunde:** Wir gehen im Winter spazieren, der Schnee ist recht hoch. In unserem Gebiet befindet sich eine Langlaufloipe. Auf einmal taucht der Kopf eines Langläufers auf, der sich bewegt. Denzel steht und sagt: »Achtung, ich sehe etwas.« Mica steht gleich daneben und schaut genauso aufmerksam. Der Langläufer ist kurz darauf komplett zu sehen und Denzel registriert »AHA, nur ein Langläufer« und geht wieder schnüffeln. Mica beobachtet Denzel, denkt sich »wird nichts Wichtiges sein« und geht auch schnüffeln.

Wir gehen durch den Wald. Auf einmal bleibt Mica wie angewurzelt stehen und schaut in einen kleinen Waldweg. Denzel bemerkt das, geht zu ihr und schaut auch aufmerksam. Plötzlich werfen sich beide Hunde einen kurzen Blick zu und sausen in den Waldweg.

Beides mal eine Achtungsgeste, aber unterschiedliche Bewertungen und Resultate.

### Aufbruchgeste

**Ausdruck:** Der Hund ist entspannt und steht dann dynamisch auf, um aktiv zu werden und sich zu bewegen
**Information:** Ich habe vor, an einen anderen Ort zu gehen und möchte meine Rudelmitglieder »einladen«, auch aufzustehen und mitzukommen
**Reaktion:** Der andere Hund bewertet, ob es sich lohnt aufzustehen und mitzugehen. Er weiß in einer Hundegruppe auch, dass sich gleich das Rudel in Bewegung setzen wird. Beim Menschen ist er sich ziemlich sicher, dass es davor noch eine verbale Info gibt.
**Resultat:** Die Hundegruppe steht auf und wechselt den Ort, wenn ein Hund über die Aufbruchgeste das Signal gibt

## GRUPPEN-LEBEN I

**Ein Beispiel aus unserem Hunde-Gruppen-Leben:** Gerade im Winter ist am Abend oft »Fernsehtime«. Wir sitzen dabei auf der Couch, unsere Hunde liegen davor. Wenn ich nicht möchte, dass sie mit mir aufstehen, erhebe ich mich ganz ruhig und langsam und schlendere von der Couch weg. Würde ich das dynamisch machen, verstehen sie das als Signal, springen ebenfalls auf und wollen mitgehen.

### Zeigegeste

**Ausdruck:** Der Hund schaut in die Richtung, wo z.B. etwas in für ihn nicht erreichbarer Höhe steht, schaut dann den Menschen oder den anderen Hund an und erneut in die Richtung, geht ein Stück darauf zu und »zeigt« wieder
**Information:** Ich habe etwas entdeckt, worauf ich meinen Sozialpartner hinweisen möchte. Oder ich erbitte »Hilfe«, wenn etwas für mich nicht erreichbar ist
**Reaktion:** Der andere Hund oder der Mensch wird neugierig und geht mit dem Hund mit, um zu schauen, was er zeigen möchte
**Resultat:** Der Sozialpartner steht auf, geht mit und schaut sich mit dem Hund an, was ihm dieser zeigen möchte

Hunde zeigen ihren Menschen Dinge, die sie haben wollen, oder wo sie hinwollen. Menschen können ihren Hunden auch sehr viel zeigen. Hier wird der Hund durch Zeigegesten animiert, das Objekt aufzuheben.

## GRUPPEN-LEBEN II

**Ein Beispiel aus unserem Hunde-Gruppen-Leben:** Wir haben das Futter für unsere Hunde bereitgestellt, es muss nur noch etwas einweichen. Die Schüsseln stehen bereits im Hundezimmer. Denzel legt sich davor und wartet, Mica auch. Nach ungefähr fünf Minuten kommt Mica in die Küche und stellt sich uns in den Weg. Sie geht auch nicht weg. Auf die Frage: »Was ist Mica?«, schaut sie in Richtung Hundezimmer und dann wieder zu uns. Wenn wir einen Schritt auf sie zugehen, läuft sie in Richtung Hundezimmer und wieder zu uns zurück, wobei der Blick immer in Richtung Zimmer wandert. Wir gehen rüber, dort übernimmt Denzel. Er stellt sich vor das Regal mit dem Futter, schaut uns an, schaut zum Futter. Das geht so lange, bis wir die Schüsseln nehmen und beiden hinstellen. Dasselbe passiert dann nach dem Fressen noch einmal. Nun geht‘s um den Nachtisch. Mica holt uns erneut ab, dann zeigen beide Hunde uns die Türe zur Kammer, wo die Knabbereien sind. Lustiger Weise gab es die gleiche Arbeitsteilung und Zeigegeste bei Cooper und seiner Tochter Banja.

### Drohgeste

**Ausdruck:** Der Hund senkt den Kopf leicht und schaut aus dieser Position nach oben, dabei ist sein Körper meist etwas geduckt und angespannt. Er kann dazu auch knurren oder die Zähne fletschen
**Information:** Komm mir nicht näher, halte Abstand. Berühre mich nicht oder versuche mir nichts wegzunehmen, was ich gerade besitze
**Reaktion:** Der andere Hund bleibt auf Abstand. Er versucht vielleicht listig zu sein und durch Spielaufforderungen zu beschwichtigen.
**Resultat:** Andere Lebewesen werden auf Abstand gehalten, die eigene Sicherheit bleibt gewährt oder der Besitz unangetastet

## DROHGESTE

**Auch für diese Geste habe ich zwei Beispiele.** Bei uns gibt es schon seit Hundegenerationen das Spiel: Ich habe was, was du nicht hast. Dem Hund, der neu dazukommt, wird vermittelt, wie das geht. Denzel holt sich ein Spielzeug und legt es provokativ vor sich hin. Mica möchte es unbedingt haben und versucht mit allen Mitteln, es zu bekommen. Denzel senkt seinen Kopf, der Blick geht leicht nach oben. Mica lässt sich davon nicht beeindrucken, Denzel fährt mit einem Knurren kurz nach vorne, nimmt sich das Spielzeug und kaut demonstrativ darauf herum. Mein Hovawartrüde Enno, war wie bereits erwähnt, völlig versessen darauf, Dinge und Gegenstände, die nach mir rochen, zu bewachen. Das konnte eine Handtasche sein, ein Taschentuch oder eine Dose mit Hundeleckerlis, aus der er eins bekommen hatte. Er lag dann nicht unbedingt genau bei dem Gegenstand, sondern hatte ihn nur gut im Auge. Seine einzige Drohgeste war, den Kopf leicht zu senken, sich anzuspannen und von unten heraufzuschauen. Man musste ihn gut lesen können, denn wenn ein anderer Mensch (außer mir) dem Gegenstand seiner Meinung nach zu nahekam, schoss er wie eine Schlange nach vorne und machte einen Abwehrschnapper. Leider kam es dadurch auch zu Verletzungen. Wie schon an anderer Stelle erwähnt, manche Dinge sind genetisch veranlagt und nicht weg zu trainieren. Man muss sie managen. Genau das war auch die Lösung bei Enno und seiner Manie, Gegenstände zu bewachen.

### Spielaufforderung

**Ausdruck:** Der Hund hat einen offenen, erwartungsvollen Blick, lacht fast und spreizt die Vorderläufe auseinander, berührt mit der Brust den Boden, der Popo bleibt oben und die Rute wedelt
**Information:** Aufforderung zum Spiel, aber auch Beschwichtigung in einer brenzligen Situation oder auch bei einer Provokation
**Reaktion:** Der andere Hund geht auf das Spiel ein, eine spannungsvolle Situation beruhigt sich oder es kommt möglicherweise zum Angriff
**Resultat:** Spiel, Beruhigung einer Situation oder auch das Einfordern von Abstand

Beispiele für die Spielaufforderung gibt es viele. Schon nach der Beschreibung hat gerade diese Geste sehr viele Grundlagen und Ausdrucksmöglichkeiten.

Die Spielaufforderung: der Klassiker im Ausdrucksverhalten. Sie kann verschiedene Aussagen haben.

Stellvertretend beschreibe ich eine Spielaufforderung von Mica, um eine für sie aufregende Situation zu entschärfen.

**MICA**

Wir gehen gerne mit unseren Hunden in den Tierpark. Mica war ca. 4 Monate alt, als wir einen netten kleinen Tierpark in unserer Gegend besuchten. Dort liefen viele Tiere auch frei herum, unter anderem Zwergziegen. Mica war aufgeregt und etwas unsicher. Durch Spielaufforderungen versuchte sie, die Situation zu entschärfen. Das gelang ihr sehr gut, die Ziegen waren wirklich freundlich und alles entspannte sich wieder.

Ein soziales Lebewesen wie der Hund (oder auch der Mensch) ist nicht in der Lage, Gesten und Mimik isoliert einzusetzen.

## Die Mimik hat viele Gesichter

Die Mimik eines Lebewesens hat sehr viel informativen und ankündigenden Charakter. Sie zeigt meistens ganz deutlich, was das Lebewesen fühlt, denkt oder gleich machen

Hunde lieben es, mit uns mimisch zu kommunizieren. Sie lesen aus unserem Gesicht unsere Stimmung ab und reflektieren diese gerne.

möchte. Der Hund ist dabei sehr unverfälscht, der Mensch manchmal etwas sparsam in seinen mimischen Informationen. Vielleicht liegt es ja daran, rein hypothetisch gesprochen, dass wir versuchen, unser Ansinnen zu verstecken und uns über die Mimik nicht verraten wollen – das Pokerface ist »in«. Unsere Hunde aber wollen uns lesen und unsere Mimik verstehen. Aus diesem Grund gibt es in unserem Praxisteil einige Aufgaben für dich, durch die du deine Mimik gezielt einzusetzen lernst, damit dich dein Hund gut versteht.

Die Mimik der Hunde ist ausdrucksstark. Es lohnt sich wirklich, sich mit diesem Thema näher zu beschäftigen. Die Augenpartie der meisten Hunde ist sehr ausgeprägt. Vor allem Augenbrauen und Stirn geben eine Menge Informationen und die Maulpartie sowieso. Versuche einmal ganz bewusst, die Mimik deines Hundes zu lesen und herauszufinden, was er meint oder denkt – beschäftige dich mit seinem Ausdruck!

Wie steht es um deine Mimik? Bist du dir darüber im Klaren, was dein Gesicht deinem Hund verrät? Um das herauszufinden, stelle dich einfach vor einen Spiegel und probier aus, was du mimisch so drauf hast. Wenn dir bewusst ist, was du machst, dann beobachte dich mal selbst dabei, ob du deinem Hund gegenüber schon eine gewisse Mimik einsetzt. Fällt dir was auf? Dann achte auf die Reaktion deines Hundes.

## Der Körper spricht auch ohne Worte

**Die Körpersprache des Hundes ist unglaublich vielfältig, sie passt exakt zu seinem Verhalten und ist sehr ausdrucksstark.**

Hast du deinen Hund wirklich schon einmal richtig beobachtet? Darauf geachtet, wie er steht, wie er geht und wie sein Ausdruck ist? Wenn er sich fortbewegt, kann er schlendern, locker traben, galoppieren (schnell und langsam). Er kann schleichen oder wie ein Gockel tänzeln, hopsen oder unterwürfig geduckt laufen – und das sind nur einige der Ausdrucksmöglichkeiten, die unterschiedliche Informationen übermitteln. Jetzt denken wir einmal nicht nur an die Bewegung, sondern auch an das Anhalten und Stehen. Wie hält der Hund an? Locker und erwartungsvoll, abrupt und unter Spannung? Wie steht er? Relaxt oder aufmerksam, geduckt und kurz vor dem Absprung? Es ist unglaublich spannend, den eigenen Hund in Hinblick auf seine Verhaltensweisen zu beobachten und die Situation dabei zu erkennen und auch zu beschreiben.

Ich möchte an dieser Stelle auch gerne auf deine Körpersprache eingehen. Wenn du dich auf deinen Hund zubewegst, dich von ihm wegbewegst, dich mit ihm zusammen bewegst – hast du dir schon mal Gedanken gemacht, wie du auf ihn wirkst? Wie gehst du? Wie stehst du? Gehst du langsam oder schnell, sicher oder eher vorsichtig? Wie hältst du deine Schultern? Hängen sie nach vorne oder bist du mit stolzer Brust unterwegs? Wie trägst du deinen Kopf? Wohin geht dein Blick? Ist er nach vorne gerichtet oder schaust du viel auf den Boden? Beobachte dich bitte, denn dein Hund tut es auch! Und er wird anhand deiner Körpersprache und deinem Ausdrucksverhalten versuchen zu erkennen, ob er sich auf dich als Führungspersönlichkeit verlassen kann.

Wir möchten im Praxisteil an dir arbeiten, an deiner Körpersprache, an deiner Ausstrahlung und dem Senden der richtigen Information und der richtigen Signale.

## Die Berührung oder haben Menschen eine »Tatschmacke«?

Wir kommen zur nächsten Frage: Hast du dir schon einmal Gedanken gemacht, wie und wann du deinen Hund berührst? Folgendes Szenario: Der Mensch gibt dem Hund mit der einen Hand ein Leckerli. Mit der anderen Hand möchte er bereits den Hund berühren. Der Hund bemerkt das, die Augen gehen schon in Richtung »Gefahr«, er nimmt wohl das Leckerli, zieht aber dann den Kopf zurück, um der »Attacke« der anderen Hand zu entgehen. Dabei wollen wir Menschen den Hund doch nur streicheln.

Dieses Beispiel sagt sehr viel aus, denn wir denken manchmal über unser Tun zu wenig nach. Wenn der Hund ein Leckerli bekommt, dann ist er in Futterstimmung und nicht gleichzeitig in Schmusestimmung. Kommt zusätzlich die Berührung von oben über den Kopf hinzu, und das Kommen der Hand ist nicht sichtbar, wird der Hund natürlich zurückweichen. Wie oft berühren und streicheln wir unsere Hunde, ohne dass auch wir in einer wirklichen Schmusestimmung sind? Wie oft wollen Menschen Hunde streicheln (manchmal nicht mal die eigenen), ohne dass

Man kann mit seinem Hund wunderbar nonverbal kommunizieren. Bei eindeutigen Signalen gibt es viele gemeinsame Interaktionsmöglichkeiten. Man versteht sich auch ohne Worte.

die Hunde auf diese Aktion eingestimmt sind und das auch zulassen möchten.

Wir sind gerade, was Berührungen angeht, oft sehr unhöflich zu unseren und auch zu anderen Hunden. Das ist ein großes Problem in der Kommunikation Mensch-Hund. Wenn wir auf

Sanfte Berührungen sind etwas Inniges und Besonderes, dein Hund spürt, ob du mit dem Herzen dabei bist!

eine andere Beziehungsebene mit unserem Hund kommen und eine starke Bindung aufbauen möchten, ist es wichtig, darüber einmal genauer nachzudenken.

Hunde, die sich kennen, sind bei Berührungen, gerade wenn sie sanft und ruhig sind, sehr zärtlich miteinander. Wenn sie sich beknuddeln, die Öhrchen und die Lefzen lecken, sind sie in einer wunderbaren Schmusestimmung. Sie sind entspannt und ganz bei dem anderen Hund, versunken im Tun und in einem entspannten Feld. Du erinnerst dich? Wir haben in den vorherigen Kapiteln, als es ums Trainingsumfeld ging, bereits darüber gesprochen. Schmuseeinheiten sind sehr intim und sollten etwas Besonderes sein.

Mach du sie auch zu etwas Besonderem. Das funktioniert dann, wenn du dich darauf komplett einlässt. Du solltest beim Schmusen mit deinem Hund wirklich mit dem Herzen und mit dem Verstand ganz bei ihm sein.

Halte dich bei anderen Hunden zurück. Nicht jeder Hund liebt es, angefasst zu werden. Vielen Menschen ist das gar nicht bewusst, wenn sie – auch fremde Hunde – einfach streicheln. An dieser Stelle möchte ich eine unglaubliche Erfahrung mit dir teilen und die Geschichte von Bollmann erzählen.

## BOLLMANN

**Bollmann, ein Rottweiler, hat das Vertrauen verloren.** Nach dem Studium habe ich einen neuen Partner kennen und lieben gelernt. Es passte perfekt, ich zog mit meinem Hovawart Enno zu ihm. Er hatte selbst einen 6-jährigen Rottweilerrüden namens Bollmann. Dieser Rottimann war richtig toll, mit einer unglaublichen Ausstrahlung und einem starken Willen. Und er hatte eine Vorgeschichte. Bei meinem damaligen Partner war er bereits in vierter Hand. Alle anderen Besitzer vorher wollten Bollmann im Hundesport trainieren, aber sobald etwas von ihm verlangt wurde, was er nicht wollte, wandte er sich gegen seine Besitzer, griff sie an und verletzte sie auch. Jeder neue Besitzer wusste es natürlich besser und wollte dem Hund zeigen »wo es langgeht«, bis der Krankenhausaufenthalt diese kurze Liaison wieder beendete. Auch mein damaliger Partner musste bei Bollmann Lehrgeld bezahlen, bis er verstand, dass dieser Hund sich zu nichts, was er nicht wollte, »zwingen« ließ. Er musste seinen Umgang mit ihm komplett verändern. Das führte zu einer gewissen »Waffenruhe«, aber zu keiner wirklichen Entspanntheit.

Bollmann hatte das Vertrauen in Berührungen komplett verloren, was oft der Auslöser für seine Angriffe war. An den Beißkorb gewöhnt, ließ er die eine oder andere Berührung doch zu. Er genoss ansonsten das Leben und auch die Ausbildung, denn er arbeitete sehr gerne, wenn er das wollte. Bollmann lebte im Zwinger mit Auslauf und durfte ab und zu auch in die Wohnung, wo allerdings den Menschen nur das Stehen erlaubt war, andernfalls wurde er im Gang steif und signalisierte, dass es ihm nicht passte.

Also war ich ein großer neuer Risikofaktor Wie würde sich Bollmann mir gegenüber verhalten? Wie würde sich unser Zusammenleben gestalten? Ich war gespannt auf Bollmann. Bei den ersten Begegnungen draußen verliebte ich mich sofort in ihn. Seine offenen Augen, seine Ausstrahlung, sein athletischer Körperbau – was für ein wunderbarer Hund. Ich beachtete ihn nicht und ließ ihn völlig in Ruhe. Er merkte, dass ich nichts von ihm wollte und verlor seine Anspannung. Recht schnell war er unbefangen und wusste ganz genau: Diese Frau macht mir keinen Stress, sie will nichts von mir und fasst mich auf keinen Fall an. Ich fing an, mit ihm über meine Mimik und meine Sprache zu kommunizieren – er liebte es. Er war gerne in meiner Nähe, hielt den Kopf schief, schaute offen und aufmerksam, als ob er meine Worte verstehen würde.

Es fiel mir unsagbar schwer, ihn dann nicht zu berühren. Zu diesem Zeitpunkt wurde mir bewusst, wie wenig Gedanken wir uns wirklich über das Berühren eines Hundes machen. Ich konnte ihn zwar nicht an die Leine nehmen, aber er kam gerne mit mir mit. Auf das Codewort »Bollermann« war er sofort zur Stelle, denn das hieß »Keksi«. Im Laufe der Zeit entspannte sich Bollmann immer mehr, wir konnten uns im Haus schon hinsetzen, ohne dass er steif wurde und herumstakste. Als er sich das erste Mal wirklich entspannen konnte und sich auf die Seite legte, waren wir den Tränen vor Rührung sehr nahe. Wie gerne hätte ich ihm zärtlich den Bauch gekrault. So habe ich ihn mit meiner Stimme gestreichelt und ihm gesagt, was er für ein wunderbarer Hund ist. Ich lebte mit Bollmann einige Jahre zusammen und lernte vor allem seine Mimik und seine Körpersprache zu lesen. Es gab nie ein Problem zwischen uns – im Gegenteil. Ich habe Bollmann nur ein einziges Mal gestreichelt, das war als ihn der Tierarzt altersbedingt erlösen musste. Ich werde diesen Moment und den Bollmann nie vergessen.

Diese Zeit hat mich geprägt. Noch heute agiere ich sehr überlegt, wenn ich Hunde anfasse, und respektiere ihre Gefühle.

## Wenn es »körperlich« wird

Wie sieht es aus mit körperbetontem Spielen mit deinem Hund? Machst du das? Traust du dich das auch? Hunde können sehr ausgeglichen und trotzdem körperbetont spielen, sowohl mit Artgenossen, als auch mit dem Menschen. Aber bei keiner Spielform wie dieser wird so deutlich, wie es wirklich um die Beziehung steht. Rempeln und Rumpeln ist für viele Hunde ein super Spiel. Sie fetzen Seite an Seite durch die Gegend, jeder versucht, den anderen durch gezielte Bodychecks aus dem Gleichgewicht zu bringen. Sie laufen aufeinander zu und steigen in den spielerischen Hochkampf ein. In einem unaufmerksamen Augenblick rennt ein Hund dem anderen in die Seite, schubst ihn um und schon kullern beide Hunde durch die Gegend. Sind diese Spielformen dir bekannt? Dann hast du einen Hund, der gerne körperbetont spielt. Diese Spielform ist manchmal recht »herzhaft« und auch das eine oder andere Mal etwas grenzwertig. Denn es wird durchaus ausprobiert, wie weit der eine Hund sich Frechheiten gegenüber dem anderen herausnehmen darf.

Schon Welpen balgen sich mit ihren Geschwistern oder Artgenossen gerne. Alle unsere erwachsenen Hunde haben mit den

Viele Hunde lieben das körperbetonte Spiel, auch mit ihrem Besitzer. Das Einhalten von »Spielregeln« ist dabei besonders wichtig!

Welpen so gespielt und sehr viel zugelassen. Aber sie haben auch erzogen, wenn der junge Hund zu frech wurde. Ging er zu weit, wurde er blitzschnell auf dem Boden fixiert und musste still liegen. Nach dieser kurzen Zäsur ging das Spiel angepasst und fröhlich weiter. Du merkst, wie wichtig dieses körperliche Spiel für die meisten Hunde ist? Sie lieben es, auch mit uns Menschen so zu spielen. Leider trauen wir uns das oftmals nicht, da wir den Hund dann vielleicht nicht mehr bremsen können und er überbordet. Es liegt an uns, hier richtig zu kommunizieren und dem Hund auch Grenzen zu setzen.

Das körperbetonte Spiel zwischen Mensch und Hund ist ein sehr wichtiges Thema in unserem Programm. Wir schauen später gemeinsam in die Praxis, was es hier für Möglichkeiten gibt.

## Akustik/Geräusche sind mehr als Bellen und Sprechen!

Wir kommen nun zu einem Thema, das wir besonders gut können: uns verbal verständigen. In der Regel setzen wir dafür unsere Sprache ein. Aber auch andere Geräusche sind durchaus an der Tagesordnung, ohne dass wir darüber nachdenken, wie zum Beispiel ein »Ahhhhhhhh«, wenn wir etwas verstanden haben, oder ein »Ohhhhh«, wenn wir verwundert sind.

Unsere Hunde sind zum Teil auch recht »gesprächig«, sie bellen, winseln, atmen laut oder wuffen. Zu den Geräuschen gehört das Knurren in seinen verschiedenen Abstufungen dazu. Alle Lautäußerungen haben eines gemeinsam: Sie sollen uns etwas Bestimmtes mitteilen oder sind Ausdruck einer emotionalen Gestimmtheit. Durch die verschiedenen Möglichkeiten ist das Repertoire zur Verständigung groß. Ich fasse zusammen und beschreibe vereinfacht die Wirkung der Geräusche.

**Hohe Töne wirken motivierend – tiefe Töne hingegen regulierend.**

So liegt es an uns, die Möglichkeiten der Akustik so einzusetzen, dass wir das richtige Gefühl in unserem Hund wecken. Will ich ihn motivieren oder regulieren? Wenn ich den Hund zum Beispiel mit einem tiefen und brummigen »HIER!« zu mir rufe, dann muss ich mich nicht wundern, wenn er langsam zu mir kommt. Ich vermittle ihm ja gerade, dass ich Abstand und Respekt haben möchte. Auf der anderen Seite hat ein hohes »Nein-Nein« wohl eher nicht die gewünschte Wirkung, dass mein Hund das gezeigte Verhalten lässt – oder? Mach dir deine Hörzeichen und Geräusche gegenüber deinem Hund bewusst. Was möchtest du ihm mitteilen? Was soll der Hund machen? Sei dir bewusst, was für eine Wirkung es hat, wenn du ihn wirklich gezielt mit hohen Tönen motivierst!

## Gespräche zwischen Mensch und Hund

**Die Diskrepanz zwischen verbal und nonverbal**

Passen deine verbalen Ansagen an deinen Hund immer auch mit deiner Körpersprache, der Mimik und der Gestik, zusammen?

### BEISPIELE

Frau M macht einen Spaziergang. Sie mag Hunde und freut sich immer, wenn sie einen Hund trifft. Ihr kommt eine Hundebesitzerin mit einem kleinen Collie-Welpen entgegen. Sie beugt sich über den Welpen, streckt die Hände aus und redet freundlich mit ihm. Der Hund weicht ihr aus und fängt an, Frau M anzubellen. Was läuft schief?

Der Hund von Herrn H läuft gerne mal auf andere Hunde zu. Meist ist er sich dabei nicht wirklich sicher, bleibt immer wieder stehen und überlegt. Herr H ruft seinen Hund, geht aber gleichzeitig in die Richtung des Hundes. Das bestärkt ihn und er geht dann doch zu dem anderen Hund hin. Warum kommt er nicht?

Frau L ruft ihren Hund, da sie ihn anleinen möchte. Der Hund kommt auch gerne zu ihr, denn er wird mit einem Leckerli belohnt. Danach weicht er aber wieder etwas zurück. Sie beugt sich vor, versucht mit der Hand das Halsband zu erwischen und redet dabei nett auf ihren Hund ein. Er weicht ihr trotzdem aus und zeigt eine demütige und unterwürfige Haltung. Warum mag er nicht bei der Besitzerin bleiben?

Hast du eine Idee, was zu diesen Verständigungsschwierigkeiten geführt hat? Genau, hier passt die verbale Information mit der Körpersprache nicht zusammen. Aus diesem Grund zeigen die Hunde ambivalentes (zwiespältiges) Verhalten. Das passiert häufiger als wir denken. Leider machen wir uns zu wenige Gedanken darüber.

**Ich möchte gerne, dass du dir bewusst wirst, was du »redest«, verbal und nonverbal, und dass du deine Sprache gezielt übst und einsetzt! Dein Hund wird es dir danken und eure Bindung wird gefestigt und gestärkt.**

### Der Trick mit dem Blick

Hast du dir schon einmal Gedanken gemacht, wo du hinschaust, wenn du mit deinem Hund kommunizierst, mit ihm trainierst oder im Alltag mit ihm zusammen bist? Die einen meinen, den Hund anzuschauen wäre immer die richtige Lösung, die anderen sagen, auf keinen Fall den Hund anschauen, weil sich dieser sonst bedroht fühlt.

**Der Blick hat ganz viel Bedeutung für die richtige Kommunikation.**

Gerade bei kleinen Hunden ist es sinnvoll, sich auf eine Ebene mit ihnen zu begeben, damit die Körpersprache des Menschen nicht als bedrohlich empfunden wird.

Der Blick des Menschen spielt in der Kommunikation eine große Rolle und hat Einfluss auf das Verhalten des Hundes. Auch Täuschungsmanöver gelingen, wenn man im Spiel so tut, als ob das Interesse nachlassen würde, und dann den Hund mit einer Finte überrascht.

Natürlich darf ich meinen Hund anschauen. Wenn ich ihn weich und freundlich ansehe und er Vertrauen zu mir hat, wird er diesen Blick annehmen und erwidern. Ich darf meinen Hund aber auch ernst und bedrohlich anschauen, um ihn zurückzudrängen oder ihm zu vermitteln, dass er gewisse Regeln nicht eingehalten hat. Bei einer guten Bindung wird er diese Information sehr gut verstehen.

Ich kann mit meinem Blick noch viel mehr. Ich kann Dinge zeigen (siehe Zeigegeste), Dinge freigeben, auf etwas hinweisen oder auch Dinge unter »Tabu« setzen. Abgesehen davon, dass wir gerade in unseren Praxiseinheiten sehr viel mit dem Blick arbeiten, will ich das hier an einfachen Beispielen verdeutlichen.

- Ich kann mit dem Blick ein Spielzeug oder Futter »frei geben«. Wenn ich dem Hund permanent weiter in die Augen schaue, wird er sich trotz verbalem Freigabe-Signal schwerertun, dieses frei und unbefangen anzunehmen. Schaust du aber nach der Freigabe auch auf die Futterschüssel, dann fällt es deinem Hund leichter.
- Ich möchte, dass mein Hund rückwärtsgeht. Gerne soll er alleine auf die Idee kommen, dass er mit einem Schritt rückwärts seine Belohnung erhält. Es hilft ihm enorm, wenn ich ihm dann nicht in die Augen schau, sondern über ihn hinweg auf seinen Popo.

Wir sollten ganz gezielt unseren Blick zur Kommunikation einsetzen. Ich werde dir im Praxisprogramm einige Übungen vorstellen, in denen dein Blick eine große Rolle spielt.

# Motive und Motivation

## Die Motivation

Wir sprechen von einem Prozess, in dem bestimmte Motive aktiviert und in Handlungen umgesetzt werden. Das Motiv ist in diesem Fall ein Beweggrund, der das Lebewesen veranlasst, etwas zu tun.

Denken wir einfach einmal an uns, wie wir uns verhalten: Es klingelt an der Türe – ich stehe vom Sofa auf und mache die Türe auf. Es kann für diese Handlung verschiedene Beweggründe geben:

- Ich mache immer die Tür auf, weil es in unserer Gesellschaft einfach so ist.
- Ich erwarte dringend ein Paket und bin schon neugierig.
- Ich erwarte lieben Besuch und freue mich auf die nächsten gemeinsamen Stunden.

Es kann für ein und dieselbe Handlung also verschiedene Motive geben. Ich frage

Hund und Mensch sind voll motiviert und entschlossen, die Aufgabe zu lösen.

manchmal bei meinen Seminaren, was die Menschen veranlasst hat, an diesem Seminar teilzunehmen, dabei kommen die unterschiedlichsten Beweggründe raus:

- Sie sind neugierig und wollen wissen, was wir (CreaCanis) machen
- Sie haben die Empfehlung von Freunden bekommen
- Ihr Hund spielt nicht und sie möchten das unbedingt lernen
- Sie haben Probleme mit ihrem Hund, er geht auf Artgenossen los oder Ähnliches
- Sie machen mit, weil das Seminar gerade in ihrem Verein stattfindet
- Sie sind selber Hundeausbilder und wollen sich fortbilden

Bei einem meiner Seminare in Kanada, bekam ich einen besonders interessanten Grund von George aus Amerika zu hören. Er war 5000 km und damit einige Tage angereist, weil er einmal mehrere Hovawarte zusammen sehen wollte. Das Seminar und dessen Inhalt war somit nicht sein Motiv, nachher hat es ihm aber sehr gut gefallen. Du siehst, es gibt viele Motive, die zur gleichen Handlung führen. Dies ist der Schlüssel zum Training über Motivation mit deinem Hund. Hinterfrage auch du das Motiv, warum du das eine oder andere mit deinem Hund tun möchtest?

**Die Motivation ist der Garant für Veränderung!**

Denk an das, was wir besprochen haben: Ist es wichtig oder wirklich wichtig, dass sich etwas verändert? Wenn du etwas verändern möchtest, oder wenn du möchtest, dass dein Hund sein Verhalten ändert, dann ist das ein Schritt raus aus der eigenen Komfortzone. Die Motivation zu finden, zu halten, zu handeln und sich oder sein Leben zu verändern, erfordert Mut und Entschlossenheit. Diese beiden Charaktereigenschaften haben Mensch und Hund. Der Wille zum Tun ist unterschiedlich ausgeprägt. Bist du ehrgeizig und entschlossen, wenn du etwas erreichen oder verändern möchtest? Oder gibst du schnell auf, wenn etwas nicht gleich gelingt, und machst alles so, wie du es bisher kanntest?
Versuch deinen Hund einzuschätzen. Hat er einen starken Willen, etwas zu erreichen? (Auch wenn es manchmal Dinge sind, die uns nicht passen, z. B. die Kühlschranktüre öffnen.) Braucht es wenig oder viel Motivation, damit du dich und deinen Hund begeistern kannst? Je weniger stark die Handlungsbereitschaft ausgeprägt ist, umso wichtiger sind die Motive, die der Auslöser für das Verhalten oder für die Veränderung sind. Alles klar? Darum sollten wir uns darüber unterhalten, was es für mögliche Motive geben kann.
Ich beschreibe zuerst die Basismotive, auch Grundmotive genannt.

## Die Grundmotive

### Neugier

Neugier ist, wie das Wort schon sagt, die Gier nach Neuem, Neugier ist das Streben nach Wissen. Sie ist den Lebewesen angeboren. Wir wollen unsere Umwelt verstehen. Neugier ist daher wichtig für die Entwicklung des Gehirns. Neugier treibt uns voran. Übrigens will die

Natur offensichtlich, dass wir neugierig sind. Wissenschaftler haben nämlich nachgewiesen, dass das Gehirn bei befriedigter Neugier Belohnungsstoffe ausschüttet. Belohnungsstoffe in unserem Gehirn (z.B. das Dopamin) aktiveren uns, Handlungen zu wiederholen oder neue Dinge zu entdecken. Schon sehr junge Hunde sind in dem Moment, in dem sich die Sinnesorgane entwickeln, sehr neugierig. Sie reagieren auf Geräusche, nehmen alles in die Schnauze, riechen daran, und untersuchen es. Sie steigen gerne überall drauf, kriechen irgendwo hinein und sind einfach explorativ (vorwärtsstrebend) unterwegs. Diese Neugierde treibt sie voran, und ihr Gehirn darf wachsen. Wenn man den Hunden in diesem Alter einiges bietet und sie viel kennenlernen, dann werden sie sich gut entwickeln. Das macht zum Beispiel einen Teil der Arbeit eines guten Züchters aus.

Aber es gibt die andere Seite der Medaille: Ein Zuviel führt zu einer Reizüberflutung. Die Hunde beschäftigen sich dann nur noch sehr oberflächlich mit neuen Dingen und Situationen, konzentrieren sich nur kurz auf eine Sache und sind schnell abgelenkt. Ich gebe dafür einige Beispiele:

Ich gehe mit meinem Welpen in eine **Welpenspielgruppe**. Ich habe einen offenen und neugierigen Hund, der sich gerne mit neuen Situation auseinandersetzt. In dieser Welpenspielgruppe sind noch drei weitere Welpen. Mein Welpe hat genug Zeit, die anderen Welpen neugierig zu beschnüffeln und mit ihnen zu kommunizieren. Es entsteht ein nettes Spiel mit einem Labrador, während sich die anderen beiden Welpen ebenfalls zu einem Spiel zusammenfinden.

Ich gehe mit meinem Welpen in eine sogenannte **Hundespielgruppe**. Ich habe einen offenen und neugierigen Hund, der sich gerne mit neuen Situation auseinandersetzt. In dieser Gruppe sind noch 11 weitere Welpen, auch Junghunde sind dabei. Mein Welpe nähert sich neugierig einem anderen Hund, schon wird er spielerisch von einem Junghund überrannt. Als er sich diesem Junghund zuwenden möchte, untersuchen ihn gleich zwei andere Welpen neugierig. Kurz beschäftigt sich mein Welpe mit diesen Hunden, als ihn ein weiterer Junghund zum Spielen auffordert. Mein Welpe macht begeistert mit, aber nur kurz, dann kullert er mit einem andern Hund herum, wechselt in schneller Folge die Spielpartner um, wenn möglich, überall gleichzeitig dabei zu sein.

Was kannst du aus diesen zwei Beispielen ableiten? Viel hilft manchmal nicht viel!

Hunde sollten nicht überfordert werden, sonst kann aus Neugierde schnell Zurückhaltung werden.

**Unterstütze deinen Hund, wenn er neugierig ist und lernen möchte, aber überfordere ihn dabei nicht. Er soll Zeit haben zu entdecken, zu erkennen und zu lernen.**

Und jetzt eine gute Nachricht für dich: Hunde behalten durch gezielte Zuchtselektion eine gewisse Form von Jugendlichkeit und bleiben in ihrem Leben bis ins hohe Alter sehr neugierig. Nutze das Motiv Neugier gezielt bei der Ausbildung deines Hundes. Im Praxisteil gebe ich einige Vorschläge dafür. Und vor allem sei auch du neugierig! Stell Fragen und suche dazu Antworten.

### Ehrgeiz

Ehrgeiz ist das innere Feuer in dir und anderen Lebewesen. Was zeichnet ehrgeizige Menschen aus? Erfolg lässt sich nicht herbeireden, deswegen sind ehrgeizige Menschen die Macher. Dahinter stehen Disziplin, Ausdauer, Anstrengung, Herausforderung und manchmal auch Unbequemlichkeiten. Um zum Erfolg zu kommen, muss der Mensch lernen, auch mit Misserfolgen umzugehen. Durch ihren Erfolg verdienen sie sich den Respekt der anderen, und sie sind auch stolz auf sich. Das wiederum schafft Selbstvertrauen. Wie sieht es mit deinem Ehrgeiz aus? Hinterfrage dich kritisch. Möchtest du wirklich Erfolg haben?

- ✓ Erfolg bei der Erziehung deines Hundes?
- ✓ Erfolg in der Teambildung mit deinem Hund haben und in der Stärkung der Bindung?
- ✓ Erfolg in verschiedenen Hundesportarten?

Wenn du eine dieser Fragen mit »Ja« beantwortest, dann werde zum »Macher« und nicht nur zum Redner!

**Zu viel Ehrgeiz verhindert den Erfolg!**

Wer nur an das Endziel denkt, übergeht die Taktik der kleinen Schritte und kleinen Erfolge. Gerade bei der Arbeit mit dem Hund hat man es mit einem Lebewesen zu tun, das unterschiedliche Bedürfnisse hat, unterschiedlich motivierbar ist und unterschiedlich lernt. Deswegen setze dir Teilziele und trainiere in kleinen Schritten. Erfreue dich an kleinen Erfolgen und sieh jeden kleinsten Fortschritt positiv. Beim Zusammenwachsen mit deinem Hund ist der Weg das Ziel!

**BELLA**

**Wie sieht es mit unseren Hunden aus? Sind Hunde ehrgeizig?** Die Dackeldame Bella ist eine richtige Ausbruchkönigin. Sie gräbt für ihr Leben gerne und hat herausgefunden, dass sie sich unter dem Gartenzaun durchbuddeln kann und dann die große Freiheit hat. Mehrfach wurde der Zaun nach unten hin verstärkt und tiefer in den Boden gesetzt. All diese Veränderungen motivierten Bella, noch intensiver zu graben und sich dabei sogar die Nase aufzuwetzen. Sie gibt nicht auf, sondern wird in ihrem Verhalten sogar beharrlicher und energischer. Schließlich schafft sie es wieder, unter dem Zaun durchzukriechen.

Der Malinois Fido liebt es, Stöcke durch die Gegend zu tragen. Er findet wieder einen beim Spazierengehen und versucht ihn mitzunehmen. Es wird offensichtlich, dass es sich um einen »Baum-Ast« handelt, der noch fest mit dem Baum verbunden ist. Fido versucht, den »Stock« mitzunehmen, merkt allerdings, dass es nicht geht. Er zerrt daran und reißt herum. Nichts geht. Anstatt aufzugeben wird Fido immer energischer. Er setzt seine ganze Kraft und seinen ganzen Willen ein. Schließlich gelingt es ihm doch, den Ast abzureißen. Zufrieden trägt er ihn herum und lässt sich von seinen Besitzern bewundern.

Kennst du auch solche Geschichten? Mit Sicherheit! Natürlich können Hunde ehrgeizig sein, doch hängt die Intensität sowohl vom Charakter des Hundes ab, als auch von seinen bisherigen Erfolgen. Ehrgeiz wird natürlich auch nur da aufgewendet, wo er benötigt wird. Wenn der Hund keine Herausforderungen bekommt, an denen er wachsen kann, wird er es schwer haben, Probleme zu bewältigen und nach positiven Lösungen zu suchen.

Da der Hund mit seinem Menschen zusammenlebt und von diesem abhängig ist, liegt es wieder einmal an uns, den hundlichen Ehrgeiz zu fördern und zu stärken. Besser wäre es doch, der Dackel Bella würde lernen, schwierigen Fährten zu folgen oder das Apportieren, als sich weiter unter dem Zaun durchzugraben. Aber wie fördere ich den Ehrgeiz des Hundes? Wie stärke ich sein Selbstvertrauen?

**»Meine Hunde bekommen Aufgaben, keine Anweisungen!«**

Das ist für mich eine wichtige Aussage. Aufgaben sind zu lösen, Anweisungen zu befolgen. Wenn wir eine Herausforderung schaffen, dann legen wir ein **Anspruchsniveau** fest. Ist eine Aufgabe garantiert zu lösen, ist das Niveau sehr niedrig. Ist die Aufgabe auf keinen Fall lösbar, ist das Niveau hoch (zu hoch). Bei beiden Varianten ist die emotionale Beteiligung beim Lösen der Aufgabe nicht ausreichend gegeben.

Hunde sind ehrgeizig und Aufgaben, die kaum zu schaffen sind, erhöhen ihre Motivation. Beim Schutzdienst, den großen Ärmel zu gewinnen, dafür kämpft der Denzel schon ordentlich.

**Wir sollten uns daher beim Erstellen der Aufgabe im mittleren Anspruchsniveau bewegen. Die Aufgabe soll für den Hund lösbar sein, aber er muss sich auch anstrengen, den Anspruch zu erfüllen!**

Und deswegen darf unser Hund beim Training Fehler machen! Für diese Fehler wird er nicht betraft, sondern bekommt eine Information, allerdings keine Belohnung. Wir haben bereits darüber gesprochen – etwas Angenehmes wird weggenommen. Aber ich motiviere den Hund gleichzeitig, es noch einmal zu versuchen, und spreche dadurch auch seinen Ehrgeiz an. Diese Idee erkläre ich an einem praktischen Beispiel:

Ich möchte meinem groß gewachsenen Hund beibringen, über eine Hürde zu springen. Es ist eine Hürde mit einer aufliegenden Stange, die herunterfallen kann. Setze ich den Anspruch zu niedrig an, dann hat die Hürde eine Höhe von 10 cm und mein Hund läuft einfach darüber. Ich belohne ihn natürlich, aber er wird nicht herausfinden können, wozu er in der Lage ist. Stelle ich die Hürde gleich hoch auf 1,2 m, wird der Hund vielleicht versuchen, sie zu überwinden, aber es vermutlich nicht schaffen. Da er auch keine

Das gemeinsame Erlebnis in der Natur schweißt Mensch und Hund zusammen und stärkt die Bindung.

Belohnung erhält, wird er es aufgeben. Ich messe die Hürde anfangs auf 30 cm ab, sodass der Hund schon springen muss, es aber sehr leicht schaffen kann. Jeder Versuch bringt ihn zur Belohnung. Hat der Hund verstanden, was ihn zur Belohnung führt, erhöhe ich das Anspruchsniveau und lege die Hürde auf 60 cm (für einen großen Hund immer noch leicht zu schaffen). Mein Hund läuft an der Hürde vorbei – keine Belohnung. Er läuft unter der Stange durch – keine Belohnung. Er gibt sich Mühe und springt drüber, große Party und große Belohnung! Der Ehrgeiz wurde geweckt und der Erfolg hat sich gelohnt. Und jetzt kommen wir zum klassischen Hundetraining oder auch zur Hundeerziehung. Alles läuft oftmals über Wiederholungen, mit immer denselben Übungen und immer denselben Belohnungen. Es gibt leider noch etliche Ausbildungsstätten, in denen eine langweilige Gruppenunterordnung angeboten wird. Oder das Mensch-Hund-Team muss bei jeder Trainingsstunde das Schema der Begleithundeprüfung laufen. Dieses System ist meiner Meinung nach das Ende der Emotionen im Training und der »Ehrgeizkiller« schlechthin, und zwar für Hund und Mensch. Es ist, als würdest du immer dasselbe Buch lesen, obwohl du schon jede Seite in- und auswendig kennst. Lieber Hundefreund, sind vielleicht auch die Spaziergänge mit deinem Hund so langweilig? Immer die gleiche Strecke, jeder ist mit seinen Gedanken beschäftigt und es gibt keine Herausforderungen? Dann darfst du dich nicht wundern, wenn dein Hund seine gesamte Motivation dafür verwendet, eine Katze zu jagen und sein Ziel, diese vom Baum zu holen, ehrgeizig verfolgt.

Wenn du dich für das soziale und hoch motivierbare Lebewesen Hund entschieden hast, dann sorge bitte auch dafür, dass er mit dir gemeinsam etwas erleben darf!

Wir geben dir viele kleine Übungen an die Hand, die du bei Spaziergängen einbauen kannst. Du benötigst weder Hundeplatz noch Trainingswiese – du wirst sehen, wenn du dich beim Spazierengehen veränderst, dann wird sich dein Hund und auch der Spaziergang verändern!

### Macht

Das sagt Wikipedia:

*»Macht bezeichnet die Fähigkeit einer Person oder Gruppe, auf das Denken und Verhalten einzelner Personen, sozialer Gruppen oder Bevölkerungsteile so einzuwirken, dass diese sich ihren Ansichten oder Wünschen unterordnen und entsprechend verhalten.«*

»Kopfkino« an: Die Person ist ein (dein) Hund und du bist die »soziale Gruppe«; dein Hund hat ein Spielzeug und möchte es nicht mehr hergeben. Er kommt zwar schon fast zu dir, weiß aber ganz genau, wie lang dein Arm ist und wann du zufassen willst und dann dreht er immer wieder ab. Genervt läufst du deinem Hund hinterher, der genau das wollte, und jetzt so richtig Gas gibt. Ja, so etwas nennt man Machtausüben, und du bist brav seinen Wünschen gefolgt. Ein tolles Gefühl für deinen Hund. Ob eine Situation ganz schlimm oder weniger schlimm ist, muss jeder für sich bewerten. Hunde genießen unsere Hilflosigkeit: Über andere Macht zu haben ist ein schönes Gefühl und ein gutes Motiv dafür, diese Handlungen zu wiederholen. Wer mehrere Hunde sein Eigen nennt, kann das sicher bestätigen. Als wir noch ein Dreierrudel hatten, war unsere Hündin Banja sehr gewieft darin, die beiden Rüden auszutricksen.

### BANJA

Gab ich allen Dreien einen Knochen, sie wurden im Garten gekaut, dann hatte Banja spätestens nach 10 Minuten drei Knochen. Die Rüden schauten »durch die Pfote«. Da Banja nicht einfach hingehen konnte, um den Knochen wegzunehmen, hat sie die beiden Herren einfach ausgetrickst. Alle waren gemütlich dabei zu kauen, auf einmal schoss Banja los, rannte zum Zaun und machte einen auf »der Feind ist im Anmarsch«. Beide Jungs stürzten natürlich nach »Männerart« zu ihrer Hündin, um sie zu beschützen und den »Feind« in die Flucht zu schlagen. Noch während also die Jungs den »Feind« suchten, sauste Banja zurück, nahm im Vorbeigehen die Knochen von Denzel und Cooper mit, und stellte alle drei Knochen unter Sicherheitsstufe Fünf. Keiner von Beiden durfte in den Sicherheitsbereich von zwei Metern um Banja und die Knochen herum eindringen, eigentlich nicht mal hinschauen. Uiiii – was für ein Hochgenuss für Banja, sie kostete die Macht richtig aus. Und immer wieder sind die Jungs auf ihr Täuschungsmanöver hereingefallen und schauten anschließend dumm aus der Wäsche.

Ich glaube, du kennst auch solche Beispiele – manch einer sagt vielleicht, der Hund »veräppelt« mich. Aber ist es nicht das Gefühl von Ohnmacht, und das Wissen, dass wir als Hundehalter wie die Puppen tanzen und damit genau der Motor für das Verhalten sind?

Jetzt kommst du ins Spiel, lieber Hundehalter und Trainer deines Hundes. Nutze doch deine Macht in der Ausbildung und Erziehung. Wir Menschen neigen dazu, dem Hund alles rechtmachen zu wollen und ihm jeden Wunsch zu erfüllen. Warum soll der Hund beim ersten Rufen schnell zu dir kommen, denn es gibt den Keks ja auch, wenn er nach dem dritten Rufen kommt. Was glaubst du, wie Folgendes auf deinen Hund wirkt: Du rufst ihn, er hat gerade etwas anderes zu tun, und zauberst seinen wirklichen Lieblingskeks herbei, lachst ihn an und tust so, als ob du ihn genüsslich verspeisen würdest. Glaub mir, wenn dieser Keks deinem Hund wirklich wichtig ist, werden ihm vor lauter Entsetzen sämtliche Gesichtszüge entgleisen. Hunde sind Teamplayer und Opportunisten. Wenn der Hund merkt, dass Kooperation zum Erfolg führt, Desinteresse ihn allerdings um gute Belohnungen oder ein gutes Spiel bringt, wird er sich überlegen, was gerade wichtig für ihn ist. Das unbeirrte Schnüffeln oder das, was es bei dir gibt. Noch ein Beispiel für deine Macht: Dein Hund spielt eigentlich gerne mit dir, aber nur daheim oder im Garten. Draußen im Park ist vieles interessanter als euer Spiel. Versetze dich nun in die Lage deines Hundes. Folgendes Szenario: Dein Besitzer hält etwas in der Hand, z.B. ein Spielzeug. Das behandelt er ganz geheimnisvoll und dreht sich weg, sobald du (Hund) schauen möchtest, was er da hat. Das macht dein Besitzer jetzt einige Zeit mit dir so, immer genau dann, wenn du (Hund) unaufmerksam bist. Das wird dich frustrieren, oder? Du bist gespannt vor lauter Neugier. Es gibt sie immer

Unser Hund ärgert sich, wenn wir glaubhaft das Spielzeug gewinnen oder das Leckerli selber essen. Macht ausüben ist immer ein großes Motivationswerkzeug.

wieder, die kleinen Machtspielchen deines Menschen. Jetzt geht dein Mensch so weit und spielt mit diesem Geheim-Spielzeug bei einem Treffen auf der Hundewiese mit einem anderen Hund. Und du armer Hund musst dabei zuschauen – was für eine Quälerei! Würdest du (als Hund) nicht alles dafür geben, mit deinem Besitzer und seinem geheimnisvollen Spielzeug spielen zu dürfen? Und dann darfst du mitspielen, erbeutest das Spielobjekt und tänzelst neben deinem Besitzer her. Er bewundert dich dafür. Jetzt ist das Machtgefühl auf deiner (Hunde-) Seite. Wieder als Mensch gedacht, merkst du: Das Grundmotiv »Macht« ist für uns Menschen universell einsetzbar. Du musst nur ein glaubhafter Schauspieler sein. Und wie war das noch? Raus aus der Komfortzone!

## Soziales

Ein Lebewesen kann man als sozial bezeichnen, wenn es die Fähigkeit besitzt, sich für andere Lebewesen der gleichen Art oder auch anderer Arten zu interessieren und sich einzufühlen. Beim Menschen bedeutet es zusätzlich, anderen zu helfen und auch mal eigene Interessen zurückzustellen. Um »sozial zu sein« braucht es aber mindestens ein oder mehrere andere Lebewesen in der engeren Umgebung. Für unseren Hund bedeutet das die Anwesenheit eines oder mehrerer Menschen und/oder einer oder mehrerer anderer Hunde, Katzen oder anderer Tiere. Man denke nur an die Herdenschutzhunde, die bei den Schafen leben. Wurde unseren Hunden ein gutes Sozialverhalten in die Wiege gelegt? Ich lehne mich einmal ganz unwissenschaftlich und ohne irgendwelche Studien einzubeziehen aus dem Fenster und sage »Ja«, doch es wird nicht automatisch gezeigt. Es ist eine Veranlagung für dieses Sozialverhalten vorhanden, die mehr oder weniger ausgeprägt ist.

Veranlagung bedeutet nichts anderes, als dass der Hund genetisch von seinen Eltern und Ahnen ein gewisses soziales Potential mitbekommen hat. Je ausgeprägter dieses Potential ist, desto leichter tut sich der Hund, bei einer guten Sozialisierung offen und freundlich zu reagieren. Das überträgt der Hund nicht automatisch auf alle Lebewesen, mit denen er in Kontakt kommt. Es gibt Hunde, die sind unglaublich sozial gegenüber den ihnen bekannten Menschen und darüber hinaus auch gegenüber unbekannten Erwachsenen und Kindern. Alle anderen Hunde hingegen würden sie allerdings am liebsten auf den Mond schießen. Es gibt auch Hunde, die haben eine hohe soziale Kompetenz allen Artgenossen gegenüber, egal ob bekannt oder unbekannt, aber bei fremden Menschen verstehen sie überhaupt keinen Spaß.

Dann gibt es Hunde, die innerhalb ihrer gut bekannten Familie alle abgöttisch lieben (Menschen, Hundekumpel und die Katze), aber gegenüber fremden Personen oder anderen Tieren nur wenig soziale Kompetenz zeigen. Sind diese Hunde jetzt automatisch schlechter oder unsozialer?

Hunde sind ausgesprochen soziale Lebewesen und möchten mit ihrem Rudel gerne und oft zusammen sein.

Es gibt ja auch Menschen, die kommen mit Hunden viel besser zurecht, als mit ihrer eigenen Spezies.

Ich fasse zusammen:

- Sozialverhalten ist eine genetische Veranlagung
- Gutes Sozialverhalten kann sich durch eine gute Sozialisierung weiterentwickeln (optimal ab dem Welpenalter)
- Es gibt Unterschiede, je nachdem, ob der Hund auf bekannte oder unbekannte Menschen oder Lebewesen trifft
- Es gibt Eingrenzungen eines guten Sozialverhaltens z. B. nur auf Menschen, Hunde oder andere Tierarten

**Ein gutes Sozialverhalten heißt nicht ständige Freundlichkeit und Rücksichtnahme, sondern eine Ausgewogenheit in allen Belangen und ein gutes Konfliktmanagement.**

Wenn ein (dein) Hund nicht jeden liebt, ist er nicht unnormal oder automatisch unsozial! Wichtig ist, wie er sich in deiner Familie benimmt und ob da alles stimmt; das solltest du zuallererst hinterfragen!

## Soziales als Motiv

Ich kann mich noch an meinen ersten Welpen erinnern. Ihn bekam ich 1981. Natürlich haben wir extra für ihn einen Zwinger im Garten gebaut, nein, nicht nahe am Haus, sondern in der hintersten Ecke. Dann wurde uns als Neuhundehalter »eingeschärft«, dass bei Ankunft des Welpen, dieser sofort und mindestens zwei Stunden alleine im Zwinger verbringen muss, damit er sich an seine »Wohnung« gewöhnt. Das Jammern des Welpen habe ich heute noch in den Ohren.

### JANKO

Janko, so hieß mein erster Welpe, hatte sogar das Privileg, dass er sich am Tage auch frei im Garten bewegen durfte. Wir sind auch regelmäßig zusammen spazieren gegangen. Welpenschule, Hundekontakte oder auch Kontakt zu anderen Menschen – daran war nicht zu denken. Er sollte schließlich ein Wachhund werden und nicht der Freund von jedermann! Ab und an durfte Janko am Abend für eine Stunde ins Haus. Dort musste er brav auf seinem Platz hinter dem Sessel meines Vaters liegen. Bin ich mit ihm spazieren gegangen oder in den Garten zum Spielen, dann wich er nicht von meiner Seite, war sehr aufmerksam und las mir jeden Wunsch von den Augen ab. Andere Personen, Hunde oder die Umwelt interessierten ihn nicht übermäßig, Hauptsache, er war bei mir und mit mir zusammen. Oft saß ich länger bei ihm im Zwinger, diese Momente liebten wir beide sehr.
Auf dem Hundeabrichteplatz (was für ein böses Wort) war es damals eher unüblich, mit Futterbelohnungen zu trainieren. Der Hund sollte gelobt werden und ja, der Hund nahm das gut an, war aufmerksam bei der Arbeit dabei, und wollte gefallen.

In den letzten Jahrzehnten hat sich sowohl in der Art der Haltung als auch der Ausbildung viel verändert. Für viele von uns wäre heutzutage eine Hundehaltung in dieser Form undenkbar. Natürlich auch für mich. Ich liebe es, meine Hunde um mich zu haben und dass sie nachts neben meinem Bett ruhig und entspannt schlafen. Du magst es doch sicherlich auch, wenn dein Hund dich mit wachem Blick anschaut und beobachtet. Wenn du jede freie Minute dafür nutzt, um mit ihm zu kommunizieren, ihn zu liebkosen oder ihm anderweitig deine Zuneigung zu zeigen. Ich denke, das ist normal und entspricht unseren sozialen Vorstellungen im Zusammenleben mit dem Hund. Schwierig wird es nur, wenn wir es übertreiben und dem Hund vermitteln, dass er uns und unsere soziale Interaktion immer beanspruchen kann. Sei es, dass er nicht alleine bleiben kann, dass er sich sofort dazwischendrängt, wenn ich mit meinem Partner schmuse, oder mich ständig verfolgt. Oder er mich pausenlos »belagert« und meine Aufmerksamkeit einfordert.

**Kennst du das vielleicht?** Das Motiv ist klar: Soziale Zuneigung zu erhaschen und natürlich auch in Konkurrenz zu anderen sozialen Lebewesen die Zuneigung für sich zu gewinnen. Die Grenze zu einer Überbefriedigung im sozialen Bereich ist fließend. Ohne es zu merken, bekommt das Thema eine Schieflage. Ist es schlimm, wenn du deinen Hund liebst und jede Minute mit ihm genießen möchtest? Das muss jeder letztlich für sich selbst entscheiden. Allerdings: Sind es nicht oftmals genau diese überbehüteten Hunde, die außerhalb der eigenen vier Wände ihre Besitzer wie Luft behandeln und fröhlich ihr eigenes Ding machen? Sind es vielleicht genau die Hunde, die sich gierig nach sozialer Abwechslung mit den wildesten Spielaufforderungen auf andere Hunde stürzen oder zudem andere Menschen belästigen? Manchmal sind es auch die Hunde, die draußen in der großen und so interessanten Welt sämtliche Kooperation und Mitarbeit verweigern, keine Leckerlis nehmen, wenn etwas anderes wichtiger ist, und nicht an ein Spiel mit dem Besitzer denken (können).

Hunde die eine ausgewogene soziale Kommunikation bekommen, dürfen gerne beim Spazierengehen im Außenfokus sein, denn sie sind jederzeit ansprechbar.

Versuche, dich einmal zu »verhundlichen« und in die Lage des Hundes zu versetzen: Warum sollte dieser Hund seinem Menschen draußen Aufmerksamkeit schenken, wenn er diese daheim zu 100 % und immer bekommt und es draußen gerade so spannend ist? Warum sollte er kooperieren, wenn es doch gerade so gut riecht oder ein anderer Hund ein tolles Spiel in Aussicht stellt?

Warum sollte er sich auf ein Leckerli konzentrieren, wenn es daheim ohnehin immer das Beste vom Besten für »Lieb-Schauen« gibt? Wie kann sich der Hund gerade jetzt auf ein Spiel einlassen, wenn er den Eindruck hat, draußen auf seine Menschenfamilie besonders gut aufpassen zu müssen? Warum sollte der Hund gerade jetzt »Befehle« ausführen, wenn er sich im Moment überhaupt nicht für seinen Besitzer interessiert? Was hatten wir besprochen? Aufmerksamkeit ist die Grundlage für Kommunikation!

**Merkst du etwas?** Alle Motivationen im sozialen Bereich sind so überbefriedigt, dass sie nicht mehr als Motivator, insbesondere unter Ablenkung, einsetzbar sind. Findest du auch den Unterschied bei Jankos Beispiel? Ich möchte dir keinesfalls empfehlen, deinen Hund in den Zwinger zu stecken und ihn nur herauszuholen, wenn du mit ihm trainieren oder spazieren gehen möchtest. Ich möchte dich nur dazu animieren, einfach einmal über diesen Umstand nachzudenken.

**Wenn es draußen nicht so läuft wie man sich das wünscht, dann muss man häufig drinnen etwas ändern!**

Denk an die Geschichte von König Ludwig. Dein Hund soll nicht dein König sein, sondern dein Freund und Vertrauter. Er soll und muss akzeptieren, dass er dich nicht für sich alleine haben kann. Das ist wie bei einem Einzelkind, das verstehen lernen muss, dass seine Mama nicht immer Zeit hat und es auch einmal zurückstecken muss.

## DONNA

**Donna und ihr »Personal«:** Donna, eine große Schweizer Sennenhündin, lernte ich auf einem Seminar kennen. Donna hatte gleich zwei tolle Frauchen, die sie abgöttisch liebten, in Donnas Augen eher verehrten. Als Donna das erste Mal den Platz zum Kennenlernen betrat, kam sie mit breiter Brust, die Rute hoch erhoben, hereinstolziert. Vorsichtshalber blaffte Donna erstmal in die Runde, um allen mitzuteilen, dass sie hier das Sagen hat. Auch mir gegenüber stellte sie durch Körpersprache und Ausdruck klar, dass sie in der Lage ist, sich um ihre Menschen selbst zu kümmern und dabei keine Hilfe benötigt. Das Problem (das ich vorher in Erfahrung gebracht hatte) bei Donna war, dass sie draußen, also beim Spazierengehen, ihre Fraulis eher wenig bis gar nicht beachtete. Sie stellt oftmals die Mitarbeit ein, verschmähte dann auch die Leckerlis und spielte nicht. Auf meine Nachfrage, wie das denn daheim wäre, bekam ich die erwartete Antwort: Donna ist sehr aufmerksam, manchmal schon fast ein wenig lästig. Sie ist lieb und verschmust und daheim klappen Spielen und Trainieren hervorragend. Erinnerst du dich, wir sprachen bereits vom entspannten Feld! Die Bedingungen des inneren und äußeren Raums daheim waren für Donna perfekt. Sie konnte sich auf ihre Menschen einlassen. Durch sehr große und immer wiederkehrende soziale Zuwendung hatte sie daheim ein wunderbares Leben. Draußen war Donna eher der Meinung, ihre Menschen beschützen zu müssen. Sie war wenig an sozialer Kommunikation und Zusammenarbeit interessiert. Im Seminar demonstrierte Donna eindrucksvoll ihr »Können«: Sie stellte Kommunikation und Mitarbeit einfach ein. Leckerli fand sie zwar nett, aber nicht wirklich wichtig, und auf die Fraulis achten musste auch nicht sein, denn diese passten sich schon an. Bei einem versuchten Spiel mit einem Beuteobjekt zeigte sie schnell Desinteresse und ließ ihre menschlichen Spielpartner im Regen stehen. Oftmals steigen Hunde doch auf das Spiel mit dem Besitzer ein, wenn dieser mit einer anderen Person spielt Also bekamen die beiden Fraulis die Aufgabe, zusammen mit der Beute zu spielen. Dieses Ereignis erregte dann doch Donnas Aufmerksamkeit. Sie hörte auf zu schnüffeln, stand wie eine Statue auf dem Platz, Rute nach oben. Die Sprechblase war förmlich über ihrem Kopf zu sehen: »Schön macht ihr das, meine Lieblingsmenschen, ohhh und wie ihr euch anstrengt und so tolle Geräusche macht. Ich bin beeindruckt. Aber leider reicht mir das noch nicht. Geht da noch mehr ...?« Es war ein echtes Schauspiel wie Donna, einer Königin gleich, mitten auf dem Platz stand und zusah, wie ihre Menschen sich verausgabten und mit der Spielbeute vergnügten. Aber Donna hatte nicht mit unserem Plan B gerechnet. Der Hundeplatz war zu einer Seite offen und grenzte an einen Wald. Plan B war, sollte Donna auf das Spiel nicht einsteigen, dass beide Fraulis im Wald verschwinden würden. Und so passierte es: Die Fraulis verschwanden in den Wald, Donna schaute interessiert hinterher, blieb stehen, felsenfest überzeugt, dass die beiden von ihrem kleinen »Jagdausflug« gleich zurückkehren würden, um sie, die Königin, abzuholen. Als eine ganze Weile nichts passierte, wurde Donna etwas nervös, sie versuchte natürlich, sich das nicht anmerken zu lassen, und machte auf »ober-cool«. Sie schnüffelte ein wenig herum und ging etwas hin und her, nichts passierte. Donna wurde verlegen. Sie schien sich zu fragen:

Große Schweizer Sennenhunde sind starke Persönlichkeiten. Sie übernehmen auch gerne die Führung, wenn der Mensch keine klaren Strukturen hat.

Warum kümmerte sich denn keiner um mich wie sonst immer? Nach gefühlten Stunden (tatsächlich waren es nur einige Minuten und vielleicht die schlimmsten für Donna und ihre Fraulis), lief sie los und sauste in den Wald. Die Aufgabe, die sich an Plan B anschloss, sofern er glückte, war, dass nach Ankunft von Donna im Wald ein gemeinsames Spiel stattfinden sollte, in welcher Form auch immer. Auch das klappte. Die beiden Besitzerinnen kamen mit Donna fröhlich aus dem Wald zurück. Donna hopste um sie herum und ließ beide vorsichtshalber erst einmal nicht mehr aus den Augen. Vor lauter Aufmerksamkeit vergaß sie sogar, mich kurz anzublaffen, und die anderen Leute waren ihr ebenfalls egal.

Natürlich waren die Probleme nicht gelöst, aber sie wurden sichtbar. Donna kam zu uns ins Training und es war anfangs eine harte Zeit, sicher für alle Beteiligten. Zum einen eine gewisse Umstellung daheim, dann die Veränderung der Führung draußen und natürlich das konsequente Training. Aber es hat sich wirklich gelohnt. Donna war nach einiger Zeit nicht wiederzuerkennen. Eine tolle kooperative Teampartnerin und für viele Dinge und für die Zusammenarbeit zu begeistern. Unterschätze das Grundmotiv »Soziales« nicht, denn wenn es keine Aufmerksamkeit gibt, dann gibt es keine Kommunikation und keine Kooperation! Übrigens der Vollständigkeit halber: Wenn man mehrere Hunde hat und diese daheim als Gruppe gut zusammenleben und spielen, haben sie Artgenossen gegenüber auch eine gewisse soziale Befriedigung. Daher ist das Motiv, Sozialkontakte mit anderen Hunden haben zu wollen, beim Spaziergang oftmals weniger stark ausgeprägt.

### Grundmotive und ihre Bedeutung im sozialen Verbund

Grundmotive sind nicht nur beim Hund ein wichtiger Faktor, das habe ich bereits erwähnt, sie sind auch artübergreifend vorhanden und wichtig. Wenn wir nicht gerade etwas üben oder trainieren möchten – also eher im täglichen Leben – spielen sie immer wieder eine Rolle. Ich möchte dich dazu anregen, diese Motive im Umgang mit deinem Hund zu nutzen. Das stärkt die Aufmerksamkeit und die Bereitschaft zu Kommunikation und Zusammenarbeit. Grundmotive wirken zusammen, sie sind nicht immer als einzelnes Motiv erkennbar. Menschen sind häufig oberflächlich und förmlich, ich kann es nicht anders beschreiben, wenn ich beobachte, wie oft mit erhobenem Zeigefinger dem Hund das »Sitz« vorgegeben wird. Vielleicht, weil man sich anders nicht zu helfen weiß? Bau doch gezielt spannende Dinge in das Leben mit deinem Hund ein. Sprich beispielsweise die Neugierde deines Hundes an, indem du bei dir etwas versteckst. (Vielleicht ein tolles Futter oder Spielzeug.) Ohne auf den Hund zu achten, freust du dich über deine Entdeckung, schaust immer wieder ganz geheimnisvoll nach, wo du deinen Schatz hast. Will der Hund dann wissen, wo er sich befindet, wendest du dich immer wieder von ihm ab, als wenn du ihn alleine besitzen wolltest (Macht). Dein Hund wird sich nun immer mehr anstrengen, um herauszubekommen, was du da hast. Er wird aktiver (Ehrgeiz). Nach diesem spannenden Katz-und-Maus-Spiel folgt die Auflösung und ein tolles Spiel zwischen euch – das ist doch super, oder? Weitere Anregungen kommen im Praxisteil, aber ich bin noch nicht ganz fertig mit dem Thema Motivation.

## Innere und äußere Motivation

**Innere Motivation** → intrinsische Motivation → der Anreiz kommt von innen.
Der eigene Wille treibt das Lebewesen an, etwas zu tun.

**Äußere Motivation** → extrinsische Motivation → der Anreiz kommt von außen.
Äußere Einflüsse/Anreize motivieren das Lebewesen zu handeln.

Frage dich einfach mal, worin deine innere Motivation liegt. Ich habe einige Antworten:

- Spazieren gehen und Wandern (einfach so, der Weg ist das Ziel)
- Radfahren in der Umgebung (die Gegend erkunden und sich bewegen)
- Ein schönes Buch lesen (neugierig auf den Inhalt)
- Sich mit Freunden treffen (soziales Zusammensein)
- Neue Spiele mit Freunden ausprobieren (Spielfreude und Spiellust)

Wann denkst du, bist du von außen motiviert? Hier ein paar Anregungen:

- Fensterputzen (möchte wieder durchschauen können)
- Bügeln (hab nichts mehr zum Anziehen)
- Zum Arzt gehen (muss sein, weil ich gesund bleiben möchte)
- Bei schlechtem Wetter mit dem Hund gehen (der Hund muss ja hinaus, um sich zu lösen)
- Schuhe putzen (habe ein Firmenmeeting)

Stell deine eigene Liste zusammen und schreibe die Motive auf, die dich zur Handlung bewegen. Um es noch besser verständlich zu machen, habe ich zwei Beispiele für dich:

Mit 14 Jahren durfte ich das erste Mal in den Ferien für eine Woche arbeiten, um Geld zu verdienen. Die Mutter meiner Schulfreundin arbeitete in einer Nähfabrik, in der Armeeplanen gefertigt wurden. Dort bekam ich meine erste »Anstellung«. In einem Raum, in dem 20 Näherinnen saßen, gab es noch einen zusätzlichen Arbeitsplatz, wo mit einer Maschine die Knöpfe für diese Planen zusammengedrückt wurden. Dieser Arbeitsplatz war meiner. Die Arbeit sah so aus, dass ich von 7 Uhr bis 16 Uhr 5 Tage lang die beiden Seiten des Knopfes einsetzte und mit der Maschine zusammendrückte. Nach 5 Tagen erhielt ich meinen ersten Lohn und freute mich darüber sehr.
Während meines Studiums war ich zwei Jahre ohne Hund (was für eine schreckliche Zeit). In meiner gesamten Freizeit und in den Ferien arbeitete ich bei einer Pferde-Verleihstation. Dort konnte man sich ein Pferd oder ein Pony mieten, um mit diesem durch den Park zu reiten. Meine Aufgaben waren vielfältig, ich habe die Pferde versorgt (geputzt, ausgemistet, gefüttert) und durfte auch immer wieder reiten und die Ponys vor den Schlitten spannen. Ein Entgelt bekam ich für diese Arbeit nicht. Ich glaube, ich muss dir nicht erklären, bei welcher der beiden Geschichten ich eher intrinsisch motiviert war und bei welcher extrinsisch – oder? Und nun die Frage bei der Geschichte der extrinsischen Motivation (die Knöpfe natürlich): Ich habe für damalige Verhältnisse wirklich gutes Geld bekommen. War ich motiviert, diese Arbeit zu tun? JA, natürlich! Macht es mir seitdem Spaß, Knöpfe mit einer Maschine zusammenzudrücken und würde ich diese Arbeit gerne wieder machen, auch wenn ich keinen Lohn bekommen würde? NEIN, natürlich nicht.

Dieses Beispiel übertrage ich auf unsere Hunde. Versteh bitte, dass du mit ausschließlich extrinsischen Anreizen (Belohnungen) kein stabiles Verhalten deines Hundes erreichen kannst, wenn die Belohnungen eines Tages wegfallen, zum Beispiel bei einer Prüfung, oder wenn du gerade kein Leckerli parat hast. Versuch herauszufinden, was dem Hund an der Übung Spaß machen könnte, so dass die Ausführung ihm gefällt und er sie gerne macht! Und da wären wir schon bei der Frage, welches Verhalten bei deinem (einem) Hund intrinsisch motiviert ist?
Meine Vorschläge dazu:

- Mit anderen Hunden spielen (Spielen steigert die Freude und Lebenslust)
- Mit dem Menschen spielen (ein wichtiger Faktor in der Beziehung miteinander)
- Rennen (viele Hunde rennen sehr gerne und auch oft aus Spaß an der Freude)
- Hüpfen und Springen (die meisten Hunde lieben es zu springen)
- Rempeln (einige Hunde lieben es, den Menschen oder einen anderen Hund anzurempeln)
- Schnüffeln (der Hund ist ein Nasentier und liebt es zu schnüffeln)
- Mit seiner sozialen Familie unterwegs sein (gemeinsame Erlebnisse haben)
- Buddeln (das machen sie auch gerne, wenn sie keine Maus erwischen)
- Pöbeln (ja, auch das Anmotzen anderer Lebewesen bringt ein gutes Gefühl)
- Bellen (sich selber bellen zu hören oder das Gefühl beim Bellen ist super)
- Hetzen und Jagen (muss nicht vom Erfolg gekrönt sein, es macht auch so Spaß)

Du merkst, da kommt schon einiges an Verhalten zusammen: Ob dir alles gefällt, steht auf einem anderen Blatt. Versuch herauszufinden, was nicht nur deinem Hund gefällt, sondern auch dir!

Was motiviert einen Hund extrinsisch? Für den Moment lassen wir unser Anliegen, ihm etwas beizubringen, beiseite. Diese Ideen hätte ich:

Handlungen, die lustbringend sind, wie das Springen, benötigen keine zusätzlichen externen Belohnungen.

- Der Geruch einer läufigen Hündin (der Rüde findet die Hündin und kann decken)
- Der Geruch von Wildresten (der Jäger hat sie für die Füchse gelegt, der Hund findet und frisst sie)
- ein anderer Hund in Sicht (der Hund läuft hin, weil er spielen will)
- Einen großen Bogen um einen anderen Hund gehen (das erspart ihm Ärger)
- sich unterwerfen (rettet seine Haut in Auseinandersetzungen)
- Betteln am Tisch (hat schon des Öfteren funktioniert und er hat etwas bekommen)
- Schränke oder Mülleimer öffnen (um etwas Fressbares zu finden)
- Türen öffnen (er kommt an den Ort, wo er hinmöchte)

Was lernen wir daraus? Es gibt auch Motivationen von außen, die ein Hund vermeiden will. Aus diesem Grund zeigt er das gewünschte Verhalten. Das meiste, was der Hund macht, bringt ihn aber zum Erfolg und er wiederholt sein Verhalten. Da möchte ich einhaken. Hunde lieben es, belohnt zu werden. Das ist sehr gut und man kann ihnen darüber sehr viel beibringen. Belohnungen motivieren und wie wir gerade besprochen haben, fördern sie auch Verhalten, das der Hund sonst so vielleicht nicht zeigen würde. Wir sprechen später noch einmal ausführlicher über Belohnungen. Hier ein Szenario für dich zum Nachdenken: Du bekommst einen neuen Job. In der Probezeit darfst du dich einarbeiten und verdienst 5000 € im Monat, das drei Monate lang, bis

Nicht nur Objektbelohnungen, sondern auch soziale Belohnungen sind wertvoll. Der Mensch tut sich manchmal damit schwer.

du eingearbeitet bist. Dann kommt der Chef zu dir und sagt: »Du wirst in die Firma übernommen und dein Gehalt beträgt ab jetzt 1000 €.« Wie würde es künftig mit deiner Motivation für diese Arbeit aussehen? Oft sehe ich wie Welpen schon mit den besten Leckerlis der Welt für »Lieb-Schauen« belohnt werden. Oder dass Hunde tagtäglich nur das Beste vom Besten in ihren Napf bekommen – dafür, dass sie für 20 Sekunden brav sitzen. Da wundert es mich nicht, dass diese Hunde schnell lernen, bei der Belohnung eine gewisse Qualität zu erwarten oder auch einzufordern, indem sie vielleicht sonst die Mitarbeit verweigern.

**Ein Verhalten aus einer intrinsischen Motivation heraus braucht keine externen Belohnungen. Gute Belohnungen zusätzlich gezielt eingesetzt, fördern die Zuverlässigkeit der Ausführung.**

Was gibt es denn Besseres als zu versuchen, intrinsische und extrinsische Motive miteinander zu koppeln? Wäre es nicht gut, wenn das Verhalten an sich schon Freude bringt und ab und an eine Belohnung am Ende die Motivation stabil hält?

Ein guter Trainingsansatz finde ich!

- ✓ Überleg, welches Verhalten deinem Hund gefällt (intrinsisch)
- ✓ Kenne und nutze die Grundmotive
- ✓ Mache dir Gedanken über Verstärkungen und Belohnungen (extrinsisch)
- ✓ Kopple intrinsische und extrinsische Motive beim Training
- ✓ Verstärke langfristig den intrinsischen Anteil im Training mit deinem Hund

## Motivationshemmung

Der größte Hemmschuh der Motivation ist die Angst. Angst, wie an andere Stelle schon beschrieben, ist noch schlimmer als Furcht. Der Zustand, bei dem der Hund nicht einschätzen kann, was kommt, lässt ihn einfrieren oder sein Heil in der Flucht suchen. Natürlich ist es undenkbar, dass er dann gleichzeitig motivierbar wäre, etwas zu tun, das ihm eigentlich Spaß machen könnte. Bevor ich mit einem Hund, der Angst hat, über Motivation arbeiten kann, muss ich ihm die Angst nehmen und ihm Sicherheit geben. Eine unserer CreaCanis-Trainerin hat sich dieser Herausforderung gestellt und erzählt ihre Geschichte dazu:

### SUSANNE UND PANDORA

**Pandoras Geschichte – oder: Was macht man mit einem wirklichen Angsthund?** Pandora kommt aus Madeira und wurde dort aus einem Feuer gerettet. Ich entschied mich, Pandora einen Pflegeplatz zu bieten. Am 28. August 2016 war es so weit, ich konnte Pandora gegen 23 Uhr am Flughafen in Frankfurt abholen. Zuhause angekommen traute sie sich nicht aus der Box – und später auch nicht wieder hinein. Vertrauen aufbauen – Nähe akzeptieren – draußen spazieren gehen. Das ist normalerweise kein Problem bei Welpen, doch bei Pandora dauerte es viele Wochen. Ihr »Panik-Geschirr« trug sie Tag und Nacht, da ich sie nicht anfassen konnte, um es ihr an- bzw. auszuziehen. Daran befestigt war eine »Hausleine« (ein ca. 3 m langes, dünnes Seil), mit dem ich Pandora in meine Nähe holen konnte, ohne sie anfassen zu müssen. Sobald man in Pandoras Nähe kam, flüchtete sie. Betrat man das Zimmer, in dem sie lag, schoss sie unter dem Tisch durch, über das Sofa, dass Stühle kippten und Kissen flogen. Für mich war damals die wichtigste Übung das Namensspiel. Dabei rief ich ihren Namen und warf ein Futterstück in meine Nähe, immer und immer wieder, bis sie begriff, Pandora ist ihr Name und die Leckerchen kann man ohne Gefahr essen. Irgendwann stand die Futterschüssel auf dem Boden, ich saß daneben und ließ die Futterstückchen neben die Schüssel fallen. Dies übte ich so lange, bis sie meine Hand an der Schüssel akzeptierte. Pandora fasste Vertrauen und nahm das erste Futterstück aus der Hand!

Trotz ihrer Ängstlichkeit suchte sie meine Nähe und so fasste ich immer wieder in ihr Fell, bis sie es akzeptierte, ohne zu flüchten. Täglich akzeptierte sie mehr, bis ich sie anfassen und streicheln konnte.

Nun war es an der Zeit, uns nach »draußen«, auf die Straße, vorzuarbeiten, doch sie traute sich nicht einmal durch die Haustür in den Hof. Nach einer gefühlten Ewigkeit gelang es, mit ihr auf den Hof zu gehen. Da saß sie nun und wollte nicht weiter. Zeit und Geduld sind hier ein Faktor, den man nicht unterschätzen darf. Meine Geduld wurde auf die Probe gestellt. Das »Gassi-Gehen« ist heute noch ein »Thema«, da Pandora Panik vor allem hat, was rollt (Fahrräder, Inliner, Kinderwagen etc.). Um den Hundeplatz positiv kennenzulernen, lief ich mit Pandora zwanglos dort »spazieren« (Ersterfahrung). Sobald ein Trainer oder Hundeführer den Platz betrat, konnte sie sich gar nicht mehr konzentrieren und ließ den »Eindringling« nicht mehr aus den Augen. Also besuchten wir, in Absprache mit den Trainern, täglich die verschiedenen Übungsgruppen, und liefen auf dem Platz »spazieren«. Die Abstände zu den anderen Teams und Trainern verringerten oder vergrößerten wir tagesabhängig. Durch die Arbeit als CreaCanis-Trainerin hatte ich viele Ideen, Pandora auf dem Hundeplatz zur Mitarbeit zu motivieren und mir war klar, Angst verbietet jede Motivation.

Natürlich reagiert Pandora hin und wieder bei Situationen panisch. Hier nehme ich sie in die »Seitstellung«, vermittle ihr Sicherheit und lasse sie aus der Situation erst wieder heraus, wenn sie sich beruhigt hat.

Sie hat sich daran gewöhnt und kommt auch schon selbst auf mich zu. Ich kann sie nach vier Jahren in gewohnter Umgebung frei laufen lassen und abrufen. Und so begleitet mich Pandora zu allen Workshops, Seminaren, Ausbildungen und Kursen, sowohl von CreaCanis, als auch von den Therapiehunden von Canis-Lupus-Therapeuticus. Sie trainiert mit mir Übungen von CreaCanis, Rally Obedience

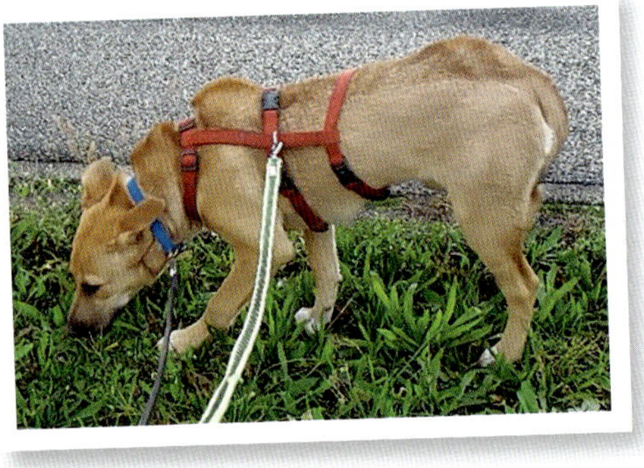

Pandora kurz nach dem Einzug bei Susanne und heute.

und »normale« Unterordnung auf unserem Hundeplatz. Pandora bestand die RO-Beginner »ohne Leine« mit 93 Punkten. Ein Tierschutzhund wurde die ersten Wochen in seinem Leben geprägt – auf was auch immer – genau wie die Welpen von einem Züchter. Man muss sich im Klaren sein, wie viel Zeit und Geduld man in dieses kleine Wesen »ohne behütete Wurfkiste« investieren möchte. Denn die Prägung wird ein Hundeleben lang anhalten. Man kann daran arbeiten und einiges verbessern, aber das Erfahrene nicht löschen.

Der Bericht von Susanne zeigt, wie schwierig es ist, einen Angsthund in irgendeiner Form zu motivieren. Das Geben von Sicherheit ist die erste Voraussetzung dafür. Was die Motivation ebenfalls hemmt ist eine Krankheit oder ein unentdecktes körperliches Gebrechen. Wenn du also das Gefühl hast, dein Hund, der sonst eigentlich fröhlich und motivierbar ist, hat sich verändert, hat nicht mehr so viel Freude am Tun, dann lass ihn gesundheitlich untersuchen! Auch ein übermüdeter, durstiger oder hungriger Hund wird sich nicht richtig motivieren lassen. Also sorge dafür, dass die Grundbedürfnisse deines Hundes befriedigt sind. Wenn, wie ich es schon oft gehört habe, jemand sagt, der (also der Hund) ist stur, will nicht mitarbeiteten, »veräppelt« mich usw., so ist dem entgegenzuhalten, dass das rein menschlich gedacht ist. Ist ein Hund motiviert genug, dann wird er auch gerne mit uns trainieren.

# Energie, Stimmung und Führung

## Energiegeladen mit dem Hund durch dick und dünn

Wie fühlst du dich gerade? Energiegeladen, engagiert, bereit alles im Griff zu haben? Dann wird dich dein Hund mögen und dir vertrauen. Oder bist du niedergeschlagen, negativ, genervt? Meinst du gerade, nichts auf die Reihe zu bekommen? Dann wird dein Hund meinen, dich »betreuen« und führen zu müssen. Die Art und Weise, wie du dich selbst und die Welt um dich herum wahrnimmst, hat einen Einfluss auf deine Beziehung zu deinem Hund. Finde eine positive Einstellung zu deinem Hund, aber auch zu deiner Umwelt! Du solltest lernen, dankbar und positiv zu sein und deine Energie einzuschätzen, zu managen und zu steigern. Achte einmal darauf, welche

Ereignisse mit deinem Hund, dich am meisten negativ beeinflussen. Nimm daraufhin entsprechende Änderungen vor! Ich habe in meinen Seminaren viele verschiedene Menschen mit ihren verschiedenen Hunden. Was mir häufig auffällt ist, dass Menschen gerne von Anfang an perfekt sein wollen mit ihren Hunden, alles richtig machen wollen, keinen Fehler zulassen und sich damit fürchterlich unter Stress setzen. Lass dich nicht zu sehr stressen. Stressbedingte Emotionen verbrauchen große Mengen an Energie. Ich möchte, dass du ein bisschen Verständnis für dich und deinen Hund aufbringst und lockerer wirst. Wenn es heute nicht klappt, ist morgen auch noch ein Tag. Das ist keine Ermutigung zu einer gewissen Inkonsequenz – ganz im Gegenteil! Wenn du etwas machst, dann mach es richtig. Wenn aber deine Energie gerade nicht reicht, dann lass beim Üben & Co. mit deinem Hund auch mal »alle Fünfe gerad« sein!

Mich erschreckt es, was Hunde-Menschen täglich auf ihrer To-do-Liste stehen haben. Das geht schon los mit dem Welpen. Bis zur 16ten Wochen soll er alles Mögliche kennenlernen, damit er ja richtig sozialisiert ist. So läufst du vielleicht noch nach einem anstrengenden Tag total erschöpft mit dem Welpen auf den Bahnhof, anstatt einfach mit ihm im Garten zu chillen und zu schmusen. Geh doch mit ihm auf den Bahnhof, wenn du dich gut fühlst, ausgeschlafen bist und wirklich Lust und Zeit dafür hast. Und wenn nicht, geht die Welt auch nicht gleich unter. Ich erlebe immer wieder Diskussionen auf Social Media darüber, wie oft und wie lange Hundeleute mit ihrem Hund spazieren gehen. Da wird von zwei mal zwei bis drei Stunden am Tag gesprochen. Viele setzen sich dadurch unter Stress. Ständig muss der Hund andere Hunde zum Spielen haben und er soll sich als Junghund natürlich auch schon perfekt benehmen. Wenn ich aber zu diesem Zeitpunkt schon erschöpft bin, ausgelaugt, wie soll ich da dem Hund die richtige Sicherheit und Führung vermitteln?

Mal alle viere gerade sein zu lassen gehört unbedingt zum Hundealltag dazu!

### Ganz einfach: Qualität vor Quantität!

Sofern der Hund in das Familienleben integriert ist, muss er nicht ständig und stundenlang herumspazieren oder bespaßt werden. Versuch dir Folgendes zu merken: Wenn du etwas mit deinem Hund unternimmst, dann freu dich darauf, sei konzentriert, sei locker und genieße es bewusst. Weniger ist manchmal mehr. Hunde sind Weltmeister im Anpassen, selbstverständlich sollen sie ihre Bewegung bekommen, ihre Sozialkontakte, ihr Training. Plane das in eurer Leben mit ein, aber lass dich dadurch nicht unter Druck setzen.

Noch ein Wort zu Perfektionismus und Lockerheit: Perfektionismus ist ein manchmal schon übertriebenes Streben nach höchst möglicher Perfektion und Fehlervermeidung. Ist das überhaupt möglich in einem Team von zwei Individuen (Mensch und Hund)? Lockerheit beschreibt eine Ausstrahlung von Menschen, die körperlich und psychisch entspannt wirken und einen ungezwungenen Eindruck hinterlassen. Sie wirken auch gelassen und tolerant. Ist das nicht wünschenswert im Zusammenleben mit dem Hund?

**Finde für dich die richtige Balance zwischen Perfektion und Lockerheit!**

Mir geht es vor allem um das Zusammenleben mit deinem Hund, nicht um eine spezifische Ausbildung oder ein Training. Wir haben das bereits besprochen: Ein entspannter Alltag ist die Grundbedingung für ein gutes Training. Ich habe im Moment »gut reden«, befindet sich unsere Hündin Mica mit ihren gut 10 Monaten gerade in einem pubertären Ausnahmezustand. Mal besser, mal schlechter, je nach Tagesverfassung, muss ich sie manchmal durchaus anfunken: »Erde an Mica, bitte kommen.« Genau in diesem Alter gehen verschiedene Probleme los, weil wir alles zu eng sehen und meinen, nur weil mein Hund jetzt mal einen Vogel gejagt hat, muss ich ein umfangreiches Trainings- und Ausbildungsprogramm starten, damit das nicht mehr passiert. Damit machen wir es aber erst besonders wichtig für den Hund. Mica ist eine sehr temperamentvolle und fröhliche Hovawarthündin und leicht zu motivieren, was dazu führt, dass die Umwelt sie auch leicht motivieren kann. Eigentlich ist sie gut zu führen und wenn ich genug Abwechslung in unsere Unternehmungen bringe und nicht langweilig mit ihr vor mich hin spaziere, dann bleiben wir mental in Verbindung. Sie darf dann dort freilaufen, wo es für sie ungefährlich ist und wenn ich gut drauf bin. Wir spielen zusammen, gehen wieder ein Stück und machen den einen oder anderen Blödsinn. Trotzdem passiert es, wenn ich in meinen Gedanken versunken bin, dass sie auch mal im wahrsten Sinne des Wortes »abzwitschert« und eine Krähe jagt. Und jetzt kommt es, mein lieber Hundehalter: Es stresst mich nicht. Ich denke nun nicht über ein ausgeklügeltes Antijagdtraining nach, sondern ich

Um Fehlverhalten nicht aufkommen zu lassen, hilft es gerade in der Pubertät, den Hund auch an der Schleppleine zu führen.

denke mir »Engel, hast mal wieder gepennt«, und hänge sie einfach eine Weile an die Leine. Ich schimpfe weder, noch rege ich mich auf, komme nicht in Stress oder werde sauer, weil das Motto für mich lautet:

**Keine oder möglichst wenig Energie in Fehlverhalten bringen!**

Konzentriere dich lieber darauf, die Situation bis auf Weiteres anders zu managen. Geh zum Beispiel in andere Gebiete mit weniger Vögeln, lass den Hund einige Zeit vermehrt an der Leine, spiel mehr mit ihm beim Spazierengehen und schlendere nicht einfach vor dich hin.

Lieber Leser, der Hund macht auch ab und zu Blödsinn, das ist deshalb noch keine Palastrevolution und Grund dafür, gleich in ein extremes Ausbildungsprogramm zu gehen. Sorge nur dafür, dass die Situation verändert wird, bleibe locker und fröhlich!

## Stimmungsübertragung

Kommen wir gleich zu einem anderen Beispiel, dem Klassiker im Fehlverhalten von Hunden.

## JAKAR

Jakar, ein Rhodesian Ridgeback, ist gerade 12 Monate alt. Seit ca. 2 Monaten hebt er das Bein, findet Schnüffelstellen von Hündinnen super-interessant. Er markiert und kratzt, dass die Erdbatzen nur so fliegen. Also alles normal, so wie es sein soll in diesem Alter, möchte man meinen. Jakar war bis jetzt immer freundlich zu anderen Hunden und durfte deshalb viel spielen und herumtollen. In den letzten Wochen hat sich das ein bisschen verändert und er tritt unkastrierten Rüden sehr angespannt entgegen; bei Hündinnen ist er extrem aufdringlich. Aus diesen Situationen kann er im Moment nicht abgerufen werden. Seine Besitzer haben sich entschlossen, ihn bei Hundebegegnungen vermehrt an der Leine zu führen. Jakar wird an der Leine beim Anblick eines anderen Hundes nervös und aufgeregt und versucht hinzuspringen. Seine Menschen müssen einiges an Kraft aufwenden, um ihn festhalten zu können.

Seit ein paar Tagen pöbelt er die anderen Hunde an, vor allem auf Rüden ist er gar nicht mehr gut zu sprechen. Die Besitzer sind erschrocken und wirken hilflos. Schon der Anblick eines entgegenkommenden Hundes lässt sie in Aufregung und Stress verfallen. Sie rüsten sich, indem sie den Hund kurz nehmen und die Leine mehrfach um das Handgelenk wickeln. Sie spannen ihren Körper an und sehen der Gefahr, die da in Form eines anderen angeleinten harmlosen Hundes daherkommt, voll ins Auge. Die Situation wird immer schlimmer, jetzt sind es nicht nur unkastrierte Rüden, sondern alle Hunde, die Jakar anpöbelt. Die Besitzer sind wie auf dem Spießrutenlauf, sind verzweifelt und suchen Hilfe. Jakar ist, wenn er aufgeregt ist, nicht in der Lage, auf Ablenkungen durch Spiel oder auf Leckerli zu reagieren, auch wenn man mit ihm versucht zu schimpfen, reagiert er nicht. Die Besitzer sind inzwischen schon vor dem Spaziergang aufgeregt und unsicher. Jakar darf fast nicht mehr frei laufen, weil er doch jetzt so böse reagiert und sie Angst haben, dass er Schaden anrichten könnte – ein Teufelskreis!

Ich denke, viele kennen diese unangenehme Situation, und können nachempfinden, was in den Besitzern vor sich geht. Sie sind unsicher, angespannt und aufgeregt und übertragen diese Stimmung zu 100 % auf ihren Hund. Der kann fast nicht anders, vor allem in diesem Alter, als ihre Stimmung zu übernehmen. Dadurch verfestigt und verschlimmert sich sein Fehlverhalten. Eines wird auch hier wieder klar: Wir können dem Hund nichts vorspielen! Wenn wir an der Situation etwas ändern wollen, müssen wir als erstes etwas an unserer Stimmung ändern! Wir können unsere Stimmung nur verbessern, wenn wir uns sicher fühlen. Das erklärt auch, warum einige Hunde sich bei der Anwesenheit eines Hundetrainers in solchen Situationen anders verhalten. Der Hundetrainer hat eine gute Stimmung und vermittelt Sicherheit, der Mensch fühlt sich besser und kommt ebenfalls in eine bessere Stimmung. Der Hund merkt das und übernimmt es. Natürlich würdest du jetzt gerne hier und sofort die drei Tipps zum Erfolg haben wollen – da muss ich dich leider enttäuschen, unser Ansatz geht tiefer. Wir betrachten bei diesem »Problem« erst einmal das Team Mensch-Hund. Es hilft nichts, wenn ich mein Kind an einen starken Klettergurt hänge, damit es nicht abstürzen kann, ihm aber nie das Klettern beibringe. Du musst dir deiner Stimmung und der Wirkung auf deinen Hund bewusst werden. Bist du vielleicht hier

und da im Alltag aufgeregt und dein Hund wuselt auch noch die ganze Zeit um dich herum?
Versuche, deine Stimmung in verschiedenen Situationen so anzupassen, wie du möchtest, dass dein Hund gestimmt ist. Versuche deine Stimmung über deine Körpersprache und deine Energie auszudrücken. Es geht nicht nur darum, immer relaxt zu wirken. Wenn ich mit meinem Hund spielen möchte, dann muss ich zuallererst auch in Spielstimmung sein, also energiegeladen und aktiv! Ich mache zum Beispiel mit meinem Hund Schutzhundesport, da gehe ich anders mit ihm ins Training, als wenn ich mit ihm Nasenarbeit mache – du verstehst, was ich meine? Manche Menschen schaffen es nicht einmal in Schmusestimmung zu sein, wenn sie ihren Hund streicheln und liebkosen wollen. Die Stimmungsübertragung funktioniert in beide Richtungen. Ich kann mich auch auf die Gestimmtheit meines Hundes einlassen und diese annehmen. Ich komme in Spielstimmung, fahre mich herunter und schmuse mit ihm oder wir albern herum. Kinder und Hunde sind diesbezüglich unsere Lehrmeister. Ich glaube, ich muss jetzt nicht eigens erwähnen, dass Stimmungsübertragung auch unter Hunden sehr gut funktioniert. Ein souveräner Althund ist immer eine Bereicherung für einen Welpen, der dazukommt.

## Autorität und Führung

Das Wort »Autorität« hat leider nicht den besten Ruf. In meinen Augen übrigens völlig zu Unrecht. Befragt man Wikipedia, klingt die Definition überhaupt nicht negativ:

*»Autorität ist im weitesten Sinne das Ansehen, das einer Institution oder Person zugeschrieben wird und bewirken kann, dass sich andere Menschen in ihrem Denken und Handeln nach ihr richten. Sie entsteht in gesellschaftlichen Prozessen oder durch vorausgehende Erfahrungen von Charisma.«*

*Wikipedia*

Wünsche ich mir einen ausgeglichenen und entspannten Hund im Alltag, dann muss ich selber ausgeglichen und entspannt sein.

Übertrage ich das nun auf meinen Hund, dann würde er sich nach mir richten und so handeln, wie ich es wünsche. Zum einen, weil ich eine gute Ausstrahlung auf ihn habe, und zum anderen, weil er die Erfahrung gemacht hat, dass das gut für ihn ist. Ich finde, das passt doch perfekt, oder?

Was sich allerdings bei diesem »Brainstorming« herausstellt ist, dass der Hund die Erfahrung gemacht haben muss, dass er sich auf mich verlassen kann. Dazu benötige ich die Konsequenz, Entscheidungen zu treffen und diese auch umzusetzen. Der Hund wiederum benötigt das Vertrauen, dass alles in Ordnung ist, ihm nichts passiert und er sich auf mich verlassen kann.

**Ich brauche daher die erforderlichen Führungsqualitäten und der Hund Planungssicherheit!**

## ZORBA

**Warum ein Hund Führung braucht – die Geschichte von Martina und Zorba.** Im Jahr 2013 ging er in Erfüllung – mein langersehnter Hundewunsch! Ich hatte keinerlei Hundeerfahrung, doch ein Hovawart sollte es sein. Die Rassebeschreibung dieser selbstsicheren, intelligenten und wunderbaren Hunde hatte mich fasziniert – und hübsch anzusehen sind sie obendrein. So zog also die kleine Hovidame Zorba bei uns ein. Von Stund an war sie die Herrin im Haus. Anstatt ihr ihren Platz zu zeigen, der von Anfang an in einer ruhigen Ecke und vorzugsweise in einer Box hätte sein sollen, beanspruchte sie alsbald sämtliche 220 $m^2$ unseres Hauses. Ohne Tabuzonen natürlich, und vor allem immer mit viel zu wenig Schlaf. Hielt ich sie im Arm, gab ich ihrem rasch einsetzenden Gezappel ohne Verzug nach. Hatte sie ein Spielzeug oder einen Knochen, ließ ich mich von ihrem bösen Knurren sofort abhalten, auch nur einen Finger danach auszustrecken. Dass sie draußen Richtung, Geschwindigkeit und Ton angab, versteht sich ohnehin von selbst, von Hundekontakten erst gar nicht zu reden.

Kurz, mit sieben Monaten hatte ich einen veritablen Tyrannen an der Leine, ohne Beiß- und sonstige Hemmungen. Muss ich noch erwähnen, dass ich ihr völlig egal war? Ich taugte höchstens als Dosen- und Türöffner. In der einsetzenden Verzweiflung erwog ich sogar, meinen Schritt rückgängig zu machen und die junge Zorba der Züchterin mit Sack und Pack vor die Tür zu stellen. Stattdessen schlug ich einen neuen Weg ein. Spät, beinahe zu spät, begannen wir mit Bindungs- und Erziehungsarbeit. Ich lernte, die Führungsrolle einzufordern und Zorba, das zuzulassen und mir zu vertrauen. In kleinsten Schritten ordnete sich die Hundedame ein und wurde in dem Maß entspannter, in dem sie sich auf mich verließ. Es war ein dorniger Weg mit vielen Rückschlägen und Rückfällen in alte Verhaltensmuster, mit Pöbeleien, Verweigerungen und Abschnappen. In Zeiten, in denen ich glaubte, es bereits geschafft zu haben. Heute, nach sieben Jahren, sind wir ein Team und sie ist mein Herzens- und Seelenhund. Viele Jahre habe ich durch mein anfänglich mangelndes Verständnis für die Hundeseele und mein nicht vorhandenes Führungsverhalten für uns beide unnötig schwer gemacht. Heute weiß ich: Hunde brauchen liebevolle und konsequente Führung zum Glücklichsein!

Diese Geschichte beschreibt genau, was ich meine, nämlich was passieren kann, wenn man nicht in der Lage ist, sich bei seinem Hund Autorität zu verschaffen. Hunde sind keine Demokraten, denen ich erklären kann, wie das Zusammenleben funktioniert und sie bitten, es doch so zu versuchen. Hunde machen das, was für sie Erfolg bringt. Sie haben dafür auch geeignete Mittel und Wege parat, um uns auf der einen Seite gnadenlos um den Finger zu wickeln und sich auf der anderen Seite dermaßen empört aufzuführen, dass ihren Menschen unvermittelt das schlechte Gewissen plagt. Hunde sind aber auch keine reinen Konditionierungswesen, die ich ausschließlich über positive Verstärkung zu meinen Zielen bringen kann. Hunde sind hoch soziale Lebewesen, die sich Führung und Regeln wünschen, damit sie sich im Rahmen der ihnen gesetzten Grenzen unbefangen und frei bewegen können.

Wir brauchen die Autorität, denn ohne Autorität keine Motivation. Wenn mein Hund mich beim

Beutespiel immer lustig und so ganz nebenbei derart in die Finger beißt, dass ich blute, dann macht er das nicht aus Versehen, sondern er hat einfach keinen Respekt vor mir und erkennt meine Autorität nicht an. Macht es dann noch Spaß, zusammen mit ihm und der Beute zu spielen? Du verstehst mich? Wir müssen über das Thema sprechen und wir brauchen auch Lösungen und Trainingsansätze für dich und andere, um die Autorität des Menschen stärken und absichern zu können.

## Wer vorne steht, oder geht der führt?

Es gibt Ausbildungskonzepte, die darauf bauen, dass der Hund sich möglichst niemals vor dem Hundhalter befinden sollte. Der Mensch geht überall voran und der Hund hinterher, weil ja angeblich der Chef vorne geht und das Sagen hat. Grundsätzlich ist es natürlich so: Derjenige, der vorne geht, ist der, der zuerst auf neue Situationen trifft oder eben auch die Aufgabe hat, voraus zu gehen. Aber ist das immer der »Chef im Ring«? Es gibt Studien an Wolfsrudeln in freier Wildbahn, dass nicht immer die Leittiere vorne laufen und das Rudel somit anführen, sondern auch einmal andere oder sogar die Jungtiere. Also: Natürlich darf dein Hund auch vor dir laufen, auch vor dir durch die Türe gehen. In manchen Ausbildungsrichtungen wie Mantrailing, Fährtenarbeit oder Rettungshundewesen ist das sogar erwünscht. Für mich stellt sich nur die Frage, ob der Hund es problemlos akzeptiert, wenn ich ihn in die zweite Reihe schicke, und ob er auch da bleibt, wenn eine Situation brenzlig wird. Versuche in Situationen, in denen es sinnvoll ist, wenn du vorne läufst, um den Überblick zu behalten, das auch zu tun. Lass den Hund nur hinter dir oder maximal an der Seite mit der Schnauze auf Höhe deines Knies gehen.

Ich nenne das gerne »Rudelgehen« und übe es täglich über eine kleine Strecke. Es ist sehr

Unsere Hunde fühlen sich in der zweiten Reihe und bei guter Führung durch den Menschen erheblich wohler.

spannend, wie sich dabei die Energie der Hunde verändert. Laufen die Hunde frei vor mir, dann mit fröhlich geschwungener und erhobener Rute und sehr präsenter Körpersprache. Laufen sie neben oder gar hinter mir, dann ist die Körpersprache eher »weich« und die Rute in einem völlig entspannten Zustand, als ob sie anerkennen, dass ich jetzt das Sagen habe.

Bei Begegnungen ist es beispielsweise immens wichtig, wo deine Position ist und wo der Hund sich befindet. Ich bin immer zwischen dem, was entgegenkommt (Mensch, Hund, Pferd o.ä.) und meinem Hund. Wenn wir am Wegesrand die Begegnung abwarten, dann stehe ich so, dass ich zwischen dem

Dein Hund sollte problemlos hinter dir laufen können und es auch akzeptieren. Damit hast du den Überblick.

Hund und dem uns begegnenden Individuum zu stehen komme – also vor dem Hund. Er ist in der »zweiten Reihe«.

## Regeln setzen/Regeln akzeptieren

Eine Regel ist eine verbindliche Forderung in einer bestimmten Situation. Ganz ohne Regeln funktioniert das Zusammenleben nicht, auch nicht mit dem Hund. Ich denke, das ist uns allen klar. Nicht einmal ein Spiel funktioniert ohne Regeln! Stell dir nur ein Fußballspiel vor, in dem alle 11 in der Mannschaft völlig ohne Rücksicht versuchen, den Ball zu bekommen und ins Tor zu schießen – das Chaos wäre vorprogrammiert. Ich sehe das Zusammenleben mit meinem Hund wie ein gut geregeltes Spiel, an dem wir beide Freude haben. Eigentlich ist es wie ein Tanz, in dem es Regeln als Tanzschritte gibt, und jemanden, der führt, damit dieser Tanz harmonisch und leicht wird. Hinter jeder guten Choreografie steckt eine Menge Arbeit und Training. Am Ende aber genießt man im Tanz die Leichtigkeit des Seins – ich wünsche dir, dass du mit deinem Hund diesen Zustand erleben darfst. Aber zurück zu den Regeln. Hast du dich schon gefragt, welche Regeln du im Zusammenleben mit deinem Hund aufgestellt hast?

Was ist eine verbindliche Forderung – also eine Regel – bei uns zu Hause?

**Im Haus:**

- klau mir nicht das Essen aus der Hand
- komm, wenn ich es sage
- spring nicht mit den Vorderpfoten auf das Kindergitter
- nimm dein Futter erst nach Freigabe
- bleib da, wenn ich es sage

**Draußen:**

- bleib da, wenn ich es sage
- leg dich hin auf Hörzeichen und warte auf Freigabe
- komm, wenn ich rufe
- lauf zu keinen anderen Hunden, Tieren oder Menschen
- spiel mit mir, ohne mich zu verletzen

Das war es im Hause Engel eigentlich schon, wenn ich recht überlege. Und ganz ehrlich, ich hab mehr als genug zu tun, damit diese Regeln auch eingehalten werden. Wie sieht es denn bei dir aus? Denk doch einmal nach und schreib deine Regeln auf. Wenn ich mich mit Hundebesitzern über diese Frage unterhalte, bin ich jedes Mal bass erstaunt darüber, was der Hund alles an Regeln akzeptieren soll. Allerdings wird oft nicht bedacht, wie man dafür sorgt, dass sie auch eingehalten werden. Alles soll perfekt sein. Das klappt aber nicht, weil wir gar nicht die Kraft und Energie haben, uns beim Hund immer und vor allem präsent um die Regeltreue zu kümmern. Deswegen: Atme durch und definiere für dich die wirklich wichtigsten Dinge. Alles andere ist eine Management-Thematik. Wenn ich nicht will, dass mein Hund den Besuch anspringt, dann ist er an der Türe nicht dabei. Es ist natürlich anders, wenn genau diese Thematik in deinen wichtigsten Regeln vorkommt.

**Ein Regelwerk ist nur gut, wenn es nicht zu schwierig ist, verstanden wird und den Spaß am gemeinsamen Zusammenleben nicht trübt oder behindert.**

Wenn der Hund weiß, welche wenigen, aber wichtigen Regeln bestehen, diese akzeptiert und nicht in Frage stellt, dann hat er ein wunderbares Leben mit uns!

**Regeln und Freiräume brauchen ein ausbalanciertes Verhältnis!**

An dieser Stelle kommen wir zum entscheidenden Punkt: die Regelakzeptanz! Was nutzen alle Bestimmungen und Regeln, die du im Leben mit deinem Hund aufstellst, wenn es dem Hund egal ist und er deine Regeln nicht akzeptiert? Ob der Hund deine Regeln anerkennt, hat etwas mit dem Gesamtkonzept Hund-Mensch zu tun. Über dieses Gesamtkonzept haben wir auf den vielen Seiten, die du bis jetzt gelesen hast, besprochen und verschiedenes beleuchtet. Ich hoffe, es ist jetzt vieles für dich verständlicher geworden. Eines ist klar, wenn wir über Motivation reden und unseren Hund positiv und motiviert trainieren und ausbilden wollen:

**Ohne klare Struktur und Regelakzeptanz keine Motivation!**

Es bringt überhaupt nichts, wenn ich mit meinem hyperaktiven Aussie, um mit ihm besser zurechtzukommen und ihn auszulasten, ein Agility-Training beginne. Oder der Schäferhund, der draußen fast durchdreht, wenn sich etwas bewegt, dann extra Schutzdienst machen darf, um sich auszutoben. Wer meine Biografie kennt weiß, dass ich meine Hunde im Schutzhundesport ausbilde. Ein Training im hoch emotionalen Motivationsbereich. Ich arbeite und trainiere auch mit anderen

Werde ein Team mit deinem Hund!

Teams, und das erste, was die Hunde alle lernen müssen, damit wir überhaupt in den wirklichen Beutekampf einsteigen, ist Impulskontrolle! Die Hunde, die für den Sport geeignet sind, haben im Normalfall viel Energie, sind leicht zu motivieren und haben einen ausgeprägten Spiel- und Beutetrieb. Wir arbeiten erst an unseren Balancen im Team. Eine davon ist eine gute Balance zwischen Autorität und Motivation. Werde mit deinem Hund ein super Team und genieße mit ihm das unglaublich spannende Zusammenleben!

Die Theorie haben wir somit ausführlich besprochen, jetzt geht es an die praktische Umsetzung!

# TEIL 2

## CreaCanis Roots – Programm

# PRAXIS-
# ANSÄTZE

# Marker, Verstärkung, Kooperation

## Allgemeines zur Praxis

Herzlichen Glückwunsch, lieber Leser, du hast dich zusammen mit mir durch die Theorie gekämpft. Nun geht es in die Praxis des Basisprogramms CreaCanis Roots. Denke daran, selbst das beste Buch und die ausführlichste Beschreibung können keinen gut ausgebildeten und qualifizierten Hundetrainer ersetzen, der direkt auf dich und deinen Hund schaut! Wenn das CreaCanis Roots-Programm für dich neu ist, so probiere dich aus mit deinem Hund. Sei mit Spaß und Freude und nicht mit falschem Ehrgeiz dabei! Denk daran, dass es hier um die Idee geht, wie du und dein Hund zu einem tollen Team werden könnt und so gemeinsam die Basis für all das schafft, was du mit ihm erreichen möchtest.

Wenn du starten möchtest, muss dein Hund nicht jung sein, du musst dir auch keinen neuen Hund kaufen oder auf den nächsten Welpen warten. Lege einfach jetzt los mit deinem Hund, egal welches Alter er hat. Die glücklichen Augen eines älteren Hundes, der diesen neuen Umgang mit dir erleben darf, werden dein Herz berühren! Und wenn ich von Basis spreche, dann meine ich das auch so. Für einen guten harmonischen Tanz müssen alle Tanzschritte einzeln gelernt werden. Für ein wundervolles Musikstück werden die einzelnen Passagen geübt und dann erst zusammengesetzt. Siehe das Zusammenleben mit deinem Hund als Tanz, der dich durch deinen Alltag und auch hundesportliche Aufgaben trägt. Du bist derjenige, der führt, und je besser dir das gelingt, umso besser wird dein Hund mit dir harmonieren. Vielleicht bekommst du nun Lust auf eine Veranstaltung bei CreaCanis. Mit den Vorkenntnissen aus diesem Buch wird es dir um einiges leichter fallen, dich unter Aufsicht eines Trainers mit deinem Hund weiter zu verbessern. Wenn du schon eine Veranstaltung bei CreaCanis besucht hast, dann hast du durch die Praxisanleitungen in diesem Buch eine wunderbare Möglichkeit, die Übungen nochmals erklärt zu bekommen und zu vertiefen.

## Unsere Idee praktisch umgesetzt

Wir sprechen im Basisprogramm von einer Idee, einer Lebenseinstellung zum Hund und nicht von einer Methode. So haben wir keine zehn Schritte zum garantierten Erfolg, sondern eine methodische Vielfalt. Betrachte es wie ein Puzzlespiel, jedes einzelne Teilchen ist wichtig, aber das gesamte Bild kann man erst erkennen, sobald die Teile zusammengesetzt werden. Ich gebe dir die Puzzle-Teile in Form von Informationen und Übungen, du musst den richtigen Platz in deinem Leben dafür finden und die Teile zusammenfügen!

### Trainingsgrundlagen

Ein paar Trainingsbedingungen, die bei jeder Übung gelten, stelle ich an den Anfang:

- Du kannst überall trainieren, wo die Bedingungen stimmten und du in einer guten Trainingsstimmung bist
- Achte darauf, dass gerade zu Beginn die Ablenkungen noch nicht so groß sind und steigere diese langsam
- Denk daran, dass du eine linke und eine rechte Seite hast und dein Hund auch: bitte trainiere immer so, dass beide Seiten gleichwertig gearbeitet werden und du z.B. auch immer mit beiden Händen (mal links, mal rechts) belohnst
- Gib klare Signale, auch zu Beginn des Trainings, und ebenso, wenn das Training beendet ist und der Hund wieder in seine Welt darf
- Ein Training benötigt Ideen und Kreativität, hab immer Zweit- und Drittwege parat (anderer Trainingsaufbau, andere Belohnungen)
- Sieh das Training nicht als notwendiges Übel, sondern als Quality-Time und baue es in deinen Alltag ein
- Reagiere spontan auf Aktionen deines Hunde und mache ein lustiges kleines Training daraus
- Trainiere kurz und knackig mit voller Konzentration: 3–7 Minuten reichen am Anfang

### Belohnungen

Dem Thema Belohnungen ist später ein ganzes Kapitel gewidmet. Zur Vorbereitung kannst du dir aber bereits Gedanken machen, welches Futter dein Hund beispielsweise besonders mag. Mach dir eine Liste zu den möglichen Futter- und Belohnungsleckerli, nachfolgend die Untergruppen:

- Trockenfutter als Belohnung
- weiche kleine Leckerli, gut zu schlucken
- größere Leckerli als Verstärkung für besondere Leistungen
- lange Leckerli-Stangen, die sich für ein Jagdspiel eignen
- Jackpot-Leckerli für ganz besondere Anlässe

Denk über Beuteobjekte nach, die dein Hund spannend finden könnte, wie z.B. längere Objekte, die sich für eine gemeinsame Jagd eignen. Diese Objekte besprechen wir ausführlich, wenn wir zu den Beutespielen kommen.

## Marker-Signale

### Marker als Information und Zeitbrücke

Ein wichtiger **Baustein in unserem Basisprogramm** ist das Etablieren eines oder mehrerer Marker-Signale.

**Ein Marker ist ein akustisches oder auch optisches Signal, das dem Hund vermittelt: »Das, was du da gerade machst, gefällt mir und du kannst eine Belohnung erwarten.«**

Ich bin überzeugt, du kennst ein klassisches Marker-Signal. Der Klicker (ein »Knackfrosch«, der immer das gleiche Knacksignal macht) wird in der modernen Hundeausbildung sehr häufig verwendet, und das ist auch gut so.

**Idee und Erklärung der Markerverknüpfung:** Erinnerst du dich an die klassische Konditionierung in Kapitel 5 über das Lernen? Da habe ich erklärt, wie ein unbekanntes Signal mit etwas Bekanntem verknüpft werden kann. Genau das nutzen wir, wenn wir den Marker verwenden. Der Marker wird mit einer Belohnung und einer positiven Emotion verknüpft. Wenn der Hund das Signal hört oder auch sieht, soll und darf er die Belohnung erwarten. Somit ist der erste Schritt, auf den wir in der Praxis eingehen werden, das Herstellen dieser Verknüpfung.

**Wie wird der Marker verwendet, wenn er verknüpft ist?** Der Marker kommt in dem Moment, in dem der Hund ein Verhalten zeigt, das mir gefällt (z.B. mich anschauen). Erst danach bekommt der Hund die Belohnung. Die Belohnung ist vorher weder präsent für den Hund, noch wird sie als Lockmittel verwendet. Ich gebe dem Hund damit eine Information und schaffe eine Zeitbrücke bis zur Belohnung, die ich vielleicht erst nach dem Marker aus der Tasche hole. Versuch es so zu sehen: Du arbeitest in einer guten Firma an einem ganz wichtigen Projekt. Du schließt es sehr gut ab und dein Chef lobt dich. Er fügt hinzu, dass du am Ende des Monats einen Sonderbonus in Form einer Prämie bekommst. Die Aussage »Sonderbonus« und Prämie« (Markerwort) ist bei dir dahingehend konditioniert, dass es zusätzliches Geld gibt. Auch wenn du darauf noch einige Tage warten musst (Zeitbrücke), du freust dich darauf und bleibst in positiver Erwartungshaltung.

**Welche Marker-Signale verwenden und empfehlen wir in unserem Basisprogramm?** Wir verwenden den verbalen Marker in Form eines Markerwortes am liebsten. Das hat mehrere Vorteile:

- → Ich habe das Markerwort immer dabei
- → Ich habe immer beide Hände frei für Belohnungen und Spiel
- → Ich kann das Markerwort akustisch variieren

Ja, du hast gerade richtig gelesen, wir sehen ein Marker-Signal, das ausschließlich und immer gleich klingt, nicht nur als Vorteil. Mit einem sozialen Lebewesen wie dem Hund, mit dem ich Haus, Zimmer und vielleicht auch das Bett teile, arbeite ich nicht wie mit einem Huhn, dem ich beibringen möchte, für eine Belohnung eine Handlung auszuführen. Ich muss und will meinem Hund mitteilen und das schon mit dem Marker, dass er etwas prima macht, dass er etwas richtig prima macht und dass er etwas gerade obermegaprima gemacht hat!

**Was bietet sich da besser an, als das Markerwort in verschiedenen Abstufungen zu verwenden?**

Wenn also mein Markerwort das »Ja« ist:

- ✓ »Ja« für: Gut gemacht – Belohnung
- ✓ »Jaaa« für: Das war richtig gut – Belohnung vielleicht plötzlich etwas besser
- ✓ »Jaaaaa« (höhere Lautstärke) für: Das war oberklasse – Belohnung ist ein tolles Spiel

Drücke mit dem Marker auch gleich deine Begeisterung und Emotion aus! Jetzt benötigst du nur noch dein persönliches Markerwort. Das sollte wenn möglich motivierend klingen und kurz sein: »Ja«, »Yes«, »Jipp«, »Japp« »Supi« oder Ähnliches.

### Das Markerspiel

Ich komme zur ersten Aufgabe für dich. Du hast verstanden, weswegen wir von CreaCanis mit einem Markerwort arbeiten? Du hast dir ein entsprechendes Wort ausgesucht? Gut! Ich möchte jetzt, dass du und dein Hund wirklich Spaß daran habt, dieses Wort mit positiven Emotionen und mit einer Belohnung (optimal wäre da Futter) in Verbindung zu bringen (es also zu konditionieren). Wir haben in unserem Roots-Programm ein kleines Spiel für dich mit deinem Hund: das Markerspiel. Dieses Spiel kann überall kurz gespielt werden und verbreitet gute Laune und Fröhlichkeit.

Den Marker richtig und gezielt einzusetzen muss erlernt werden. Viele Menschen versuchen mit den Händen zu locken, um die Aufmerksamkeit zu bekommen. Das muss nicht sein! Einfach warten, bis der Hund das gewünschte Verhalten zeigt, dann erst der Marker und danach die Belohnung.

**Ziel:** Das Markerwort konditionieren und mit einer positiven Emotion verbinden.
**Was wird benötigt?** Ein angenehmer Ort, am Anfang eher ungestört (mit wenig Ablenkungen). Viele kleine Leckerli, die schnell zu schlucken sind.
**Aufgabe des Hundes:** KEINE! Ja, du hast richtig gehört: Ich verlange als Mensch nichts von meinem Hund!

Du bist in lockerer Stimmung, hast dir vielleicht die Leine des Hundes um den Bauch gebunden, damit beide Hände frei sind, und hast in beiden Händen mehrere Stücke Futter. Bleibe mit einer inneren Spielstimmung stehen. Dein Hund ist nicht total am Schnüffeln oder im Außenfokus, sondern eher auch locker und fröhlich (er muss nicht voll aufmerksam sein). Du beginnst mit dem Markerspiel, indem du das Markerwort sagst und dann den Hund sofort mit einem Stück Futter belohnst. Gleich nach der Belohnung sagst du wieder das Markerwort, es gibt die nächste Belohnung. Ganz schnell hintereinander gibt es Erfolg und ihr beide (du und der Hund) werdet immer lustiger und hüpft dabei herum. Die Belohnung rennt auch manchmal nach dem Marker ein bisschen weg vom Hund. Hilf deinem Hund, indem du nach dem Marker auf die Hand schaust, aus der die Belohnung kommt. Du erinnerst dich? Der Trick mit dem Blick! Erwarte nichts (kein Blickkontakt oder Ähnliches) und wenn es am lustigsten ist, rennt ihr vielleicht noch um die Wette, oder du machst etwas besonders Tolles mit deinem Hund. Dann erklärst du ihm einfach verbal, was ihr gerade für einen Spaß hattet. Gib dein »Spielende«-Signal (z.B. »Fertig« oder »Ende«) und geh wieder zur Tagesordnung über. Auf geht's, hier ist ein tolles Übungsvideo dazu:

VIDEO

Markerspiel

## Belohnen und Verstärken

### Belohnungsformen

Es wird viel über die Belohnung gesprochen und das ist auch richtig so. Der Mensch liebt das Training über Belohnung und der Hund auch! Du hast herausgefunden, welche Futterbelohnungen dein Hund gerne mag? Sehr gut. Ich werde dir erklären, warum es nicht nur darum geht, was es zur Belohnung gibt, sondern auch darum, wie der Mensch den Hund belohnt.

Belohnungen haben immer etwas mit Emotionen zu tun. Ich habe dir schon im Theorieteil einiges über das emotionale Lernen erzählt. Der Hund ist ein Beutegreifer. Er liebt es, einer Futterbelohnung nachzulaufen und das Futter zu fangen. Schon alleine diese kleine Jagd setzt Glückshormone frei, da ist manchmal das eigentliche Futter als Belohnung nur noch die Draufgabe. Ich stelle dir unsere zwei wichtigsten Belohnungsformen vor: die passive und die aktive Belohnung.

**Passive Belohnung:** Bei dieser Belohnungsform bleibt der Hund nach dem Marker passiv (er bewegt sich nicht), die Belohnung geht zur Hundeschnauze und wird dem Hund in das Maul gegeben. Emotional ist der Hund freudig, aber eher reaktiv und abwartend. Diese Belohnungsform kann verwendet werden, wenn ich zum Beispiel eine stabile Position (Platz in der Position) belohnen möchte.

**Aktive Belohnung:** Wie der Name schon sagt, wird der Hund aktiv und darf die Belohnung nach dem Marker verfolgen und fangen. Durch meinen Blick, der nach dem Marker zur Belohnungshand geht, gebe ich das Futter zum Fangen frei. Gleichzeitig bewege ich mich vom Hund weg. Diese Belohnungsform entspricht eher dem Naturell des Hundes. Als Beutegreifer mag er es gerne, die Beute zu »greifen«. Die positiven Nebeneffekte sind:

- ✓ Höhere emotionale Beteiligung bei der Belohnung
- ✓ Futter, das nicht so hochwertig ist (wie z.B. Trockenfutter), wird aufgewertet
- ✓ Gierige Hunde nehmen das Futter kontrollierter
- ✓ Diese Art der Belohnung macht dem Hund zusammen mit seinem Menschen einfach mehr Spaß!

### Belohnungsketten

»Belohnungskette« klingt kompliziert, ist es aber gar nicht. Bei Belohnungsketten werden

Passive Belohnung: Nach dem Marker geht die Belohnung zum Hund, wie hier, wo das stabile Stehen belohnt wird.

Aktive Belohnung: Nach dem Marker »läuft« die Belohnung weg und der Hund muss seine Position verlassen, um die Belohnung zu fangen.

mehrere Verstärker und Belohnungsformen miteinander kombiniert und zwar so, dass die Wirkung der Belohnung verstärkt oder die Zeit bis zur Belohnung ausgebaut wird. Bei den Belohnungsketten kommt eine neue Komponente ins Spiel: die soziale Belohnung (Verstärkung). Du weißt bereits, dass soziale Anerkennung ein Motiv ist, und dass soziale Lebewesen, wie der Hund, bereit sind, für diese Anerkennung auch etwas zu tun.

### Soziale Belohnung

Lob als Anerkennung kommt immer gut an und zwar nicht nur beim Hund, sondern auch bei uns Menschen. Erinnere dich an das Beispiel von vorhin: Gute Projektarbeit = Belohnung vom Chef. Wenn der Chef sich nicht der sozialen Belohnung bedienen würde, dann könnte man sich die Szene so vorstellen: Der Chef merkt, die Arbeit ist gut, sagt zu seinem Mitarbeiter neutral, Sie bekommen eine Prämie für diese Arbeit und überweist dann kommentarlos 1000 €. Das entspricht beim Hund in etwa dem Szenario: Click + Futter. Wenn der Chef sich der sozialen Belohnung bedient, dann würde die Szene so aussehen: Der Chef merkt, die Arbeit ist gut, er lobt den Mitarbeiter und stellt seine prima Arbeit heraus. Dann verspricht er dem Mitarbeiter eine Prämie, überreicht die 1000 € persönlich und lobt den Mitarbeiter noch einmal vor der gesamten Firmenbelegschaft. Das entspricht beim Hund in etwa dem Szenario: Loben, dann Marker, dann Belohnung + gleichzeitiges Lob. Denke dich in diesen Mitarbeiter rein und fühle den Unterschied. Diese Belohnungsketten können Verwendung finden, sie haben alle samt ihre Vorteile:

Marker → Belohnung
Marker → Belohnung + Soziales Lob
Soziales Lob → Marker → Belohnung
Soziales Lob → Marker → Belohnung + Soziales Lob
Soziales Lob → Belohnung
Soziales Lob

Soziales, ehrliches Lob ist ein starker Verstärker.

Merkst du, was wir für unglaubliche Möglichkeiten haben, unserem Hund zu sagen:

- **Das, was du (Hund) jetzt gerade machst, gefällt mir und ist richtig!**

Damit du es dir besser vorstellen kannst, gibt es dazu ein kurzes Praxisvideo zu den Belohnungsformen und den Belohnungsketten dazu.

VIDEO
Belohnungsformen

## Verstärken oder Locken?

Über diese Thematik werde ich einige Worte verlieren und auch zum Verständnis einige Beispiele mit dir besprechen. Wie oben schon erwähnt, lieben wir es, unsere Hunde zu belohnen. Aber belohnen wir wirklich im richtigen Moment? Zeigt der Hund das Verhalten gerade von selbst oder habe ich ihn dazu animiert und ihn dahin gebracht – also macht er es nur mit meiner Hilfe? Dir muss klar sein, ob du ein gezeigtes Verhalten verstärkst oder den Hund in ein Verhalten lockst. Ich möchte hier ganz wertfrei bleiben, beides hat – je nach Situation – seine Berechtigung.

Ich gebe dir zwei unterschiedliche Beispiele, denk einmal genau darüber nach.

**a)** Ich bin in einer fremden Stadt und treffe auf eine Person, die mir 50 € verspricht, wenn ich das Rathaus finde. Die Person zieht den 50-Euro-Schein aus der Tasche, hält ihn mir vor die Augen und geht voran. Ich habe meine Augen die ganze Zeit auf diesen 50-Euro-Schein geheftet und folge ihm. Am Rathaus hält die Person an und ich bekomme die 50 €.

**b)** Ich bin in einer fremden Stadt und treffe auf eine Person, die mir 50 € verspricht, wenn ich das Rathaus finde. Die Person sagt, sie würde am Rathaus auf mich warten und ist wieder weg. Ich habe keine Ahnung, in welche Richtung ich gehen soll, und frage den ersten Passanten. Dieser erklärt mir den Weg. Unterwegs werde ich unsicher und frage wieder bei jemandem nach, der mir den weiteren Weg beschreibt. Dann die nächste Person, die mir bestätigt, dass ich auf dem richtigen Weg bin. Ich komme am Rathaus an, treffe denjenigen, der mich dort erwartet, und erhalte die 50 €.

Viele Hundebesitzer versuchen, den Blickkontakt ihres Hundes zu bekommen, indem sie auf sich aufmerksam machen oder Lockmittel wie z.B. Futter benutzen.

Jetzt meine Fragen an dich:

- Bei welcher der zwei Varianten a oder b komme ich schneller ans Ziel?
- Bei welcher der beiden Varianten a oder b kenne ich hinterher auch ohne Hilfe den Weg zum Rathaus?
- Welche Variante beschreibt das Locken und welche das Bestärken?

Ich bin überzeugt, die Antworten fallen dir nicht schwer. Wichtig ist, dass du den Unterschied erkennst und verstehst.

## Verstärken und Belohnen

Diese Begriffe geraten ab und zu durcheinander. Der Verstärker ist mein Marker oder auch das soziale Lob, das dem Hund vermittelt: »Das, was du gerade machst, ist richtig und gefällt mir!« Durch die Verknüpfung des Verstärkers (Signal) mit einer Belohnung, wird das Verhalten deines Hundes »verstärkt«, also öfter oder auch schneller durch den Hund ausgeführt. Die Belohnung nach dem Verstärker erhöht das Interesse an der Handlung und ist sozusagen der Lohn. Belohnung kann alles sein, was dem Hund Spaß mit dir zusammen macht. Oder was er von dir bekommt: Futter, Spielebeute, Spiel mit Objekten, Rennspiele, Schmusen oder auch Rangeln. Natürlich kann ich den Hund auch damit belohnen, dass er rennt, schnüffelt oder einfach in seine Welt darf. In Alltagsspielen kommt das durchaus zum Einsatz, im Team-Training bevorzuge ich Belohnungen, die an mich (den Menschen) gebunden sind. Ein Verstärker (wie z.B. soziales Lob, Bewunderung und Ansprache) kann auch gleichzeitig belohnend wirken. Denke an das Basismotiv »Soziales«:

**Auch Hunde lieben es, bewundert zu werden!**

Wenn wir mit Verstärken arbeiten, ist es sehr wichtig, viele kleine Teilschritte des Hundes in die gewünschte Richtung bereits zu verstärken (zu »markern«) und dann auch zu belohnen. Es ist wie das Heiß-Kalt-Spiel, das du als Kind vielleicht gespielt hast: Es wurde etwas versteckt, und derjenige, der suchen musste, wurde mit »warm« oder gar »heiß« in die richtige Richtung dirigiert. Mit »kalt« bekam er die Info, dass die Richtung oder der Weg der falsche ist.

## Die Wertigkeit der (Futter-)Belohnung

Eingangs habe ich empfohlen, verschiedene Belohnungen zu verwenden oder zumindest zu besitzen, die eine unterschiedliche Wertigkeit für den Hund haben. Meistens ist das Trockenfutter nicht so attraktiv wie die Putenwurst oder Ähnliches. Das ist logisch, denn wir essen auch das viel lieber, was wir nicht so oft bekommen und lecker finden, als das normale Alltagsessen. Jetzt weißt du schon, wie du normales Futter durch eine aktive Belohnung attraktiver machen kannst. Ich rate dir, nicht gleich mit zu hochwertigen Leckerlis (nur für »Lieb-Schauen«) ins Training einzusteigen. Gestalte dein Training so, dass du mit wenig Ablenkung und normaler Belohnung anfängst. (Ich bin übrigens ein großer Freund davon, einen Teil des normalen Futters einfach für das Training zu verwenden.) Überrasche deinen Hund, wenn er gerade besonders gut ist, mit einem Super-Leckerli, aber mach nicht den Fehler, immer etwas Hochwertigeres herauszuzaubern, wenn dein Hund das normale Futter verweigert. Denk an die Geschichte von Donna, der großen Schweizer Sennen-Hündin!

**WICHTIG: Verschiedene Belohnungen nicht in einer Tasche mixen!**

Merk dir, wo du welche Futtersorte einsteckst, eine Trainingsweste ist durch ihre zahlreichen Taschen sehr vorteilhaft und kann in Alltag und Training verwendet werden. Ich empfehle dir, zweierlei verschieden wertige Leckerli parat zu haben.

Abschließend zu den Belohnungen: Denke bitte immer daran, dass wir mit einem hoch sozialen Lebewesen trainieren und kommunizieren: Stell stets die soziale Belohnung in den Vordergrund, nicht die materielle!

## Das Lernen »lernen«?

Die Frage, ob Lernen »gelernt« werden muss, ist aus meiner Sicht grundsätzlich mit »Ja« zu beantworten. Lediglich in den Bereichen, in denen der Mensch keinen Anspruch stellt, und wo es sich um natürliches Hundeverhalten handelt, ist es nicht erforderlich, dass der Mensch sich mit einbringt. Schon die Welpen probieren sich aus und lernen durch Versuch und Irrtum automatisch, was sie zum erwünschten Ziel führt und was sie lieber seinlassen sollten. Diese Lernform wird operante Konditionierung genannt: Du erinnerst dich bestimmt noch. Wir möchten jedoch, dass der Hund Dinge lernt, die er eigentlich gar nicht braucht. Ein Hund kommt auch ohne Sitz, Platz, Steh oder Fuß-Gehen auf Hörzeichen durch sein Hundeleben. Allerdings gefällt es dem Hund, Dinge zu tun, die uns Menschen Freude machen, und für die er eine Belohnung erwarten darf. Möchtest du bei diesen Übungen mit der Verstärkung arbeiten, brauchst du eine Grundvoraussetzung: Einen Hund, der aktiv ist und sich gerne in deinem Beisein ausprobiert.

Das ist bei Welpen noch recht ausgeprägt, wird es aber nicht gefördert oder sogar dadurch überlagert, dass wir dem Hund immer genau sagen und zeigen, was wir wollen, (also viel locken), ist das Ergebnis ein inaktiver Hund. Diese Hunde kommen von alleine nicht darauf, dir (auch wenn sie genau wissen, dass du die Belohnung dabeihast) ein Verhalten anzubieten oder kreative Ideen zu haben. Wurde dann auch noch der Blickkontakt und das Sitzen sehr oft belohnt, ist es ihre einzige Idee, sich vor dich zu setzen und dir Löcher in die Stirn zu gucken.

Ich möchte erreichen, dass dein Hund aktiv wird und dir Verhalten anbietet, das dir gefällt.

Ein aktiver Hund, welcher sich ausprobieren möchte, muss als erstes auch lernen, »um die Ecke« zu denken. Dieser Hund interessiert sich für diesen Stick, weil jedes Interesse verstärkt wurde und zu einer Belohnung geführt hat.

Macht er das schon, umso besser, so kannst du mit dem nachfolgenden Spiel seine Kreativität noch steigern.

### Das Aktivierungsspiel:

**Ziel:** Dein Hund soll und darf aktiv werden und sich mit dir oder Dingen beschäftigen. Jede Aktivität wird mit dem Marker verstärkt und belohnt.

**Was wird benötigt?** Ein Ort mit wenig Ablenkung (am besten im Haus), Objekte, mit denen sich der Hund beschäftigen kann, dein Marker und Belohnungen.

**Aufgabe des Hundes:** Der Hund darf sich für die Objekte interessieren und lernt, für Aktivität eine Belohnung zu erhalten. Der Hund darf Verhalten anbieten, das er bereits erlernt hat, und wird für jede Idee bestärkt. In diesem Video findest du Ideen und Anregungen.

VIDEO

Aktivierungsspiel

## Allgemeine Spiele für alle Felle

Im folgenden Abschnitt stelle ich dir Spiele vor, die nicht immer und unbedingt einem bestimmten Ziel oder Zweck dienen. Aber sie helfen in verschiedenen Situationen oder sie fördern die Zusammenarbeit zwischen dir und deinem Hund. Sie verstärken die Kommunikation des Hundes mit dir und fördern seine Kooperation. Diese Spiele machen auch noch jede Menge Spaß und sind gut in den Alltag zu integrieren. Also lass dich überraschen und inspirieren.

### Allgemeines Mitkomm-Hörzeichen

Bevor es losgeht, möchte ich dir ein Hörzeichen an die Hand geben, das für den Hund bedeutet: Komm mit! Ich nenne es »allgemeines Mitkomm-Hörzeichen«. Es heißt »Komm« und sagt dem Hund: Komm mit und achte auf meinen Blick und auf meine Aktionen, damit du weißt, in welcher Form ich das »Mitkommen« wünsche.

### Allgemeines »Spiel fertig«-Signal

Wir haben in der Theorie besprochen, dass unser Hund auch Freiräume haben darf und muss, wo er im Außenfokus in seiner Welt alles erleben darf und kann, ohne ständig damit rechnen zu müssen, dass ich etwas von ihm möchte. Wenn du also mit deinem Hund eine kleine Spieleinheit »auf das Parkett gelegt« hast, ist es wichtig, ihm zu vermitteln: Jetzt ist Spielende! Das bedeutet, er muss auch nicht damit rechnen, dass du die nächste Sekunde dann doch wieder aktiv wirst. Nimm dafür immer dasselbe Wort und zusätzlich ein Handzeichen. Ich sage z.B. »Fertig«, überkreuze dazu einmal die Hände und ziehe sie wieder auseinander.

### Freigabe-Signal zu externen Belohnungen

Manchmal macht es Sinn, seinen Hund zu einer Belohnung zu schicken: z.B. liegt der

Lieblingsball ein Stück entfernt und der Hund darf dann dorthin laufen. Für diese Info: »Jetzt darfst du zur Belohnung.« sollte auch ein Signal, ähnlich dem Marker, etabliert werden. Ich nenne es »Freigabe-Signal« zur externen Belohnung. Ein lustiges, motivierendes Wort oder Signal, das den Hund informiert: »Jetzt darfst du dir das holen.« Bei mir heißt es »Frei«, könnte aber auch »Jackpot«, »Hol's dir« oder Ähnliches sein.

### Das Magnetspiel

Ein Spiel für verschiedene Anlässe. Mit dem Magnetspiel kann ich einen aufgeregten Hund beruhigen und einen unmotivierten Hund motivieren. In verschiedenen Alltagssituationen kann ich das Magnetspiel als Hilfe benutzen. Außerdem fördert es die Fokussierung des Hundes und trainiert noch ganz nebenbei seine Selbstkontrolle. Ich denke, ich habe deine Neugierde geweckt – oder?

**Ziel:** Dein Hund soll mit der Schnauze an deine Hand mit dem Leckerli andocken (wie ein Magnet), nicht knabbern, nur lecken, und der Hand in alle Richtungen folgen, ohne den Kontakt zu verlieren.
**Was wird benötigt?** Ein kleines Leckerli, das Mitkomm-Hörzeichen, der Marker und die Belohnung in Form von Futter.
**Aufgabe des Hundes:** Der Hund soll auf das Mitkomm-Hörzeichen und auf meinen Blick achten, an der Hand mit dem Futter andocken, und dieser in jede Richtung folgen. Dabei soll er weder den Kontakt verlieren, noch grob an meiner Hand knabbern. Nach dem Marker wird die Hand geöffnet und der Hund darf das Leckerli aus der Hand fressen.

Der »Magnet« ist nicht so einfach für deinen Hund, wie es in dem nachfolgenden Video wirken mag. Bitte übe das erst einmal in kleinen Schritten (zwei bis drei Schritte,

Das Magnetspiel ist gar nicht so einfach wie es aussieht. Die Hunde müssen lernen, sich zurückzunehmen und vorsichtig am Futter zu lecken und nicht grob versuchen, das Futter zu bekommen.

dann sofort Marker und Belohnung). Achte darauf, dass dein Hund wirklich auf das Mitkomm-Hörzeichen wartet und erst dann an deine Hand geht. Ich nenne das **Signalkontrolle**. Viele Hunde kleben sofort an der Hand, wenn sie in dieser Futter vermuten. Dein Ziel soll es sein, dass der Hund erst an die Hand geht, wenn dein Mitkomm-Signal ertönt und wenn du die Hand über deinen Blick frei gibst. Anfangs kann die Hand noch oben vor deinem Gesicht sein, später hängt die Hand normal runter und der Hund fragt dich, indem er dich anschaut, wann es losgeht. Ist der Hund zu grob, dann gib ihm ein Unmutssignal wie »hey« und stupse die Hand mit dem Futter dem Hund leicht entgegen. Sofort danach geht es mit »komm« weiter. Ist der Hund sanft und schleckt, dann kommt der Marker und der Hund darf das Lecker aus der Hand fressen. Schau in das Video, lieber Leser, dann siehst du genau, wie es geht, und für welche Situationen das Magnetspiel eingesetzt werden kann:

VIDEO

Magnetspiel

## Kommunikations- und Kontaktspiele

Hunde wollen mit dem Menschen kommunizieren, das haben wir besprochen, sie fragen nach, beobachten uns und würden gerne Antwort und Anleitung bekommen. Diese Kommunikation kann durch kleine Spiele und Übungen ausgebaut werden. Hier stelle ich dir einige Spiele vor, die sehr gut im Alltag umgesetzt werden können.

**Ziel:** Dein Hund soll und darf lernen, dass Kommunikation zum Erfolg führt und dass er, wenn er dich fragt, eine Antwort bekommt und dass es sich lohnt.
**Was wird benötigt?** Zeit und Konzentration zum Hund, Leckerli, Spielzeug und gute Laune, Leine ohne Schlaufen 3–5 m lang, eventuell Hilfsperson.
**Aufgabe des Hundes:** Der Hund darf kreativ sein und auch herausfinden, dass sich Kommunikation mit dem Menschen lohnt. Seine Aufgabe ist es, auf den Menschen zu achten, und daraus aber auch Vorteile (wie ein Spiel oder ein Leckerli) zu ziehen.

Bei diesen Spielarten sind natürlich der Phantasie keine Grenzen gesetzt.

### Spiel: »Was ist?«

Du gehst mit deinem Hund spazieren (mit oder ohne Leine, es geht beides). Auf einmal bleibst du stehen, machst gar nichts und wartest. Sobald der Hund sich zu dir wendet und dich fragt: »Was ist?« freust du dich, läufst etwas vom Hund weg und bist lustig. Wahlweise kasperst du mit dem Hund herum, oder ihr spielt mit der Beute oder auch einem Futterstück. Danach folgen das Spielende-Signal und die Freigabe, dass der Hund wieder vorauslaufen kann. In weiterer Folge, baust du den Kontakt aus und stellst einfach öfters die Frage: »Was ist?«, bevor das Spiel losgeht. Diese Frage wird dadurch auch zur Spielaufforderung und kann durch angepasste Gesten unterstützt werden.

### Mobiles Kontaktspiel

Du gehst auf eine Wiese oder in einem einzäunten Bereich. Du hast deinen Hund am Ende der ca. 3 m langen Leine. Du bist freundlich und aufgeschlossen gestimmt, sagst einmal »Komm«, das allgemeine Mitkomm-Signal, drehst dich vom Hund weg und gehst entspannt los. Läuft der Hund dir nach, aber an dir vorbei, gehst du in die andere Richtung, also wieder von ihm weg. Sollte er sich in der Leine verheddern, auf keinen Fall heraushelfen, sondern mit dem Rücken zum Hund gewandt stehen bleiben. Wird die Leine locker, wieder vom Hund weggehen (dabei ruhig und entspannt sein). Sollte der Hund dich einholen und nicht mehr an dir vorbeilaufen, vielleicht neben dir bleiben oder dich sogar im Laufen anschauen, dann freue dich und macht etwas Tolles zusammen (streicheln, liebkosen, rennen oder spielen). Nach dem Spiel sagst du wieder »Komm« und beginnst von neuem. Das Ganze mehrfach wiederholen. Nach dem letzten Mal und Auflockerung kommt das »Spielende«-Signal.

Klappt das gut, dann verlängere die Kommunikation, indem du, wenn der Hund an deiner Seite ist und dich anschaut, weitergehst und mit ihm redest und kommunizierst, bevor die Belohnung kommt. Damit erreichst du, dass der Hund es auch in der Bewegung schafft, einige Zeit auf dich aufmerksam zu sein!

Das Mobile Kontaktspiel hat als Ziel, dass der Hund die Kommunikation auch in der Bewegung aufrechterhält.

### Folgespiel

Du bist in einem Bereich, wo nichts passieren und der Hund auch frei laufen kann. Alternativ ist dein Hund an der Schleppleine. Du benötigt für dieses Spiel eine Hilfsperson. Du zeigst dem Hund einige Leckerli, legst diese auf den Boden oder auch in eine Schüssel/auf einen Teller und gibst deinem Hund die Freigabe, dass er sie fressen darf. Während er frisst drehst du dich um und gehst in die andere Richtung weg, sagst aber nichts zu deinem Hund. Eine Hilfsperson beobachtet ihn. Läuft der Hund dir nach, gibt die Hilfsperson ein Zeichen, du drehst dich zum Hund um und es gibt eine große Party. Dann, wieder Leckerli herausholen, auf den Boden legen, erlauben zu fressen und wieder weggehen. Auf keinen Fall umdrehen, um zu schauen, was der Hund macht. Das ein paar Mal wiederholen und dann wieder das Spiel beenden.

Gerne kann natürlich auch bei diesen Spielarten mit dem Marker gearbeitet werden. Ich würde am Anfang die soziale Freude bevorzugen, um das Erlebnis wirklich authentisch zu machen. Manchmal überlagert die Konzentration auf den Marker die soziale Freude und diese sollte hier im Mittelpunkt stehen.

**VIDEO**
**Kommunikation + Kontakt**

Vielleicht fragst du dich jetzt, wofür du die Spiele benötigst und wann sie eingesetzt werden können? Alle diese Spiele dienen dazu, dass dein Hund lernt, wie er deine Aufmerksamkeit bekommen kann und dass es sich lohnt, mit dir zu kommunizieren. Er lernt, auf dich zu achten und deine Signale zu verstehen (stehen bleiben, weggehen oder auch umdrehen und in die andere Richtung gehen). Deine Körpersprache bekommt für den Hund eine Bedeutung und er wird dir gegenüber aufmerksamer. Viele Hunde reagieren nur, wenn sie von ihrem Menschen angesprochen werden, und auch dann nicht immer. Wenn du mit deinem Hund unterwegs bist, sollte er auf dich achten und nicht immer du auf ihn, während er macht, was ihm gefällt. Ihr seid ein Team und du bist der Teamführer: Genau dafür sind diese Spiele eine wunderbare Unterstützung.

## Kooperationsspiele

Übungen und Spiele zur Kooperation machen Spaß und sind gut in den Alltag oder auch in das Hundetraining zu integrieren. Hat dein Hund erst einmal begriffen, dass er zu seinem Ziel kommt, wenn er kooperiert, wird er diese Strategie immer wieder einsetzen. Und genau das wollen wir doch: Einen Hund, der mit dem Menschen zusammenarbeitet und das auch gerne macht. Hunde möchten von Natur aus kooperieren, gerade Welpen und Junghunde sind sehr offen für »Mitarbeit«. Leider gewöhnen wir ihnen das mit der Zeit regelrecht ab, weil wir alles vorgeben, den Hund nicht mitarbeiten

Kooperation mit dem Menschen macht Sinn. Hier lernt der Hund, den Menschen zu fragen, wie er an die Futterschüssel kommt und ein Freigabesignal zu erwarten.

lassen oder gleich mit Verboten arbeiten, ohne den Hund auch selber entscheiden zu lassen (natürlich so abgesichert, dass nichts passieren kann).

### Kooperationsspiele mit der Futterschüssel

**Ziel:** Dein Hund soll merken, dass ihn die Zusammenarbeit mit dir zum Erfolg führt.
**Was wird benötigt?** Eine kleine Futterschüssel, Leckerli oder portionsweise das normale Futter, eine kurze Leine ohne Schlaufen, eventuell eine Hilfsperson. Diese Übungen können im Haus oder Garten durchgeführt werden, aber auch an anderen Plätzen, das Freigabesignal zur externen Belohnung.
**Aufgabe des Hundes:** Der Hund wird nicht durch ein Hörzeichen oder Kommando wie z.B. »Sitz« von der Futterschüssel weg gehalten, und soll und darf wirklich zur Schüssel wollen (Leine am Hund). Trotz der hohen Motivation soll der Hund auf die Idee kommen, sich zu seinem Menschen zu wenden und ihn um Hilfe zu bitten, damit er zum Erfolg kommt.

### Varianten der Schüsselübung

Du nimmst die kleine Schüssel und füllst sichtbar für den Hund einige Leckerli ein oder etwas Hundefutter. Dein Hund ist an der Leine, entweder wird er von einer Hilfsperson gehalten, alternativ wird er kurz angehängt oder in eine Position gebracht. Du stellst die Schüssel ein paar Schritte von euch weg auf den Boden. Dann nimmst du deinen Hund an die Leine und gehst einige Schritte auf die Schüssel zu. Will der Hund zu der Schüssel hin, bleibst du stehen und wartest, was dein Hund macht. Du gibst deinem Hund kein Hörzeichen (wie Sitz oder Ähnliches) und sagst auch nichts zu ihm. Der Hund darf zur Schüssel wollen und auch zur Schüssel schauen. Du bleibst stehen, hältst deinen Hund an der Leine fest und wartest einfach. Sollte der Hund den Kopf zu dir wenden und dich ansehen, dann gibst du ihm sofort das Freigabe-Zeichen, dass er zum Futter kann und lässt ihn da hin. Das wiederholst du einige Male und verlängerst den Blickkontakt zu dir vor der Freigabe. Bitte wieder daran denken, mit der Freigabe auch auf die Schüssel zu schauen.

Du hast eine Hilfsperson, diese hat die Futterschüssel und das Futter. Du hast deinen Hund an der Leine. Die Hilfsperson animiert den Hund ein bisschen und füllt in die Futterschüssel einige Leckerli oder etwas Futter ein. Der Hund sollte nicht sitzen, sondern wirklich zur Futterschüssel wollen. Ruhig die Animation erhöhen und den Hund etwas zur Futterschüssel nachgehen lassen. Dann wird die Animation eingestellt und die Hilfsperson schaut den Hund nicht mehr an, hat aber die Schüssel in den Händen. Die Menschen warten und sagen nichts zum Hund. Dein Hund darf und soll sich für die Kooperation entscheiden, indem er sich dir kurz zuwendet, du gibst dann sofort das Freigabe-Hörzeichen zur Futterschüssel. Die Hilfsperson darf dann den Hund noch zusätzlich animieren, damit es noch mehr Spaß macht.

In der nächsten Übung geht es darum, dass sich der Hund erst von der Schüssel wegbewegen und auf dich achten soll, bevor er wieder zur Schüssel darf. Der Aufbau ist wie bei den anderen Übungen, entweder wird die Futterschüssel auf den Boden gestellt, oder die Hilfsperson hat sie in der Hand und animiert den Hund so, dass er richtig in der straffen Leine steht. Dann wird die Hilfsperson neutral und schaut den Hund nicht mehr an, oder die Schüssel steht am Boden. Nachdem alles ruhig ist, wartest du auf seinen Blickkontakt, sprichst deinen Hund an und läufst einige Schritte von der Schüssel weg, sodass der Hund dir folgen muss (mit Leine). Sobald du merkst, dein Hund kann sich auf dich konzentrieren, bekommt er das Freigabe-Signal zur Schüssel hin. Die Hilfsperson darf animieren. Oder du läufst nach dem Freigabe-Signal mit dem Hund zur Schüssel am Boden. Er darf dann natürlich die Leckerli oder das Futter aus der Schüssel fressen.
Dieses Video erklärt und zeigt anschaulich diese verschiedenen Varianten:

VIDEO
Kooperationsspiele

Oftmals verpasst der Hundehalter im Alltag sehr viele Chancen, von seinem Hund eine kurze Kooperation einzufordern. Vieles wird einfach so nebenbei erledigt oder es bekommt keine Bedeutung. Versuche die oben beschriebenen Übungen in deinen Alltag einzubauen und auch zu adaptieren und zu verändern!

# Sozialisierung, Aufmerksamkeit und Positionen

## Sozialisierung auf CreaCanis-Art

### Ankommen an einem fremden Ort

Bist du viel mit deinem Hund unterwegs? Gehst du in einen Hundeverein oder in eine Hundeschule? Kann sich dein Hund unter Ablenkung (Umwelt, Menschen, andere Tiere oder andere Hunde) auf dich konzentrieren? Meine Erfahrung ist, dass die Konzentration unter Ablenkung manchmal nicht so gut funktioniert. Oft ist der Hund aufgeregt und ignoriert seinen Menschen, weil alles um ihn herum so spannend ist. Und wenn dann der Mensch mit dem Hund trainieren oder ihm etwas beibringen möchte, wird es schwierig. Wir haben bereits besprochen: ohne Aufmerksamkeit keine Kommunikation und keine Kooperation. Uns erzählen viele Hundebesitzer zu diesem Thema, dass genau dieser Punkt ihr leidiges Problem ist. Ohne Ablenkung klappt alles bestens. Sobald die Ablenkung steigt oder zu hoch ist, dann geht nichts mehr.

Ich gebe dir nun ein paar Tipps, wie du diesen Zustand verbessern kannst. In unserem Roots-Programm gibt es einen Punkt, der nennt sich Sozialisierung. Viele Hundebesitzer verstehen unter »Sozialisierung«, dass ihr Hund mit anderen Individuen (Hunden, anderen Tieren oder auch Menschen) zusammenkommt und lernt, sich mit ihnen zu vertragen, sich rücksichtsvoll zu verhalten oder zu spielen. Die CreaCanis Sozialisierung hat eine andere Idee:

### CreaCanis-Sozialisierung

Das große Ziel bei dieser Sozialisierung ist es, dass dein Hund lernt, sich trotz Ablenkung auf dich zu konzentrieren. Er soll locker und entspannt seine Umgebung wahrnehmen, sich dann aber selbst dazu entscheiden, mit dir zusammen etwas zu tun. Für den Hund ist es wichtig, dass er sich auf dich verlassen kann und nicht kontrollieren muss. Ob du mit ihm spielst oder trainierst, die Aufmerksamkeit deines Hundes ist voll bei dir – das klingt doch gut, oder? Der Weg dahin geht über eine bestimmte Einstellung, die der Mensch bekommen muss, und über ein gezieltes Training in diesen Situationen. Das geht schon beim »Ankommen« los. Denk mal über dich selber nach, wenn du irgendwo ankommst, wo du noch nie warst, zum Beispiel an einem Seminar teilnimmst oder gar einen Vortrag halten sollst. Bei mir ist es so, dass ich gerne etwas früher »ankomme«, um mich erstmal umzusehen. Habe ich meinen Hund mit dabei, ist es mir wichtig, die Gassistrecken zu erkunden und eine gute Parkmöglichkeit zu finden. Ich schaue mich weiter um und schaue, wie das Gelände ist. Bei einer Außenveranstaltung informiere ich mich, wo die Toilette ist, wo es Getränke und Kaffee gibt, wer bereits da ist usw. Habe ich mich orientiert und alles erkundet, kann ich entspannt und konzentriert meinen Vortrag beginnen.

Die Sozialisierung bei einem Seminar ist ein wichtiger Bestandteil zum Thema »Ankommen«. Viele Hundebesitzer sind verwundert, wie entspannt sich der eigene Hund benehmen kann, wenn er nicht gleich durch seinen Besitzer gestresst wird.

Ich glaube, so wie mir, geht es den meisten Menschen. Ich kenne natürlich auch »notorische« auf den letzten Drücker eintreffende Personen, diese haben meist gerade am Anfang eines Vortrages Konzentrationsschwierigkeiten, weil sie eben noch nicht richtig »angekommen« sind. Ist man viel unterwegs, entwickelt sich bei der Ankunft irgendwann eine gewisse Routine. »Wie geht es unserem Hund, wenn er irgendwo neu ankommt? Wie gehen wir dabei mit unserem Hund um? Oft ist der Hund noch gar nicht richtig aus dem Auto gestiegen, wird er schon herumkommandiert. Er soll Sitz machen, dann bitte nicht an der Leine ziehen und sich überhaupt tadellos benehmen. Auf dem Hundeplatz, der für ihn ebenso fremd ist und auf dem für ihn unbekannte Hunde sind, gibt es ein scharfes »Fuß« und er hat zu funktionieren. Aus meiner Sicht ist das äußerst unfair. Mein Hund, gerade wenn er noch jung und unerfahren ist, soll sich ausreichend umsehen und umherschnüffeln dürfen, bevor es ins Training geht. Wenn ich keine »Ankomm-Rituale« mit ihm zusammen entwickle, wird er sich nie richtig konzentrieren können und freiwillig mit mir kooperieren. Ich stelle dir hier einige Möglichkeiten vor, wie du Rituale aufbauen kannst. Du verhilfst deinem Hund dazu, gelassen mit neuen Situationen umzugehen und freiwillig mit dir zusammenzuarbeiten.

Lasse dir Zeit nach dem Aussteigen aus dem Auto und beim Losgehen. Der Hund soll erst auf Aufforderung rausspringen, dann darf er sich umschauen und ankommen.

## Sozialisierungsübungen und Rituale

**Ziel:** Dein Hund soll sich unter fremden Artgenossen und aufregenden Umständen besser auf dich konzentrieren.

**Was wird benötigt?** Verschiedene Orte: Spazierwege, Wiesen oder Hundeplatz sowie verschiedene Ablenkungen, Markerwort, kleine und größere Leckerli, Spielzeug.

**Aufgabe des Hundes:** Ankommen und sich aktiv für die Kooperation mit seinem Menschen entscheiden.

**Rituale zum Ankommen und Aus-dem-Auto-Steigen:** Dieses Ritual kannst du mit deinem Hund überall einführen, wo du mit dem Auto hin fährst und ankommst. Du steigst aus dem Auto, leinst deinen Hund an und lässt ihn aussteigen. Du bewegst dich einige Schritte vom Auto weg, ohne etwas zu sagen, hältst die Leine bei ungefähr 1,5–2 m fest in der Hand und bleibst einfach stehen. Du sagst nichts, du machst nichts, sondern stehst einfach entspannt da und schaust dir die Gegend an. Dein Hund darf schauen, schnüffeln, aber dich nicht weiterziehen. Irgendwann wird das für ihn langweilig und er wird Kontakt zu dir aufnehmen. Jetzt wirst du aktiv, lobst ihn überschwänglich. Du kannst gerne ein Leckerli herausholen und den Hund aktiv belohnen. Nach der Belohnung bleibst du wieder stehen und wartest, was Dein Hund tut. Dann der gleiche Ablauf wie vorher beschrieben. Du wirst sehen, dass er dir immer schneller seine Aufmerksamkeit widmen wird. Schaut er dich nach einigen Belohnungen wieder an, gibst du ein Freigabehörzeichen und er darf losgehen und schnüffeln. Auch hier lässt du ihn wirklich fertig schnüffeln und gehst erst weiter, wenn er weitergeht. Strahle Ruhe und Gelassenheit aus! Nach einigen Metern wiederholst du die gleiche Übung wie nach dem Aussteigen, nur dass du dann eine kleine Spieleinheit an den Schluss setzt. Erst dann beginnst du deinen eigentlichen Spaziergang. Wenn du ein Ritual aufbauen möchtest, dann solltest du diese Übung jedes Mal durchführen.

**Ritual für das erste Mal auf einem fremden (Hunde-) Platz, auf dem du mit deinem Hund trainieren möchtest:** Du gehst auf dem Platz an etwas längerer Leine (ca. 1,5–2 m). Sind Leute oder andere Hunde auf dem Platz, darf und soll dein Hund keinen Kontakt aufnehmen, sondern du hältst einen ausreichenden Abstand. Du gehst langsam und entspannt, lässt deinen Hund schnüffeln! (Ja, ich meine es ernst, er darf schnüffeln auf dem Hundeplatz!) Natürlich bitte nicht am Rand und der Rüde markiert lustig – nein, das ist verboten, dafür trägst du Sorge! Nach einiger Zeit bleibst du einfach stehen, gehst nicht weiter und auch nicht dem Hund hinterher. Dein Hund darf (wirklich!) schauen und auch nachdenken. An dieser Stelle sollte dir der Ablauf schon bekannt sein, wenn sich der Hund dir zuwendet, dann gibt es Party und Belohnung und das wieder mehrfach. Nur gehst du dann nicht mehr weiter, sondern beobachtest die Aufmerksamkeit deines Hundes: Wenn er sich dir sofort nach der Belohnung wieder zuwendet, ist er bereit, mit dir zu trainieren.

**GANZ WICHTIG! Du darfst auf keinen Fall deinen Hund locken oder sonst durch irgendwelche Handlungen auf dich aufmerksam machen! Du wirst nur aktiv, wenn er sich dir von selbst zuwendet!**

Du glaubst, das ist einfach? In unseren Seminaren ist das die erste Übung. Viele Hundebesitzer sind zum einen verwundert über ihre Hunde, wenn diese wirklich mal »ankommen« dürfen und merken zum anderen, dass sie ihre Hunde ständig locken und um Aufmerksamkeit anbetteln. Dieses Ankomm-Ritual wird immer wieder durchgeführt, Schritt für Schritt verkürzt und »verkleinert«, sodass du es später auf nur noch zum Anfang Stehen und Schauen beschränken kannst. Ich lege meinen Hund vor dem Training oder auch vor Wettkämpfen gerne eine Zeit lang an einer Stelle ab, wo er einen guten Überblick über die Umgebung hat. Ich gehe etwas seitlich von ihm weg und er darf schauen. Wenn er im Liegen zu mir schaut, gibt es den Marker und eine passive Belohnung. In diesem Video sind die Ideen für dich zusammengestellt:

VIDEO

Sozialisierung

## Freiwillige Aufmerksamkeit und Aktionsbereitschaft

### Die freiwillige Aufmerksamkeit

Du und ich wissen ganz genau: Aufmerksamkeit ist die Basis für Kommunikation und die Grundlage für eine gute Zusammenarbeit. Also ist es logisch, dass man mit seinem Hund mit Übungen beginnt, die die Aufmerksamkeit fördern, oder? Wie oft passiert es, dass man im Training gleich mit der Tür ins Haus fällt und aus dem Nichts heraus zum Beispiel sofort die Positionen abfragt? Und das – überspitzt formuliert – derart, dass mit bedrohlich erhobenem Zeigefinger und unter mehrfacher Wiederholung des Hörzeichens einem mittelmäßig motivierten Hund für ein halblustiges faules Sitz noch ein Leckerli gefüttert wird.

**Fang im Training mit den wirklichen Grundlagen an!**

Was denkst du: Wäre es nicht wunderbar, wenn du mit deinem Hund unterwegs bist, stehenbleibst und er sich dir zuwendet und fragt: »Warum?« und »Was kann ich für dich tun?« Oder du kommst auf den Hundetrainingsplatz und hast einen hoch motivierten Hund an deiner Seite, der freiwillig mit dir arbeiten möchte? Jeder fängt mal klein an und ohne Fleiß kein Preis. Das Problem im Training mit dem Hund ist oft, dass nicht schrittweise trainiert wird, Schritte einfach übersprungen werden oder zu schnell vorwärtsgegangen wird, meist mit dem Endziel vor Augen und nicht dem Weg dahin. Entscheide selber: Ist es dir wichtig, dass dein Hund lernt, dir immer und überall, wenn du das möchtest, freiwillig seine Aufmerksamkeit zu schenken? Wenn ja, dann pass bitte bei der nächsten Übung besonders gut auf!

**Die Basisübung im Basisprogramm!**

Eine kleine Übung mit großer Wirkung: Hier liegt es an dir, ob du abwarten kannst und deinen Hund nicht lockst oder auf dich aufmerksam machst und bei richtiger Reaktion des Hundes, sofort mit deinem Marker bestärkst und dann belohnst.

**Ziel:** Dein Hund soll sich dir ohne deine Hilfe und ohne Locken zuwenden und den Kontakt zu dir suchen und halten.
**Was wird benötigt?** Eine 1 bis 1,5 m lange Leine ohne Schlaufen, optimal an einem Bauchgurt befestigt (oder die Leine ist länger und kann um den Bauch gewickelt werden), viele kleine Leckerli, Markerwort.
**Aufgabe des Hundes:** Sich dem Menschen aktiv zuwenden und die Kommunikation suchen. Nach der Belohnung wieder Kontakt aufnehmen.

Du gehst mit deinem Hund zu einer Stelle, wo für dich das Training losgeht. Du hältst in beiden Händen einige kleiner Leckerlis und lässt die Hände seitlich am Körper hinunterhängen. Sollte der Hund an die Hand stupsen, darfst du auf keinen Fall reagieren oder mit der Hand wackeln. Da dein Hund bei dir am Körper befestigt ist, kann er nicht weitergehen oder sich von dir entfernen. Bleib einfach stehen und warte. Wendet sich der Hund dir zu, dann sag sofort das Markerwort und belohne ihn danach aktiv. Schau dabei auf die Hand, aus der die Belohnung kommt. (Am besten ist das immer die Hand, mit der der Hund gerade nicht rechnet.) Nach der Belohnung bleib wieder inaktiv und warte auf die Aufmerksamkeit des Hundes. Darauf folgen wieder Marker und Belohnung. Die Hände öfter mal wechseln. Achte bei der aktiven Belohnung darauf, dass du deinen Hund gleichzeitig lobst und nicht erst nach dem Keksessen! (Denk an die Belohnungsketten.) Optimal wäre es, wenn dein Hund während der Kontaktaufnahme steht (warum werde ich dir noch erklären). Wenn dein Hund schon eine gute Idee hat, dann baue den Blickkontakt bis zum Markerwort aus. Beende die Einheit gerne mit einem netten Spiel und gib dann dein »Spielende-Signal«.

Du bekommst bei dieser Übung eine Menge Informationen über deinen Hund, die du bei weiteren Trainingssaufgaben berücksichtigen kannst. Betrachte diese Informationen völlig wertfrei, kategorisiere sie nicht in gut oder schlecht.

- Wie lange hat es gebraucht, bis dein Hund das erste Mal auf die Idee gekommen ist, zu dir Kontakt aufzunehmen?
- Wie schnell war dein Hund nach der Belohnung wieder bereit, dir seine Aufmerksamkeit zu schenken?
- Hat der Hund es geschafft zu stehen oder musste er sich ständig hinsetzen?
- Wie hat er bei längerem Blickkontakt vor der Belohnung reagiert?
- Wann war er wirklich »arbeitsbereit« (sofortiger Blickkontakt nach der Belohnung)?

Beantworte die Fragen und beobachte weiter, wie sich diese Übung nach vielen Wiederholungen verändert!

## Die freiwillige Aktionsbereitschaft

Du hast sie sicher schon erlebt, ohne dass du dir darüber Gedanken gemacht hast. Du hältst etwas in der Hand, das dein Hund unbedingt haben möchte. Auf einmal zeigt er dir alles vor, was er mal gelernt hat: macht Sitz, dann Platz, bellt, gibt Pfote oder macht eine Rolle. Du findest das nett und lustig, lachst und dein Hund bekommt doch einen Happen vom Leberwurstbrot ab.

Eine alltägliche Szene vielleicht, aber genau so funktioniert die positive Verstärkung und so wird die freiwillige Aktionsbereitschaft gefördert. Viele Hunde lernen Tricks mit sehr hoher Begeisterung und beim Hundetraining sind sie unmotiviert und unkonzentriert. Da stimmt doch etwas nicht.

■ **Wieso ist die »Rolle«lernen etwas anderes, als ein schnelles und motiviertes Platz? Das eine »Lernen« ist lustig und der Hund ist voll motiviert, das andere »Lernen« dagegen ist eher langweilig?**

Bitte denk einfach mal über diesen Umstand nach! Ich wünsche mir jedenfalls diese freiwillige Aktionsbereitschaft in meinem Training mit dem Hund. Alle Übungen, die ich bisher vorgestellt habe, fördern den Weg dahin und in Folge funktioniert es dann auch unter steigender Ablenkung.

**VIDEO**

**Aufmerksamkeit**

Dieser Hund hat eine hohe Erwartungshaltung und zeigt eine freiwillige Aktionsbereitschaft, indem er das Rückwärtsgehen anbietet.

## Die mobile Aufmerksamkeit

Ich nenne diese Übungen auch »Mobiles Schau«. Wenn mein Hund in eine Richtung schaut, kann er nicht gleichzeitig in die andere Richtung schauen – logisch, oder? Wir verlangen mit dieser Übung ein Verhalten von unserem Hund, das er von Natur aus wohl eher selten zeigen würde. Kaum ein Hund läuft locker und schaut dabei nach oben. (Unsere Mica in der Pubertät ausgenommen, die schaut gerade ständig in die Luft – wegen der Vögel.)

Muss es denn sein, dass wir dieses Verhalten dann vom Hund haben wollen? Diese Frage ist durchaus berechtigt! Meine Meinung ist: Mein Hund weiß, wo meine Kommunikationszentrale ist, nämlich im Gesicht und nicht in der Bauchtasche mit den Leckerlis. Mein Hund liebt es, mit mir zu kommunizieren, ob wir nun stehen oder gehen. Und mein Hund kann mir, wenn er zu mir hochschaut, vertrauen. Er gibt die Kontrolle an mich ab und weiß, dass ich auf ihn aufpasse, damit ihm nichts passiert. Es findet daher eine intensive Kommunikation auch im Gehen statt und es ist ein Vertrauensbeweis des Hundes mir gegenüber – aber natürlich nur, wenn mein Hund dieses Verhalten freiwillig zeigt und nicht dazu gezwungen wird, mich anzuschauen! Dieses Verhalten kann ich sehr gut gebrauchen!

**Wenn ich mit meinen Hunden unterwegs bin, können sie keinen anderen Hund fixieren, wenn sie mich anschauen.**

Oder wir gehen an einer Katze vorbei, auch hier mag ich lieber aufmerksame Hunde, als dass sie zittern, die Katze fixieren und am liebsten losspringen würden. Und natürlich im Hundesport. Was ist es für ein schönes Gefühl, mit dem Hund eine wunderbare Fußarbeit zu zeigen, bei der der Hund freudig und durchlässig neben mir trabt, nach oben schaut und mich »anlacht« Es gibt also viele Gründe, die für diese Übung sprechen.

### Das »Mobile Schau«

Die Grundlage und Grundidee ist, dass es sich für den Hund lohnt, mir beim Laufen ins Gesicht oder auch nach oben zu schauen. Diese für den Hund eher unnatürliche Haltung muss nicht nur der »Hundegeist« verinnerlichen, sondern auch der »Hundekörper« trainieren. (Ich empfehle nochmals eindringlich diese Übung, wenn der Hund neben mir geht, auf alle Fälle immer an beiden Seiten zu trainieren! Das ist zum einen besser für den Hundekörper, zum anderen für den Hundegeist und im Alltag außerordentlich praktisch.)

**Ziel:** Dein Hund lernt, dich für einen gewissen Zeitraum anzuschauen, obwohl ihr beide in Bewegung seid.
**Was wird benötigt?** Am Anfang Orte mit wenig Ablenkung (im Haus, im Garten), eine kleine Futterschüssel, Markerwort, aktive Belohnung und Spiel.
**Aufgabe des Hundes:** Seinem Menschen in Front oder auch seitlich nachzufolgen und während der Bewegung nach oben zu schauen.

Dass der Hund zum Menschen schaut, wenn er sich bewegt, erfordert das Vertrauen, sich auf seinen Menschen verlassen zu können. Hier lernt ein Junghund mit Hilfe der Futterschüssel in der Bewegung länger den Blickkontakt zu halten.

Beginnen kannst du diese Übung ohne großen Aufwand jeden Tag beim Füttern: Du hast in einer Schüssel das gesamte Futter und noch eine zweite Trainingsschüssel. Fülle ein Teil des Futters in die Trainingsschlüssel und halte diese so vor dein Gesicht, dass der Hund hochschauen muss, dabei aber auch noch dein Gesicht sieht. Dann forderst du deinen Hund mit dem Mitkomm-Hörzeichen »Komm« auf, dir zu folgen und dabei nach oben zu schauen. Du bewunderst derweil das wunderbare Fressen in der Futterschüssel und sprichst damit auch das Basismotiv »Neugier« an. Wichtig: Die Schüssel nicht nach unten zur Schnauze des Hundes führen, um ihn damit zu locken!

Läuft der Hund nur ein paar Schritte entspannt mit und schaut nach oben, sofort den Marker setzen und aus der Schüssel aktiv belohnen. Sollte der Hund hochspringen, versuche langsamer zu gehen und die Schüssel höher zu halten. Du wirst merken, diese Übung ist gar nicht so einfach. Wichtig ist wirklich, dass der Marker kommt, wenn ihr zusammen geht und es gut passt. Der Hund soll nicht sitzen oder sich gerade hinsetzen wollen. Übertrage diese Übung nach draußen und mache sie vor allem auch auf dem Spaziergang. Eine kleine zusammenklappbare Schüssel leistet dir dabei gute Dienste!

Natürlich könnte ich auch einfach ein Leckerli vor meine Nase halten, aber das ist lange nicht so effektiv, denn der Hund hat in der Regel beim Anblick der Schüssel schon eine hohe Erwartungshaltung (erinnere dich – klassische Konditionierung!) und somit gibt es dadurch einen viel besseren Ablenkungsschutz. Probiere es aus, denn Spaß macht es nebenbei auch noch, dieses »Essen auf Rädern«. Später ist es optimal, wenn mir der Hund auch ohne Hilfsmittel ins Gesicht schaut. Aber wie in den Trainingsgrundsätzen vermerkt – immer Schritt für Schritt und »klein« anfangen! Selbstverständlich haben wir einige Übungsideen für dich zusammengestellt.

VIDEO
Mobile Aufmerksamkeit

## Die Positionen – mehr als Sitz, Platz, Steh

### Die Grundstimmung der Position

Ein Hund kann in drei verschiedenen Positionen verharren: Er kann stehen, sitzen oder liegen. Das macht er in seinem normalen Hundealltag und soll es möglichst auch bei seinem Hundebesitzer auf Hörzeichen ausführen. Damit erzähle ich dir sicher nichts Neues. Aber hast du schon einmal darüber nachgedacht, wann und warum er das tut? Und vor allem welche Stimmung der Hund dabei hat? Ist er aufgeregt oder gelassen, energiegeladen oder entspannt? In meinen Augen ist es für das richtige Training der Positionen äußerst bedeutsam, auch die entsprechende Stimmung mit zu vermitteln, um zu einem optimalen Trainingserfolg zu gelangen.

#### Das STEH

Ich fange beim »Stehen« an. Ein Hund kann aus der Bewegung einfach anhalten und locker stehen bleiben, er kann abrupt anhalten und sehr erwartungsvoll und unter

Die Grundpositionen kennt jeder Hundebesitzer. Aber hast Du dir schon mal Gedanken über die Bedeutung gemacht und was diese in unserem Training bewirken?

Spannung stehen oder er kann auch langsam und schleichend anhalten und lauernd mit nach vorne verlagertem Gewicht stehen bleiben. Zusätzlich wäre ein »Aufstehen« aus der Sitz- oder auch Platz-Position möglich. Es gibt daher 5 mögliche Varianten für das Stehen:

- Aufstehen aus dem Sitz
- Aufstehen aus dem Platz
- Locker und entspannt anhalten
- Unter Spannung anhalten mit Erwartungshaltung
- Lauernd anhalten und in Lauerstellung bleiben

Das Steh dient bei unseren Hunden nicht als Ruhe- und Entspannungsposition. Aus diesem Grund ist die Position »Steh« eine aktive Position, weil danach oder daraus in der Regel etwas anderes passiert. Wenn ich einen aktiven Hund haben möchte, wäre das doch die Grundposition, wenn ich ihm nichts sage, auch wenn er ein Leckerli sieht – oder? Ich möchte es noch einmal verdeutlichen: Ich wünsche mir einen Hund, der aktiv neben oder vor mir steht (wenn wir kommunizieren und etwas »vor haben«), egal, was ich mache, und der sich nicht automatisch setzt, weil ich das Sitz mit dem Leckerli zusammen klassisch konditioniert habe. Weiter muss ich überlegen, wenn ich dem Hund das »Steh« beibringe, welches davon ich haben möchte? Das lockere Anhalten, das abrupte Stehenbleiben oder vielleicht auch das Lauern? Vielleicht möchte ich mehrere »Steh-Varianten«? Dann sollte ich mich zum einen für unterschiedliche Hörzeichen entscheiden und zum anderen für unterschiedliche Vermittlungstechniken im Aufbau.

### Das SITZ

Das Sitzen ist die Position, die der Hund am häufigsten im Zusammenhang mit einer Futterbelohnung einnimmt oder die von seinem Menschen sehr oft eingefordert wird. Aber

Das Stehen ist die instabilste Position.

Die Sitzposition ist beobachtend und abwartend und sehr stabil.

wann und warum sitzen Hunde eigentlich? Hast du einen Wachhund? Oder einen aufmerksamen Hund, der sich für seine Umwelt stark interessiert? Dann kennst du das sicher: Ist die Gefahr weiter weg, wird erst gewarnt und dann genau beobachtet. Dazu setzt sich der Hund zumeist aufmerksam und aufrecht hin. Manche Hunde sitzen dabei wie eine Statue. Ansonsten sitzen Hunde eher wenig. Sitz ist abwartend und beobachtend und deshalb eine inaktive Position. Was unsere Hunde im Zusammenleben mit uns Menschen natürlich schnell gelernt haben ist, dass zum einen ein schönes Sitz und »Lieb-Schauen« Kekse bringt und zum anderen, dass es einfacher ist, dem Menschen ins Gesicht zu schauen. Das ist auch überhaupt nicht schlecht, im Gegenteil. Aber wenn ich meinem Hund immer und von klein auf beibringe: Sitzen und Lieb-Schauen bringt die Belohnung, dann wird er wenig Kreativität und Aktivität entwickeln, wenn er Alternativen ausprobieren darf, um zu einer Belohnung zu kommen. Außerdem unterliegt bei vielen Verstärkungen ein Verhalten einer Automatisierung, es wird also gezeigt, ohne das Gehirn dafür noch einzuschalten oder Alternativen abzufragen. Der Vorteil ist: es klappt oft und geht schnell. Der Nachteil ist: ich habe einen abwartenden inaktiven Hund. Wenn schon der Welpe für ein schlampiges und schiefes Faulsitzen (der Hund sitzt auf einer Popobacke) belohnt wird, dann habe ich jegliche Aktivität in dieser Position komplett verspielt. Jetzt kommt ein bisschen die hundesportliche Motivation bei mir durch: Ich wünsche mir auch in der Sitzposition einen aktiven und dynamischen Hund. Auch hier gibt es wieder einige Möglichkeiten, wie das »Sitz« ausgeführt werden kann:

- Hinsetzen aus dem Steh
- Aufsetzen aus dem Platz
- Sitzen aus der Bewegung

Optimal wäre es, wenn mein Hund das Sitz nur ausführt, wenn ich es ihm sage, egal aus welcher Position, immer dynamisch und in gespannter Körperhaltung. Da er diese Körperspannung als Welpe (gerade wenn es ein größerer Hund ist) noch nicht mitbringen kann, ist das »Sitz« das letzte Positionssignal. Natürlich auch aus den oben bereits erklärten Gründen.

### Das PLATZ

Das Hinlegen hat einige emotionale Zustände zu bieten. Mein Hund kann ins Platz förmlich klappen und unter Hochspannung liegen bleiben und lauern. Mein Hund kann auch sehr aufmerksam liegen unter Spannung und auf eine neue Information des »Gegenübers« warten. Mein Hund kann sich hinlegen und es sich dabei bequem machen (Popo klappt zur Seite), weil er davon ausgeht, er bleibt jetzt erstmal entspannt liegen. Oder mein Hund legt sich hin und döst oder schläft. Wenn ich es grob in zwei Gruppen einteile, dann gibt es ein

Das Liegen kann entweder sehr instabil, also lauernd sein, oder als Ruheposition eingenommen werden.

aktives Platz, wenn der Hund bereit ist, eine Aktion auszuführen, und ein passives Platz, wo der Hund eher herunterfährt und im Standby ist oder auch entspannt und schläft. Ich würde auf alle Fälle empfehlen, für diese beiden Varianten des Hinlegens einen unterschiedlichen Aufbau zu wählen und sie mit verschiedenen Hörzeichen zu verknüpfen. Der Hund kann ein Platz aus folgenden Situationen ausführen:

- Hinlegen aus dem Stehen
- Hinlegen aus dem Sitzen
- Aktiv hinlegen aus der Bewegung
- Sich hinlegen und herunterfahren, aber im Stand-by bleiben
- Sich locker hinlegen, um zu dösen und zu entspannen

Mach dir Gedanken, wie du das Platz dem Hund vermitteln möchtest und ob es dir wichtig ist, dabei zu unterscheiden. Diese Ausführungsbeschreibung ist vor allem für Teamführer wichtig, welche später mit dem Hund sportliche Ambitionen haben. Aber warum sollte ein »Freizeit-Hundemensch« nicht auch mit seinem Hund korrekt und motiviert arbeiten? Überlege dir, ob es wert ist, die Positionen mit deinem Hund genau und mit hoher Motivation zu erarbeiten.

## Die Möglichkeiten der Vermittlung

**Ziel:** Dynamische Vermittlung der Positionen Steh und Platz in der Jagdstimmung.

**Was wird benötigt?** Orte mit wenig Ablenkung (im Haus, im Garten), Futterbelohnungen und Spielobjekte.
**Aufgabe des Hundes:** Die Stimmung des Menschen zu übernehmen und spannungsvoll in der Position zu verharren.

Es geht um eine Vorbereitung und Erstvermittlung des Stehens, der Stimmung und des richtigen Bewegungsablaufes. Ich würde dir raten, wirklich darauf zu achten, dass dein Hund steht, wenn du nichts sagst oder ein Handzeichen gibst. Deswegen macht es Sinn, den Hund sehr viel im Stehen zu belohnen und das auch sozial zu unterstützen, indem bei der Belohnung gelobt wird. Aus diesem Stehen können und dürfen sich dann verschiedene Dinge entwickeln. Du kannst den Hund kurz stehen lassen und dann auf einmal mit ihm um die Wette laufen. Du gehst fröhlich und locker mit ihm, hältst an, baust Körperspannung auf und es kommt ein tolles Spiel. Oder du belohnst das Stehen und Stehenbleiben auch einmal passiv in der Position. Die Stimmung soll wirklich erwartungsvoll sein und »Stehen« bedeutet: Gleich passiert etwas. Auch kannst du andeuten, dass du eine Beute oder ein Futter wirfst. Erst wenn der Hund verdutzt stehen bleibt, kommt der Marker und die Belohnung fliegt direkt zum Hund oder hinter den Hund.

Für das Hinlegen ist mein Vorschlag, die aktive Position im spielerischen Aufbau zu vermitteln. Wichtig ist, dass der Hund sich in einem Zug hinlegt, wie er das auch in der Natur machen würde, wenn er lauert und sich nicht erst hinsetzt und dann hinlegt. Da dem Hund das Hinlegen und Lauern von der Natur mitgegeben ist, können wir es nutzen, um ihm gleich den richtigen Bewegungsablauf beizubringen. Spiele mit deinem Hund im Sitzen, am besten mit einem größeren Futter-Stück oder einen kleinen Beuteobjekt. Dein Hund darf dem Objekt nachjagen, plötzlich verschwindet es unter deinen beiden Händen. Diese drückst du auf den Boden und wartest, was passiert. Vielleicht wird dein Hund kratzen, das kannst du mit einem Unmutslaut unterbinden, oder er versucht etwas anderes. Spiel immer wieder kurz und lass die Beute verschwinden. Viele Hunde legen sich dann gerne ins Lauern und somit in die Platzposition. Nun kommt große Freude auf und der Hund darf die Beute gewinnen. Dieses Spiel ist auch sehr lustig für Hunde, die das Platz schon können, es aber sehr lustlos ausführen, oder sich erst immer hinsetzen und dann hinlegen. Probiere es aus!

Eine andere Möglichkeit ist, ein aktives Platz aus dem Magnetspiel heraus zu vermitteln. Das Bedarf einiges an Geschick des Menschen, die Magnethand so einzusetzen, dass sich der Hund wirklich richtig ablegen kann. Wichtig ist: Nicht in der Platzposition füttern, sondern weiterspielen, um die Aktivität zu bekommen und zu erhalten. Es macht nebenbei auch sehr viel Spaß und der Hund merkt gar nicht, dass wir ihm gerade etwas beibringen. Hier in diesem Video findest du einige tolle Ideen, wie das Stehen und das Hinlegen für deinen Hund zur »aktiven« Gewohnheit werden kann:

VIDEO
Positionsspiel

Ich lasse an dieser Stelle die Beschreibung für das Sitzen absichtlich weg. Konzentriere dich erst einmal auf Steh und Platz. Bei der spielerischen Vermittlung und den ersten Trainingsversuchen empfehle ich, noch kein Hörzeichen zu verwenden. Viel Spaß beim Ausprobieren!

# Aktivität, Ruhe und Impulskontrolle

## Aktivität und Ruhe

**Gas geben kann nur jemand, der auch bremsen kann.**

Als ich das Autofahren erlernt habe (übrigens mit einem Trabbi im Osten), war das erste und wichtigste Pedal, das ich kennenlernen durfte, die Bremse. Bevor es losging mit dem Fahren, trainierte ich das »Bremsen« mit dem richtigen Bein, damit dies in Fleisch und Blut übergeht. Auch während der ersten und eher langsamen Fahrten wurde immer wieder das Bremsen geübt. Nur so bekam ich als Neu-Autofahrer die Sicherheit, das Auto auch beherrschen zu können, und traute mir ein schnelleres Fahren zu. Gerade in der Anfangsphase kam öfter Unsicherheit auf, wenn es zu schnell wurde. Zum Glück saß der Fahrlehrer daneben, konnte eingreifen und gab mir Sicherheit. Jetzt ist das natürlich kein Thema mehr, die Bremse wird bedient, ohne nachzudenken, und auch bei einem etwas spritzigen Fahrstil bleibe ich locker und sicher. Das Autofahren macht Spaß.

Was hat das alles mit dem Hund zu tun, mag sich der eine oder andere Leser gerade fragen? Bildlich gesprochen: Hat dein Hund eine Bremse, lieber Leser? Wenn er überdreht, ein aufgeregtes Verhalten zeigt oder vielleicht auch frustriert hochfährt, kennst du die Bremse deines Hundes und kannst diese auch bedienen?

Papa Denzel und Tochter Mica sind ein absolutes Dream-Team. Auch wenn Denzel Mica mal in die Schranken weist, haben sie ein wunderbares Vertrauensverhältnis miteinander.

## PAPA DENZEL

Wir schauen zu den Hunden, in diesem Fall zu Papa Denzel und Tochter Mica. Mica ist eine »Düsen«, wie man umgangssprachlich sagt, und liebt es, mit Papa Denzel zu spielen und ihn auch ein klein wenig zu ärgern. Gerade wenn er eigentlich keine Lust auf seine Tochter hat, kann sie ganz besonders lästig sein. Mit einem breiten Grinsen in ihrem schwarzen Gesicht und blitzenden Augen saust sie um ihn herum, rempelt ihn an, kneift ihn in den Popo und findet dieses Spiel superlustig. Papa Denzel macht manchmal kurz mit. Teilweise versucht er es auch zu ignorieren, dreht den Kopf weg und schaut entnervt in der Gegend rum oder verwarnt Mica. Meistens stachelt sie das nur noch mehr an und sie fährt zur Hochform auf. Man kann darauf warten, wann dem Denzel der Kragen platzt, wenn ich nicht eingreife und das Fräulein zur Ordnung rufe. Kurz und knapp geht er auf Mica los, schupst sie um, dreht sie auf den Rücken und zack liegt sie ganz still. Er steht noch ein bisschen über ihr, knurrt und geht dann entspannt seiner Wege. Für Mica ist die Welt trotzdem in Ordnung und sie ist nicht mehr so aufgedreht.

Vielleicht kennt der Mehrhundehalter dieses Verhalten auch in seiner Hundegruppe. Alles gut, alles normal, Denzel hat einfach nur die Bremse von Mica bedient, damit sie sich wieder beruhigt.

Und da die Mica eine »Düsen« ist, bekommt sie diese Anwandlungen auch beim Spazierengehen mit uns Menschen. Sie kommt angesaust, fliegt auf Augenhöhe vorbei, um mal schnell in den Arm zu zwicken, macht Spielaufforderungen und ist einfach nur fröhlich und überdreht. Ich liebe es, wenn sie diese unbändige Lebensfreude zeigt, auch aus dem einfachen Grund, weil ich jederzeit ihre Bremse »bedienen« und sie wieder in den Normalzustand herunterholen kann.

Schrillen bei dem einen oder anderen Leser gerade die Alarmglocken – Alphawurf, Unterwerfung, den Hund unterbuttern? Nein, ich kann dich beruhigen, ich muss mich nicht auf Mica draufsetzen oder sie auf den Rücken drehen, dass sie Ruhe gibt, das kann Denzel viel besser. Aber ich kann die Bremse bei meinem Hund suchen, lernen sie zu betätigen und damit später auch sicher umzugehen. Wenn die »Bremse« dann auch noch ein »Hörzeichen« bekommt, dann kann ich dieses allein verwenden, damit der Hund sich in eine gelernte Ruheposition begibt, herunterfährt und entspannt. Das klingt gar nicht so schlecht, oder? Wir möchten mit unseren Hunden ausgelassen spielen, mit und ohne Objekte. Unsere Hunde dürfen dabei auch Energie zeigen, ausgelassen sein und einmal die »Sau« rauslassen, so wie es ihrem Naturell entspricht, wie sie es lieben und im Spiel mit anderen Hunden zeigen.

Mit dem eigenen Hund artgerecht spielen können, ohne die Kontrolle zu verlieren, ist ein Zeichen einer wunderbaren und ausgewogenen Mensch-Hund-Beziehung!

**Nichts ist schlimmer, als wenn das Temperament des Hundes ständig nur gedeckelt oder der Hund in seinem Verhalten immer wieder gedämpft oder kontrolliert wird.**

Leider werde ich das Gefühl nicht los, dass genau das mit vielen Hunden, die einen hohen Energielevel besitzen, passiert. Hunde dürfen aufdrehen, dürfen auch mal frech sein. Das alles geht, wenn ich mit diesem Verhalten umgehen und es auch wieder bremsen kann. Und genau hier befinden wir uns in sozialen Lernsituationen. Da helfen keine Leckerlis oder andere externe Verstärker. Hier geht es um eine klare Kommunikation, um Konsequenz, Ausstrahlung und um Vertrauen. All diese Dinge sind in einer gut funktionierenden Gruppe, die zusammenlebt, wichtig. Gerade in den Ruheübungen werden sie abgefragt und auch auf den Prüfstand gestellt. Wie ich diese »Bremse« aufbaue (sie heißt bei mir als Hörzeichen »Schmusi«) und was es bedeutet, sie auch zuverlässig bedienen zu können, möchte ich ausführlich erklären. Da dieses Thema im Zusammenleben mit dem Hund elementar wichtig und nicht so einfach mit einer positiven »Verstärkungsformel« zu erarbeiten ist, sei mir gestattet, diesbezüglich etwas auszuholen.

## Parken und Time-out

Ich möchte mit einer Übung anfangen, die nicht weltbewegend ist und trotzdem so wichtig. Tatsächlich ist es gar keine eigene Übung, weil es nichts zu üben gibt. Es wird eher Energie übertragen und der Hund darf selber für sich das richtige Verhalten erlernen und anwenden.

Diese Übung wird in unserem Programm »Parken« genannt. Die Info an den Hund ist: Du hast jetzt Pause und bist gerade nicht dran!

Ich sehe oft Hunde, die es gar nicht verkraften können, wenn sie von ihren Besitzern keine Aufmerksamkeit bekommen. Folgendes Szenario möchte ich bildlich beschreiben: Ein Hundebesitzer geht mit seinem jungen Hund spazieren und trifft einen guten Freund. Schon bei der Begrüßung der Menschen möchte sich der Hund vordrängeln und den guten Freund am liebsten vor Freude anspringen. Während der Unterhaltung springt der Hund immer wieder an seinem Besitzer hoch, beißt in die Leine, fängt an zu buddeln oder zu bellen. Dieses Verhalten ist auf keinem Fall unnormal, also keine Sorge. Dem Hund wird die Aufmerksamkeit durch seinen Besitzer entzogen und er bemüht sich einfach, sie wieder zu bekommen. Die eigentliche Frage lautet: Wie geht der Besitzer mit dem Verhalten um und was lernt der Hund schlussendlich daraus?

Folgende Reaktionen des Hundebesitzers wären möglich:

- Der Besitzer sagt »Sitz« zu seinem Hund. Da dieser noch jung ist, steht er immer wieder auf und bekommt erneut das Sitz-Hörzeichen
- Der Besitzer wird wütend und schimpft mit seinem Hund, dieser wird eher noch aufgeregter
- Der Besitzer versucht den Hund zu ignorieren und lässt sich die ganze Zeit anspringen, irgendwann reagiert er dann doch

**Ich finde es sinnvoll eine Maßnahme zu haben, mit der ich dem Hund vermitteln kann: Du bist jetzt nicht dran!**

Genau das erreichen wir mit dem »Parken«.

Ist der Hund in der »Stand-by«-Position, dann muss er nicht unbedingt liegen. Er bietet es oftmals von selber an. Es wird ihm nur vermittelt: »DU bist jetzt nicht dran.« Der Mensch hat eine klare aufrechte Körpersprache und damit die Situation im Griff!

### Das Parken

**Ziel:** Der Hund soll sich für einen kurzen Zeitraum in eine »Warteschleife« begeben und das ruhig akzeptieren.
**Was wird benötigt?** Verschiedene Orte, eine Leine ca. 1,5–2 m lang und nach Bedarf verschiedene Ablenkungen.
**Aufgabe des Hundes:** Ruhig sein und abwarten. Der Hund kann stehen, sitzen oder liegen.

Das Parken ist eigentlich eine sehr einfache Übung und wird in den Anfängen mit Leine und ohne Hörzeichen vermittelt. Sobald der Hund die Übung verstanden hat und sich optimaler Weise hinlegt, wird das mit einem Hörzeichen verknüpft. Geh mit deinem Hund (kann mit dem Welpen schon begonnen werden) zu einer Stelle, an der es nicht so viel Ablenkung oder andere Auslösereize gibt. Du bleibst ruhig und gelassen stehen, nimmst die Leine, schiebst sie unter einen Fuß und hältst das Ende fest. Die Leine am Hund soll genau so lang sein, dass er stehen kann. Du sagst nichts, richtest dich auf und beachtest deinen Hund nicht mehr. Das meine ich so, der Hund wird nicht beachtet, egal was er macht! Er wird weder gelobt, noch geschimpft. Du stehst aufrecht, Schultern zurück und strahlst eine ruhige Energie aus. Dein Hund kann stehen, sitzen oder liegen – ganz egal! Du beendest die Übung, wenn dein Hund ruhig und entspannt ist, indem du von der Leine steigst, dein »Fertig«-Hörzeichen gibst und entweder

Ist das Parken gefestigt, dann können Ablenkungen mit eingebaut werden, wie das Begrüßen. Der Hund soll auch hier vermittelt bekommen, dass er nicht dran ist!

weitergehst oder eine Kleinigkeit mit dem Hund trainierst. Irgendwann wird der Hund die bequemste Stellung, das Liegen, von alleine einnehmen.

Erst dann macht es Sinn, ein Hörzeichen einzusetzen, wie z.B. »Parken« oder »Liegen«. Bitte belohne deinen Hund nicht mit Leckerli oder Ähnlichem.

**Belohnung schafft eine Erwartungshaltung und genau diese ist beim Parken nicht erwünscht.**

Wenn du verbal loben möchtest, dann nur mit ruhiger Stimme. Hat dein Hund das Verständnis für diese Übung entwickelt, so können gezielt Ablenkungen und Reize eingebaut werden, wo er lernen darf, trotzdem ruhig im Parken zu bleiben. Das können zum Beispiel sein:

- Menschen oder Menschen mit Hunden gehen vorbei, auch andere Tiere sind möglich
- Menschen oder auch Menschen mit Hunden bleiben stehen und sprechen mit dir
- Es wird die Hand gegeben oder auch einmal näher herangetreten
- Andere Hunde spielen und der eigene Hund ist im »Time-out«
- Menschen mit ihren Hunden spielen im Nahbereich und dein Hund muss warten
- Du wartest mit deinem Hund, bis du zum Training wieder dran bist
- Der Trainer erklärt gerade eine Übung
- Wenn du zwei Hunde hast, dann ist der eine im Stand-by (liegt) und mit dem anderen kannst du arbeiten

Es gibt sicher noch andere Situationen, in denen das Parken gefestigt werden kann, deiner Fantasie sind keine Grenzen gesetzt! Schau in dieses Video, es vermittelt dir den Aufbau und Ideen der Ablenkung.

VIDEO

Parken

Später wird es so sein, dass dein Hund bei Ablenkungen ruhig, entspannt und sicher liegen bleiben kann (natürlich ohne Leine), bis du das Auflöse-Hörzeichen gibst. Ich kann nur aus eigener Erfahrung sagen, so eine Parkposition in ruhiger Stimmung ist im Alltag oder auch im Training unglaublich praktisch.
Ich treffe den Nachbarn, Mica und Denzel werden ins Parken gelegt (bei mir heißt es Liegen), und wir unterhalten uns ein wenig. Ich bin mit den Hunden ohne Leine unterwegs. Es kommen Radfahrer, Spaziergänger, Menschen mit Hunden, ich gehe an die Seite, parke meine Hunde und lasse die Passanten vorbeigehen. Ich bin im Hundetraining und möchte mich neu sortieren oder mit dem Trainer unterhalten, der Hund wird geparkt, wir besprechen die nächste Übung und weitergeht's.

## Die Seitstellung als Ruheübung

Diese Übung ist mir sehr wichtig und auch ein unverzichtbarer Bestandteil unseres CreaCanis-Programms. Ich komme jetzt zur bereits erwähnten Bremse, das vorher in Aussicht gestellte »Schmusi«. Ich frage bei meinen Seminaren die Teilnehmer vorab nach ihren größten Problemen und nach ihren Wünschen. Der größte Wunsch ist bei vielen, den eigenen Hund wieder herunterfahren und händeln zu können, wenn dieser aufdreht. Viele Menschen trauen sich gar nicht, mit ihrem Hund richtig ausgelassen zu spielen. Der Wunsch bei Hunden, die eher unsicher und vorsichtig sind, ist oft, dass sie mehr Vertrauen zu ihrem Besitzer bekommen und selbstbewusster werden. Du glaubst jetzt, das eine kann mit dem anderen so gar nichts zu tun haben? Oh, doch! Unsere Ruheübung ist nicht nur als »Bremse« geeignet, sondern auch als Vertrauensübung, als Duldungsübung und als Übung zur Erhöhung der Frustrationstoleranz.

Ich habe unlängst in einem »Ich frage ein Hundetrainerforum« folgenden Hilferuf gelesen:

*»Unser Pauli (5 1/2 M) kommt aus dem Rammeln nicht mehr raus. Ich werde nonstop von ihm bestiegen. Sobald ich es unterbinden möchte, wird er grob, geht gegen meine Hand, knurrt und will mich weiter besteigen. Nach und nach wird er immer grober, reißt die Augen auf und lässt sich nicht runterbringen. Ich weiß mir leider nicht mehr zu helfen und hoffe, dass Sie mir helfen können ... Und wenn er mich rammelt, während ich stehe, z.B. am Kochen bin und er rammelt mich dann ...?«*

Die Antworten und Tipps sind vielfältig, von »mit der Hüfte wegschieben« bis »einen Platz aufbauen, wo er hin soll, wenn er rammelt«. Sicher machbar, aber beseitigt das Unterbinden des Rammelns das Grundproblem? Das Problem ist, dass dem kleinen »Pauli« keine Grenzen gesetzt wurden und er sich bei seinem Besitzer Dinge herausnimmt, die nicht akzeptabel sind. Außerdem hat er bereits gelernt, sich zu wehren und aufzudrehen, wenn Maßnahmen ergriffen werden. Genau hier würde das »Schmusi« zur Duldungsübung und zur Bremse werden. Aber Achtung! Stell dir Folgendes vor: Du hättest diesen Pauli. Genau in der Situation, wo er aufdreht, kommst du auf den Gedanken, schnell mal unsere Ruheübung ausprobieren zu wollen – das funktioniert nicht und muss zwangsläufig zur Eskalation führen.

Wenn aber diese Übung vorher richtig aufgebaut wurde, dein Hund genau weiß, dass

Die Ruheposition wird erst ohne Ablenkung erlernt. Dem Hund wird vermittelt, dass er in dieser Position beim Menschen sicher ist. Ihm wird aber auch vermittelt, dass der Mensch entscheidet, wann er diese Position wieder verlassen kann.

ihm nichts passiert, dass er sich anlehnen und sicher fühlen kann, dass er Schmuseeinheiten bekommt, dann kannst du diese Bremse für überdrehte Hunde wie »Pauli« einsetzen. Vermutlich wird sie dann gar nicht mehr oft benötigt, denn alleine durch das Trainieren dieser Übung wird einiges im Team Mensch-Hund ins Gleichgewicht gebracht, sodass der Hund so ein verrücktes und freches Verhalten (wie oben beschrieben) in dieser Form gar nicht mehr zeigt.

Die Ruheübung als Seitstellung am Bein wird, wie alle anderen Übungen auch, vorerst in einer gelassenen und ruhigen Stimmung vermittelt. Schon da kann es zu kleineren Revolten oder Problemen kommen. Im sozialen Lernen (auch hier bitte auf Leckerli oder andere Verstärker verzichten) können Probleme im Team Mensch-Hund offenbar werden, die zuvor elegant umgangen wurden. Ich lege dir ans Herz, ganz genau darauf zu achten, wie ich diese Übung sehe, wie sie beschrieben und wie der Aufbau im Video gezeigt wird. Wenn du dich entscheidest, diese Übung mit deinem Hund zu erarbeiten, musst du dir bewusst machen, dass das gewünschte Ergebnis nur zu erreichen ist, wenn du dich vollkommen darauf einlässt und dahinterstehst, damit du für deinen Hund auch glaubwürdig und überzeugend bist.

Wenn du bei deinem Hund auf absolute Freiwilligkeit setzt und möchtest, dass er alles aus freien Stücken macht, wirst du vielleicht bei dieser Übung in einen Konflikt geraten. Dein Hund wird sich dann eventuell dazu entscheiden, dass er gerade jetzt nicht bei dir stehen will und auch nicht schmusen möchte.

- **Deswegen: Bestimme DU! den Anfang und auch das Ende dieser Übung und vermittle deinem Hund, dass es so ist, weil du es jetzt so möchtest, und dass ihm gar nichts passiert.**

### Die Seitstellung am Bein

**Ziel:** Der Hund soll sofort »herunterfahren«, sich vertrauensvoll an dein Bein anlehnen und die Kontrolle abgeben. Dabei nimmt er die Führung des Menschen an und wird ruhig und gelassen.
**Was wird benötigt?** Verschiedene Orte, eine Leine ca. 1 m lang, ohne Schlaufen und einen gelassenen, aber konsequenten Besitzer.
**Aufgabe des Hundes:** Gelassen am Bein des Menschen stehen und sich nach Bedarf auch am Bein mitnehmen lassen. In späterer Folge auf Signal von selbst die Position am Bein einnehmen und auch freiwillig da bleiben.

Dein Hund hat ein gewöhnliches Halsband um (bitte für diese Übung kein Geschirr verwenden) und die kleine Leine angehängt. Du stehst in ruhiger Stimmung locker vor deinem Hund, dein Hund ist ebenfalls ruhig und nicht aufgedreht. Du fasst ihm mit der einen Hand von unten in das Halsband. Du nimmst die linke Hand, wenn der Hund an deiner rechten

Seite stehen soll, und die rechte Hand für die linke Seite. Hast du ihn locker am Halsband, stellst du dich an seine Seite und drehst dich zum Hund (bei schwierigen oder sensiblen Hunden als erster Schritt empfohlen); oder du nimmst die freie Hand, legst sie auf den Oberschenkel des Hundes und schiebst ihn sanft an deine Seite, sodass er Kontakt zu deinem Bein bekommt.

Dann streichelst du an Hals, Oberschenkel und Außenseite des Hundes ganz ruhig entlang. Du kannst auch in ruhigem Ton mit ihm sprechen. Vielleicht wird dein Hund erstmal verblüfft sein, sich etwas steif machen und von dir weg wollen. Halte ihn dann einfach nur fest, sodass er ruhig steht. Lass ihn (sanft, aber bestimmt) weder nach vorne, noch nach hinten, oder zur Seite weg. Lobe und streichle ihn ruhig, sobald er sich entspannt. Ist er entspannt, gehst du aus der Position. Diese Übung wiederholst du, bis dein Hund es schafft, entspannt neben dir zu stehen. Du merkst das, indem er sich an dein Bein lehnt und anfängt, das Streicheln zu genießen. Bei kleineren Hunden oder Welpen macht es Sinn, diese Übung kniend durchzuführen. Übe bitte unbedingt beide Seiten und übertrage diese Übung nach draußen auf den Spaziergang oder an andere Orte. Immer in unaufgeregter Stimmung arbeiten.

Es kann passieren, dass dein Hund sich gegen dich auflehnt oder sich wehrt, weil er diese Einschränkung jetzt gerade nicht will. Wenn das passiert, darfst du deinen Hund auf keinen Fall los- oder weglassen. Er soll lernen, dass ihn allein Ruhe bei dir zum Erfolg bringt. Auch sollte dein Hund nicht sitzen, sondern stehen, damit du ihn in späterer Folge auch am Bein mitnehmen kannst. Falls dein Hund eine »Vorgeschichte« hat, du ihm nicht ganz vertraust oder du dir die korrekte Ausführung der

Eine gewisse Konsequenz ist beim Erlernen dieser Übung unbedingt erforderlich! Aber schon nach einigen Wiederholungen wirst Du merken, dass sich dein Hund mehr und mehr entspannen kann.

Übung nicht zutraust, ziehe bitte unbedingt einen CreaCanis-Trainer zu Rate! Bei normal veranlagten Hunden, die eine gute Aufzucht genossen und eventuell auch schon beim Züchter das Festgehaltenwerden kennengelernt haben, sollte diese Übung kein Problem darstellen.

Klappt die Übung an verschiedenen Orten gut, dann lade deinen Hund ein, ein paar Schritte zu dir zu kommen (nimm die Leine zu Hilfe), drehe ihn an dein Bein und streichle ihn. Entspannt euch. Die meisten Hunde lernen, das zu genießen. Sobald das gut funktioniert, kannst du dich, wenn dein Hund in Seitstellung steht, etwas von ihm im oder gegen den Uhrzeigersinn (je nachdem, an welchem Bein er steht) wegbewegen und ihn sanft mitnehmen. Auch das ist ein Lernprozess, aber das

Ergebnis ist Ruhe, Körperkontakt und Entschleunigung. Bitte beachte:

**Du gehst aus der Position, wenn ihr beide ruhig und entspannt seid, keinesfalls der Hund!**

Binde diese Übung in dein tägliches Leben mit deinem Hund ein, sodass es für ihn zur Normalität wird und er gerne auch freiwillig und ohne Leine an deine Seite kommt. Erst dann kannst du im nächsten Schritt diese Übung für die weiter oben beschriebenen Maßnahmen wie »Bremsen«, »Herunterfahren«, »Vertrauen aufbauen«, »Frustrationstoleranz erhöhen« und »Kontrolle abgeben«, anwenden.

**Im Haus und Garten:**

- Der Hund dreht auf und geht über Tische und Bänke
- Der Hund dreht bei den Kindern auf und beißt in die Kleidung
- Der Hund ist aufgeregt bei Besuch
- Der Hund überdreht beim Spiel mit dem Menschen

**Im Alltag:**

- Beim Tierarzt, bei der Hundeausstellung oder einer Zuchtüberprüfung
- Beim Kämmen, Abtrocknen und Saubermachen des Hundes
- Bei Bewegungsreizen, wo er sonst nachspringen würde (Autos, Inliner, Fahrräder)
- Wenn der Hund anfängt, beim Spazierengehen zu fixieren
- Bei Hundebegegnungen
- Bei ängstlichen Hunden, wenn sie sich erschrecken
- In Stresssituationen
- Bei Aufgeregtheit und Jagdstimmung

**Im Hundesport:**

- In einer Pause im Training, wenn es zu Wartezeiten kommt
- Wenn der Hund gerade überdreht und sich nicht konzentrieren kann
- Am Ende eines erfolgreichen Trainings zum Ausklingen

**Ich denke, jetzt ist klar, wie komplex und wichtig diese Ruheübung ist. Sie ist als absolute Basisübung für viele Zwecke verwendbar!**

Schau in das Video, hier wird der Aufbau sehr gut erklärt.

VIDEO

Ruheübung

## »Leg dich um« oder die freiwillige Seitlage

Wenn mir mein Hund wirklich vertraut, wird er bereit sein, sich von mir auf die Seite legen zu lassen, und zwar überall und in jeder Situation. Zwei Beispiele, um die Wichtigkeit dieser Vertrauensübung zu unterstreichen.

**COOPER**

Mein Hovawartrüde Cooper hatte einen Unfall und sich dabei am hinteren Sprunggelenk alle Bänder gerissen. Bei einer OP wurden sie durch künstliche Bänder ersetzt. Anschließend war 8 Wochen Gipsbein verordnet. Dies bedeutete, jede Woche den Gips beim Tierarzt wechseln zu lassen. Normalerweise werden die Hunde dabei leicht sediert, damit der Tierarzt problemlos und sauber arbeiten kann. Bei Cooper war das nicht nötig, er ließ sich von mir auf die Seite legen und festhalten. Er blieb dort so lange ruhig liegen, bis der Verbandswechsel erledigt war.

Sein Enkel Denzel hat sich beim Toben den Vorderlauf 20 cm weit aufgerissen samt Arterienabriss. Bei einer Not-OP wurde alles genäht, anschließend stand ein täglicher Verbandswechsel auf dem Programm. Auch bei ihm konnte der Tierarzt sehr gut arbeiten. Denzel vertraute mir, ließ sich auf die Seite legen und behandeln.

Für diese Übung ist es wichtig, dass der Hund die Seitstellung kennt, sie akzeptiert und als angenehm empfindet. Alles andere ist viel Gewohnheit und entspannte Konsequenz. Ich lade meinen Hund ein, sich hinzulegen und streichle die Innenschenkel, sodass er sich entspannt. Dabei sollte er auf eine Seite abkippen. Ich streichle ihn ruhig weiter, versuche sanft ihn dazu zu bringen, dass er den Kopf ablegt, und lobe ihn dafür. Aus der Ruhe darf er dann wieder aufstehen. Diese Übung mache ich wirklich vorerst nur da, wo mein Hund nichts kontrollieren kann. Dann übertrage ich sie auf andere Orte. Ist mein Hund entspannt und ruhig, sage ich leise und mit angenehmer Stimme »ruhig« und streichle

Bako hatte einen schweren Unfall, welcher einige Operationen und eine lange Nachbehandlung erforderlich machte. Durch das vorherige Trainieren der Seitlage hat er seiner Besitzerin vertraut und konnte vom Tierarzt gut behandelt werden.

ihn sanft. Der Hund lernt dabei, dass ich auch einmal seinen Kopf ablege und dass ich bestimme, wann er wieder aufstehen darf. Es dauert, bis der Hund vertraut, lass ihm die Zeit. Auch hier sind Leckerli oder andere Verstärker fehl am Platz. Deine Ruhe, deine Stimmung und deine Ausstrahlung sind gefragt. Ich denke, es ist ein wunderbarer Vertrauensbeweis, wenn sich mein Hund in meine Arme fallen lassen kann. Wenn er sich, egal wo wir sind oder was um uns herum passiert, entspannt hinlegt und ich mit ihm kuscheln kann und ihm sage, was für ein toller Hund er ist.

## Impulskontrolle im Hundeleben

Impulskontrolle ist ein großes Thema im Training, heißt es doch vereinfacht einem »Drang« widerstehen oder auch eine Anspannung auszuhalten. Zum einen bestimmt die genetische Veranlagung, wie viel Kontrollmechanismen ein Lebewesen von »Haus« aus besitzt, zum anderen kann diese Kontrolle durch tägliches Lernen ausgebaut werden. Es gibt Hunde, die ohne Beachtung eventueller Konsequenzen auf Außenreize oder Impulse reagieren. Erinnere dich, wir haben im Kapitel »Verhalten« von A- und B-Typen gesprochen.

Das Training einer gut funktionierenden Impulskontrolle und eben auch der Selbstkontrolle des Hundes ist ein Langzeitprojekt. Das ist nicht einfach durch ein paar kleine Übungen trainiert und dann erledigt. In unserem Basisprogramm Roots begleitet dich die Impulskontrolle bei allen Übungen. Das beginnt bereits mit dem »Warten« auf den Marker und das »Aushaltenkönnen«, wenn die Belohnung bereits sichtbar wird. Sie wird natürlich gerade im Spiel und in den längeren Aufmerksamkeitsübungen immer wieder Thema sein.

**Impulskontrolle ist ein Prozess, der keine schnellen Erfolge versprechen kann, aber so wichtig ist.**

Gerade im spielerischen Umgang mit dem Hund kann Impulskontrolle hervorragend eingebaut und »trainiert« werden. Ich habe exemplarisch ein paar Übungen für dich herausgesucht, die speziell diese Kontrollmechanismen ansprechen.

## Das »Wegloben« von der Ablenkung

Diese Übung widerspricht der einen oder anderen Empfehlung völlig, aber sie ist ausgesprochen wirksam. Normalerweise lobe ich meinen Hund, wenn mir sein Verhalten gefällt. Beim »Wegloben« lobe ich meinen Hund für sein Interesse an Außenreizen und zwar, wenn er sie anschaut und dabei ruhig bleibt.

Als Beispiel muss Mica noch einmal herhalten. Sie bietet mir gerade so viel Stoff – da sie genau in der Basisausbildung steckt.

### MICA

Ich gehe mit Mica bei uns am See spazieren und sie sieht zum ersten Mal Schwäne. Sie will zu diesen Schwänen, ich bleibe einfach stehen und sie muss auch stehen bleiben, sie ist ja an der Leine. Interessiert beobachtet sie die Schwäne, erst ist die Leine sehr straff (weil sie noch dahin möchte), aber mit der Zeit wird sie entspannter und steht locker. Die ganze Zeit lobe ich Mica verbal, was sie für ein toller Hund ist und was für interessante Schwäne sie sieht. Ich bleibe ruhig und gelassen und vor allem auch stehen. Irgendwann merke ich, dass Mica wirklich locker ist. Ich spreche sie leise an mit »Mica«, sie wendet sich sofort zu mir um und es gibt ein kleines Spiel mit dem Futter. Ich habe ihr einfach Zeit gegeben, sich mit der Situation auseinanderzusetzen, aber keine Gelegenheit, Blödsinn zu machen. Natürlich spielen Vorerfahrung und der Abstand zum Außenreiz eine große Rolle. Jedenfalls sind wir auf dem Rückweg wieder an den Schwänen vorbeigekommen, Mica blieb entspannt stehen und schaute, ich lobte sie. Plötzlich drehte sie sich zu mir um, strahlt mich an und stellt nonverbal die Frage: »Was ist Frauli, kleines Spiel gefällig?«

Wie oft sehe ich, dass in ähnlichen Situationen versucht wird, die Hunde wegzuziehen (wo sich die Hunde dann dagegenstemmen), sie weitergezogen oder geschimpft werden. Was lernt der Hund? Wenn er einen Schwan sieht und da vielleicht noch hin möchte, gibt es richtig Ärger. Oder die andere Variante, wo der Mensch versucht, seinen Hund mit Belohnungen abzulenken. Der Hund verschmäht diese Belohnungen aber, weil die Situation für ihn gerade viel wichtiger und vor allem noch ungeklärt ist. Auch hier lernt der Hund nur, dass er selber entscheiden kann, was ihm wichtig ist. Und wenn dann die Belohnungen höherwertiger ausfallen, damit der Hund reagiert, gibt es gleich noch eine weitere Lernverknüpfung. Denk an die Geschichte von Donna zurück!

Lass deinem Hund Zeit, sichere ihn ab und gib ihm dann die Möglichkeit, eine gute Alternative bei dir zu bekommen! So steht mittlerweile Denzel wie versteinert, wenn er Wild oder eine Katze sieht. Ich lobe ihn dafür, dass er eine Weile schaut und kann ihn dann ganz entspannt abrufen. Denzel war wirklich sehr interessiert an allem, was so herumgeflogen oder herumgerannt ist. Zurück zu Mica – wir loben gerade sehr intensiv »Krähen schauen« und locker bleiben – es wird!

Du kannst diese Übung überall mit einbauen und diese Verhaltenskette auch gezielt trainieren.

### Das Wegloben als »gestellte« Übung

**Ziel:** Der Hund soll lernen, Ablenkungen oder Außenreize zu beobachten, aber dabei ruhig zu bleiben und in weiterer Folge diese Außenreize zu ignorieren und die richtige Entscheidung zu treffen.
**Was wird benötigt?** Eine kleine Hundeschüssel, ein Sieb, das darüber passt, eine ca. 1,5–2 m lange Leine (optimal ohne Ringe und Schlaufen), andere Ablenkungsteams, Hunde oder Menschen, Leckerli in verschiedenen Wertigkeiten und Spielzeug nach Bedarf.
**Aufgabe des Hundes:** Er darf in Richtung Ablenkung stehen, schauen und schnuppern, soll sich dann entspannen und auf leises Ansprechen oder selbstständig zum Menschen wenden. Später wird das Erspähen der Ablenkung der Auslöser, den Kontakt zum Menschen selbstständig aufzunehmen.

Nimm die kleine Schüssel und packe nicht so hochwertige Leckerlis hinein. Stelle diese Schüssel (bevor der Hund bei dir ist) an einer Stelle ab. Bedecke sie mit einem Sieb. Hole dann deinen Hund. Gehe mit ihm an der Leine locker auf diese Schüssel zu und so daran vorbei, dass der Hund, auch falls er einen Satz in die Leine machen sollte, sie nicht ganz erreicht. In dem Moment, wo der Hund die Schüssel entdeckt und hinwill: bleib stehen. Halte die Leine und lobe deinen Hund, auch wenn er in straffer Leine steht. Lass dir Zeit! Rede mit deinem Hund ruhig und gelassen. Sag ihm, dass er toll ist, sobald er schaut, aber locker bleibt oder spürbar locker wird. Das kann zu Anfang wirklich dauern. Spüre, wie der Körper deines Hundes reagiert. Wenn du ein gutes Gefühl bekommst, sprich ihn mit seinem Namen an und laufe kurz danach ein

Das »Wegloben« ist eine prima Übung, in der der Hund lernt, Ablenkungen anzuzeigen und dann für sich die Entscheidung zu treffen, sich dem Menschen zuzuwenden und sich abrufen zu lassen.

Stück nach hinten weg, sodass der Hund an der Leine nachkommen muss.

Sobald du merkst, dass dein Hund in deinen Innenfokus kommt (haben wir schon drüber gesprochen), dann setze den Marker. Es gibt eine tolle aktive Belohnung. Fällt es dem Hund leicht, in deinen Fokus zu kommen, dann benutze das gleiche Futter wie in der Schüssel. Fällt es ihm schwerer, dann nimm das hochwertigere Futter für die Belohnung. Wiederhole die Übung mehrfach, übertrage sie an andere Orte und wechsele auch das Ablenkungsfutter. Gerne kannst du auch ein Spielzeug unter das Sieb legen, auch ein Knabberteil oder Ähnliches. Im Gegensatz zu vorherigen Übungen, darf der Hund aber nicht nachher zur Schüssel hin oder daraus fressen! Optimal ist es, wenn du diese Übung auch bei Spaziergängen einbaust. Das kann sogar so weit gehen, dass eine andere Person für dich die Ablenkung präpariert, du ihren Standort allerdings nicht kennst und somit viel spontaner reagieren musst.

Als Variante kannst du auf Ablenkungen zugehen oder auch eine Ablenkung stellen, indem zwei Menschen mit einem Fußball spielen, ein anderes Team mit seinem Hund spielt oder Ähnliches. Beobachte auch im Alltag Situationen, die sich dafür anbieten: Enten in einem See eignen sich für diese Übung beispielsweise hervorragend!

## Reizüberflutung als Gewöhnungstraining

Impulskontrolltraining kann auch durch Gewöhnungslernen erreicht werden. Ich nenne das gerne den »Großstadteffekt«. Viele Großstatthunde gehen sehr gelassen mit Situationen um, in denen sich ein anderer Hund vielleicht nicht mehr kontrollieren könnte. Sie reagieren weder auf bewegte Objekte, noch auf Kinder oder auf andere Hunde. Ich finde das immer faszinierend, wenn diese Hunde wie selbstverständlich durch die Straßen laufen. Sie vermitteln einen herrlich unaufgeregten Eindruck. Aber warum sind sie eigentlich so entspannt? Sie haben einfach von klein auf gelernt, dass die vielen Außenreize, die auf sie einwirken, für sie keine Bedeutung haben. Über die Gewöhnung reagieren die Hunde nicht mehr darauf. Unsere Hunde auf dem Land sind da etwas anders gepoolt. Aber auch für sie macht es Sinn, ab und zu in Menschenansammlungen oder in der Stadt umherzulaufen, auf einer Hundeausstellung mit vielen Hunden zu sein oder in einem Zoo mit einer Menge Wildtieren spazieren zu gehen.

**DENZEL**

Als ich mit dem 5 Monate alten Denzel als Zuschauer die erste Hallen-Hundeausstellung besuchte, ist er vor Erstaunen fast aus seinen Pfoten gekippt. So viele verschiedene Hunde, so viele gut duftende Hundemenschen, Einkaufsstände und überall der leckere Hundefuttergeruch – was für eine Reizüberflutung! Da wir nicht ausstellen wollten, habe ich mir mit ihm sehr viel Zeit gelassen, ihn schauen lassen und einfach Ruhe ausgestrahlt. Im Ausstellungsgelände selber habe ich freiwillige Kontaktaufnahme von Denzel zu mir mit einem Marker verstärkt und ihn meistens aktiv belohnt, ab und an war ein kleines

Spiel dabei – das Magnetspiel hat mir gute Dienste geleistet. Seit dieser Erfahrung liebt Denzel Hundeausstellungen, er ist entspannt, neugierig und mag solche aufregenden Tage.

Du weißt jetzt, was du im Alltag trainieren kannst. Dir ist klar, dass du Zeit benötigst und deinem Hund ruhig und gelassen vorleben solltest, dass er nicht auf alle Dinge reagieren muss. Ich habe noch zwei kleine Übungen für dich, die im Alltag oder auch im Training umsetzbar sind.

### Impulskontrollübungen durch Gewöhnung

**Ziel:** Der Hund soll aufgestellte Ablenkungen ignorieren und bei Bewegungsreizen gelassen bleiben.
**Was wird benötigt?** Mehrere Schüsseln mit Sieben, verschiedene Spielzeuge, 1,5–2 m lange Leine, Leckerlis, Spielzeug und eine Hilfsperson.
**Aufgabe des Hundes:** Der Hund soll sich für seinen Menschen entscheiden und bei Ablenkungen gelassen reagieren.

Für diese Übung ist es gut, wenn du einen Bereich hast, wo keine Ablenkung herrscht, der eigene Garten oder ein Hundeplatz würde sich dafür anbieten. Dein Hund ist noch nicht dabei. Du »präparierst« das Gelände. Du stellst in einigen Abständen Schüsseln mit Futter mit Sieben abgedeckt hin und legst beliebig viel Spielzeug aus. Wähle die Abstände so, dass du mit dem Hund an der Leine durchgehen kannst, ohne dass er ganz an die Sachen hinkommt. Nimm deinen Hund an die Leine, hab viel kleine Leckerlis parat und geh in diesen Bereich herum. Bleib immer wieder stehen und belohne die freiwillige Aufmerksamkeit optimal mit aktiver Belohnung. Sollte dein Hund zur Ablenkung hin wollen, bleib

Hundeausstellungen mit ihrer enormen Flut an Reizen sind eine gute Gelegenheit, den Hund an viele Hunde und Menschen zu gewöhnen.

stehen und warte, wie bei der ersten Übung in diesem Kapitel. Belohne immer und oft die Aufmerksamkeit. Nimmt der Hund im Gehen mit dir Kontakt auf, gehe ein paar Schritte weiter und sprich dabei mit ihm, sodass er diesen Kontakt hält – dann Marker und Belohnung. Du wirst sehen, dass dein Hund anfängt, die Ablenkungen mehr und mehr zu ignorieren, und immer mehr Aufmerksamkeit in deine Richtung zeigt.

Für die zweite Übung benötigst du eine zweite Person, optimal wäre mit Hund. Du bringst deinen Hund in die »Parkposition« (sollte er bereits kennen) und in einem geeigneten Abstand versucht die Hilfsperson, ihn abzulenken. Sie wirft etwas Futter oder auch Spielzeuge. Du bleibst gelassen und beachtest den Hund nicht, auch wenn er aufspringt. Beruhigt er sich wieder und wird gelassen, dann lobst du ihn verbal ein wenig und ganz ruhig. Wichtig: Sobald der Hund eine Aktion zeigt, die nicht erwünscht ist, muss die Hilfsperson ihre Ablenkungen einstellen! Nach einer sehr kurz gehaltenen Übung, und wenn der Hund entspannt ist, wird die Parkposition, wie schon gewohnt, aufgelöst und du kannst mit deinem Hund gerne etwas spielen. Diese Übung nicht allzu lange ausdehnen und nicht zu oft wiederholen. Als weitere Alternative spielst du mit deinem Hund, eine Hilfsperson in einem gewissen Abstand auch mit ihrem. Dann wird dein Hund »geparkt«, das andere Team spielt. Auch hier kann dein Hund lernen, dass er jetzt nicht dran ist und auch nicht mitmachen kann. Mit ruhiger Stimme loben, wenn er entspannt bleibt, und das Parken durch ein kurzes Spiel beenden. Verschiedene Varianten zur Impulskontrolle sind im Video zusammengefasst:

VIDEO

Impulskontrolle

Das waren einige Ideen und Vorschläge, um an der Selbstkontrolle deines Hundes zu arbeiten. Wie eingangs schon beschrieben, begleitet uns die Balance zwischen Regeln und Freiräumen durch das gesamte Basisprogramm.

## Warten können und Spannung halten

Ein Thema für besonders hibbelige Hunde: Warten lernen, ohne die Geduld zu verlieren. Oder für sensible Hunde: Die Spannung und die Freude aufrechterhalten, auch wenn es nicht gleich losgeht. Um kontrolliert spielen oder auch im Training mit viel Power und Motivation arbeiten zu können, benötigt man ein Signal mit folgender Bedeutung:

**Moment, gleich geht es los, kurz noch Geduld, halte die Spannung, die Spannung wird noch gesteigert.**

Das Signal steht für Impulskontrolle und ist in der weiteren Aussage motivationssteigernd und fokussierend. Ein Spagat der möglich ist, sofern das Signal richtig vermittelt und in der Folge auch richtig angewendet wird.
Aus der Kommunikationswissenschaft kennen wir das Symbol der »Stopphand«. Ekard Lind

Erwartungshaltung vor Spielbeginn: Diese Kontrolle des Impulses vom Hund beim Anblick der Beute, gleich lossprinten zu wollen, ist noch motivationssteigernd.

nannte es »geistiger Zügel«. Diese Bezeichnung möchte ich hier weiterführen und werde im Weiteren daher von Zügel und Zügelhand sprechen, weil das die dahinterstehende Idee am besten beschreibt. Die Zügelhand ist ein »Moment«-Signal. Es soll zunächst dazu dienen, die Spannung zu erhalten und zu steigern. Ist der Zügel erst einmal etabliert, kann er auch regulierend eingesetzt werden. Er ist kein »Bleib-Signal« mit der Info »Du kannst dich entspannen und bist jetzt nicht dran«. Im Gegenteil, die Nachricht soll heißen: Gleich geht es los! Wichtig ist im ersten Schritt eine positive Vermittlung des Zügels, damit der Hund versteht, wenn dieses optische Signal kommt, dann lohnt es sich, voll fokussiert zu sein und unter Spannung zu bleiben. Damit du dir ein besserer Bild machen kannst, gebe ich dir einen Ausblick und einige Beispiele, wofür die Zügelhand in späterer Folge verwendet werden kann.

**Beim Spielen:**

- Vor dem Spielstart
- Im Spiel, wenn ein kurzer Stopp notwendig ist
- Wenn sich der Mensch unter Spannung etwas vom Hund entfernen möchte
- Bei Übermotivation im Spiel

**Zu Hause und im Alltag:**

- Vor dem Füttern
- An der Türe, bevor es rausgeht
- Bei großer Freude, dass der Hund nicht hochspringt
- Vor dem Aussteigen aus dem Auto
- Bei der Leinenführigkeit, damit der Hund nicht vor geht

**Im Hundesport:**

- Wenn der Hund unter Spannung warten soll
- Bei Übermotivation in der Fußarbeit
- Beim Verbellen – für Rettungshunde oder Schutzhunde
- Nach dem Aus für ein motiviertes Warten bis zum Wiederanbiss

Das sind nur einige Beispiele. Der Zügel ist ein geniales Werkzeug und universell einsetzbar. An dieser Stelle geht es um die Vermittlung, in weiterer Folge werden die Einsatzmöglichkeiten immer wieder mit eingebunden.

### Der Aufbau der Zügelhand

Dieser Aufbau ist komplex und natürlich unter Traineraufsicht in einem Seminar oder Kurs viel besser und detaillierter möglich. Trotzdem versuche ich Lesern, die neu sind in der Materie, eine Anleitung an die Hand zu geben. »Alten Hasen«, die schon bei einer Veranstaltung waren, bekommen eine Auffrischung.

**Ziel:** Der Hund soll hinter der gespreizten Hand (Zügelhand) motiviert warten oder spannungsvoll lauern, bis es los- oder weitergeht.

**Was wird benötigt?** Eine kleine Schüssel, gute Leckerli, ablenkungsfreie Umgebung, ein Auslösesignal.

**Aufgabe des Hundes:** Der Hund darf die Futterschüssel jagen und ist jederzeit durch die Zügelhand zu stoppen. Diese erkennt er an und bleibt in guter Erwartungsstimmung abrupt stehen.

Wir benötigen ein neues Signal zum Zügelaufbau, dieses Signal wird uns bei vielen Spielarten immer wieder begleiten. Es ist ein Auslösesignal – und wir sprechen in weiterer Folge vom »Auslöser«. Der **Auslöser** ist das Startsignal zu einem Spiel. Der Mensch vermittelt mit diesem Signal motiviert »Jetzt geht es los« und verwandelt sich danach spielerisch in eine Beute, die der Hund verfolgen kann. Für das Beutepacken kann Futter oder eine Spielbeute verwendet werden. In späterer Folge werde ich es ganz genau erklären. Beim Zügelaufbau jagt der Hund den Menschen und die Schüssel und darf anstelle des »Packens« aus der Schüssel fressen. Ja, genau, ich möchte, dass du mit deinem Hund ein kleines Jagdspiel machst. Das erzeugt eine gute Motivation und eine positive Emotion. Das Auslösesignal kann ein Wort oder ein Geräusch sein mit hoher Tonlage, emotional ertönt (wie ein Startschuss), was deinen Hund zum Nachjagen veranlasst. Es sollte ein verbales Signal sein und vor der Bewegung gegeben werden. Zum Beispiel: »Bahh«, »Buhh«, »Jippie«, »Fetz« oder Ähnliches.

**Merke: Ich kann Motivationen nur zügeln, wenn diese ausreichend vorhanden sind!**

Deswegen wird auch eine kleine Futterschüssel verwendet. Normalerweise steigt bei einem Hund schon alleine beim Anblick der Schüssel die Motivation. (Die Schüssel ist klassisch konditioniert und mit der Erwartung auf das Futter verbunden.) Ein guter Inhalt wird die Motivation noch steigern. Natürlich bestätigen Ausnahmen die Regel. Es gibt Hunde, die sehr schlecht fressen und nicht wirklich eine Motivation aufbauen, oder sehr vorsichtige Hunde, die sich nicht trauen, ihre Futterschüssel zu jagen. In diesen Fällen müssen dann Alternativen gesucht werden.

Der Aufbau der Zügelhand funktioniert auch nur dann, wenn es Dinge gibt, die beim Hund wirklich eine Erwartungshaltung auslösen und ihn motivieren, dafür etwas zu tun. Wir gehen jetzt von einer guten Motivation des Hundes und einer hohen Erwartungshaltung beim Anblick der Futterschüssel aus. Als ersten Schritt muss dein Hund das Auslöse-signal kennenlernen und der Schüssel nachjagen. Ich möchte, dass du dich in eine Beute verwandelst, deswegen solltest du dich wie eine Beute verhalten, dich nach dem Auslöser umdrehen und vom Hund vorwärts einige Schritte weglaufen. Nur so wirst du glaubwürdig. Welche Beute rennt vor ihrem Verfolger weg und schaut ihm dabei in die Augen?

Du hast zunächst die Schüssel unterhalb deines Gesichtes, damit der Hund hinaufschaut, und dabei die Schüssel und dein Gesicht sehen kann. Du wirfst spannungsvoll einige Leckerli hinein, gibst das Auslösesignal, drehst dich danach über die Schulter der freien Hand und läufst einige Schritte gerade oder im Kreis von deinem Hund weg. Beim Jagen hältst du die Schüssel auf Schnauzenhöhe. Der Hund darf mit dem Fang nahe an der Schüssel sein und aus der Bewegung die Schüssel fangen und die Leckerli fressen.

Neben dem komplexen Bewegungsablauf für den Menschen, ist dieses kleine Spiel auch eine ausgesprochen spaßige Angelegenheit. Ich empfehle dir, diesen Ablauf zuerst ohne Hund im Trockentraining ausreichend zu üben. Dann ist es zweckmäßig, dieses Auslösespiel an verschiedene Orte zu übertragen. Es soll deinem Hund einfach gefallen, die Futterschüssel jagen zu dürfen. Eine sehr gute Gelegenheit ist natürlich auch das tägliche Füttern. Verändere dein Ritual und mach dieses Auslösespiel. Nach der kleinen Jagd stellst du das Fressen einfach auf den Boden oder in den Futterständer, sodass dein Hund normal fressen kann. Sei mutig und verlass mit deinem Hund die Komfortzone.

Habt ihr das »Auslösespiel« und das Erjagen der Futterschüssel richtig gut drauf und Spaß dabei, kannst du zur Konditionierung der Zügelhand schreiten. Das Bild der Zügelhand soll dem Hund vermitteln: Gleich geht es los! Also soll er beim Anblick der Zügelhand seine Erwartung noch steigern. Da ich davon ausgehe, dass dein Hund bereits beim Anblick der Schüssel voller Spannung auf den Auslöser wartet, macht es Sinn, die Zügelhand kurz vor dem Auslöser zum Einsatz zu bringen. Dabei sollte die Zügelhand als gespreizte Hand so vor der Schüssel gehalten, werden, dass der Hund durch die Finger die Schüssel und dein Gesicht sieht – in einer Augenlinie sozusagen.

Du gibst das Futter in die Schüssel, kommunizierst mit deinem Gesicht mit deinem Hund und kurz bevor der Auslöser kommt, wird der Zügel gesetzt und gleich wieder weggenommen, dann gibt es den Auslöser und das bekannte Jagdspiel. Sortiere dich auch hier zunächst wieder ohne deinen Hund. Ein Spiegel, um dich selbst zu beobachten, ist eine große Hilfe. Eine weitere Hilfe wird dir unser Lehrvideo zum Zügel sein. In diesem Video siehst du auch, wie es möglich ist, den Zügel in der Jagd selbst zu verwenden und alle Aktionen kurz zu stoppen. Aber bleib vorerst bei den oben genannten Schritten, das Spielen und Stoppen ist wirklich eine Königsdisziplin und ohne persönliche Anleitung sehr schwer zu erarbeiten.

**VIDEO**

Warten + Spannung

# Objektfreie Motivation

## Die Sozialmotivation

### Was mache ich nur ohne Belohnung?

Das habe ich mich früher öfter gefragt. Ich fühlte mich »nackig« und war der Meinung, wenn der Hund etwas gut macht, hätte ich keinerlei Möglichkeit, ihn zu belohnen. Bei einer Hundeprüfung führte das sogar so weit, dass die Teamarbeit unter meiner Verunsicherung litt, und unsere Kommunikation beinahe versagte. Ich dachte, ich müsse meinen Hund immer mit einem Objektspiel oder mit Futter belohnen und machte mich davon abhängig.

Da war ich kein Einzelfall. Viele Menschen klammern sich an die Objektbelohnungen, und viele Hunde hören auch nur richtig zu, wenn eine solche in Aussicht gestellt wird.

Wir sollten weiter denken, offener denken, hundlicher denken! Noch besser als eine Belohnung mit Futter oder Beute ist es doch,

Kinder können sehr authentisch und glaubwürdig mit dem Hund spielen. Kennen beide Spielpartner die Regeln, steht einem Laufspiel wie hier nichts im Weg.

wenn der Hund und ich ein so gutes Team sind das einfach alles, was wir miteinander machen, motivierenden Charakter hat.

## Motivieren ohne Futter oder Beute

Ich möchte dich mitnehmen in ein Thema, was oft viel zu wenig Beachtung findet. Wir überhäufen schon unsere Welpen mit Keksen und denken nicht daran, dass Hunde gar nicht so sehr auf Belohnungen programmiert sind, sondern vielmehr auf das gemeinsame Erleben und das gemeinsame Tun. Bitte erinnere dich an Kapitel 7, in dem ich mich mit Kommunikation und Körpersprache befasse, und an Kapitel 8, wo es um Motivation geht. Ich spreche da über Mimik, Gestik, Körpersprache und verschiedene Basismotive. All das kann zusammengefasst als Sozialmotivation bezeichnet werden.

■ **Sozialmotivation ist eine Motivation ohne Objekt.**

In welcher Form kann ich nun meinen Hund motivieren, etwas mit mir zu tun? Wie schaffe ich es, interessanter zu sein, als Ablenkungen in der Umwelt? Was macht uns beiden Spaß?

Soziale Motivationen können folgende Spielformen umfassen:

✓ Lauf- und Bewegungsspiele
✓ Raufen und Balgen

Diese Spiele sind in einem gut funktionierenden Sozialverband wichtig, und zeigen eine ausgewogene Struktur und die Akzeptanz von Regeln. Wer mehrere Hunde besitzt, wird es lieben, sie bei sozialen Spielen zu beobachten: Ob die Hunde über die Wiesen flitzen, ob sie sich balgen oder zusammen kuscheln – es geht einem beim Zuschauen das Herz auf und die Innigkeit ist spürbar. Gut ausgewogene soziale Spiele finden nur unter Hunden statt, die sich auch wirklich mögen. Das können Hunde aus einem Haushalt sein, Hunde, die sich kennen und regelmäßig treffen, oder auch Zufallsbekanntschaften. Aber nicht jedes Spiel der Hunde ist ausgewogen mit guter Struktur und mit Regelakzeptanz. In diesen Spielformen wird auch ausprobiert, wer wie weit gehen kann, den Spielpartner eventuell dominieren und auch ungerechtfertigt regulieren kann. Oft geht es um Kompetenzgerangel und Status, um Einschränkungen und Provokationen. Meist wird das vom Hundebesitzer nicht erkannt und der eigene Hund mutiert entweder zum »Macho« oder leidet unter dem Spiel des anderen Hundes.

■ **Wenn wir uns auf soziale Spiele mit unserem Hund einlassen, kann das eine wunderbar harmonische und für beide lustbringende Erfahrung sein.**

Es können aber auch Probleme in unserer Beziehung zu Tage treten, die wir zuvor negiert

Hunde senden eindeutige Spielsignale und verstehen auch die Spielsignale des Menschen. Sie können den Menschen gut lesen, auch wenn dieser die Signale auf seine Möglichkeiten hin zeigt.

oder elegant umgangen haben. Es geht also hier um Bindungsspiele und um Beziehungsarbeit. Damit, lieber Leser, bist du mitten in der Teamarbeit und der Stabilisierung deines Verhältnisses zum Hund. Gerade die Spiele ohne Objekte fördern viele neue Gefühle und Emotionen ans Tageslicht. Bevor du aber in dieses aufregende Abenteuer startest, solltest du dich auf eure Bremse, die Seitstellung am Bein, felsenfest verlassen könnn. Ebenfalls ist es zielführend, wenn der Zügel dem Hund bekannt ist und auch von ihm akzeptiert wird!

## Spielsignale, Spieleigenschaften, Spielqualitäten

### Spielsignale

Wenn Hunde Lust auf ein Spiel haben, dann kündigen sie das in der Regel dem potentiellen Spielpartner vorher an und fallen nicht »mit der Tür ins Haus«. Diese Ankündigung erfolgt mittels Spielsignalen. Eines davon ist dir sicherlich bekannt – die Vorderkörpertiefstellung, auch Spielaufforderung genannt. Aber auch Hopsen, sich im Kreis drehen, sich anschleichen, stampfen oder sich ducken kann ein Spielsignal sein. Wenn du deinen Hund genau beobachtest, wirst du die Signale erkennen. Wenn du also Lust auf ein Spiel mit deinem Hund hast, verwende dazu diese Spielsignale. Probiere dich aus, schleich dich an, stampf auf oder geh kurz in die Hocke – lade deinen Hund ganz bewusst zu einem gemeinsamen Spiel mit dir ein!

### Spieleigenschaften

Ein gutes und harmonisches Spiel unter Hunden ist erkennbar. Es besitzt gewisse Eigenschaften, die ein ausgeglichenes Spiel ermöglichen. Auch ein Spiel zwischen Mensch

Das Spielgesicht ist bei Hunden nicht zu übersehen und gut erkennbar. Es ist eine übertriebene Mimik, wo gerne auch die Zähne gezeigt werden, ohne dass es eine Bedrohung darstellt.

und Hund sollte diese Spieleigenschaften aufweisen. Der erste und wichtigste Punkt ist, dass beide Spielpartner in **Spielstimmung** sein sollten! Die Spielstimmung kann sich übertragen, auch wenn zunächst der eine Spielpartner größere Lust zu spielen hat, als der andere. Eine Spieleigenschaft, die man kaum übersehen kann, ist das Spielgesicht. Übertriebene Mimik und Gestik ist an der (Spiel-)Tagesordnung. Zeige auch du dein Spielgesicht und hab den Mut, auch einmal der Unterlegene zu sein! Spielregeln und die Einhaltung derselben sind dafür natürlich unbedingt notwendig.

### Spielqualitäten

■ **Ein Spiel ist nur ein Spiel, wenn es auch die Qualität eines Spiels hat.**

Beide Spielpartner sollten sich voll darauf einlassen und Spaß am Moment und am Spielen zeigen. Es gehört eine gute Portion **Eigenmotivation** dazu, dass es sich tatsächlich um ein Spiel und nicht nur um eine Beschäftigung handelt. Ein gewisser **Bewegungsluxus** und, **Verschwendung** von Energie sind Zeichen und Qualitäten eines echten Spiels. Du darfst nach dem Spiel auch gerne einmal erschöpft sein! Wenn man euch beim Spielen zusieht, sollte das **ansteckend** sein. Möchte der Zuschauer am liebsten sofort mitmachen, dann hat das Spiel eine gute Qualität. Spaß und **Lust am Spiel** sollten unübersehbar sein.

## Soziale Spiele und Übungen

### Soziale Spiele in der Praxis

Werde dir bewusst, wie du deine Stärken in den objektfreien Spielen zeigen kannst. Probiere dich in Lauf- und Bewegungsspielen aus (da geht es nicht um Geschwindigkeit), spiele körperbetont mit deinem Hund und schmuse mit ihm – aber wirklich mit Herz, völliger Hingabe

Sieht man ein harmonisches Spiel zwischen Mensch und Hund mit einer guten Spielqualität, dann ist dieses ansteckend und erweckt Lust und Freude, es mit dem eigenen Hund auch zu spielen.

und ohne Zeitdruck. Schmusen und Streicheln mögen die meisten Hunde sehr gern, aber nicht bei jeder Gelegenheit und nicht in jeder Stimmung. Schmusen ist nicht wahlloses Anfassen, Klopfen oder hektisches »Rubbeln«, Schmusen bedeutet: Innigkeit, Zweisamkeit und alles um einen herum loslassen können. Das gilt für beide Teampartner! Wenn du dich also auf ein Schmusespiel einlässt, dann sei auch losgelassen und in Schmusestimmung. Vermittle diese Stimmung deinem Hund, damit er sich auch fallenlassen kann. Aber bitte fass deinen Hund nicht pausenlos ohne Grund und ohne in der richtigen Stimmung zu sein an!

### Raufen und Rangeln

Unter all den Spielen ist aus meiner Sicht das köperbetonte (Rauf-)Spiel hervorzuheben, das viele Hunde so lieben. Für mich ist es das Spiel der Spiele. In keinem Spiel werden die soziale Harmonie und die Regelakzeptanz so deutlich.

Vielfach wird in der Hundewelt darüber diskutiert, ob der Hund im Spiel mit dem Menschen seinen Fang einsetzen darf – natürlich so, dass es nicht wehtut und er keinen Schaden anrichtet? Wir von CreaCanis sagen ganz klar »JA!«. Der Fang des Hundes ist sein Werkzeug, vergleichbar mit der Hand des Menschen. Diesen soll er auch einsetzen dürfen, so wie es seiner Bestimmung im Rudelverband entspricht. Voraussetzung dafür ist, dass der Hund eine funktionierende Beißhemmung besitzt.

### Beißhemmung

Das Thema Beißhemmung beschäftigt uns vom Welpenalter an. Die Beißhemmung ist die Basis für ein gutes objektfreies Raufspiel und gibt die Sicherheit, dass es in nicht vorhersehbaren Situationen zu keinen schweren Verletzungen kommt. Bedeutet Beißhemmung dass der Hund nie beißen darf – auch nicht vorsichtig? Versteht sie sich also als völliges

Das Raufen und Rangeln ist für viele Hunde das Spiel der Spiele. Sie lieben es und es stärkt die Bindung. So ein ausgewogenes Spiel ist aber nur möglich, wenn der Hund die Regeln kennt und eine gute Beißhemmung hat!

Verbot, den Fang einzusetzen? Oder darf der Hund den Fang einsetzen und muss lernen, welche Dosis noch angenehm und schmerzfrei für sein Gegenüber ist? Wir unterscheiden demnach zwischen passiver und aktiver Beißhemmung.

**Passive Beißhemmung:** Der Hund darf seinen Fang weder beim Spiel mit dem Menschen, noch sonst bei der Kommunikation benutzen.

**Aktive Beißhemmung:** Der Hund darf seinen Fang beim Spiel mit dem Menschen und bei der Kommunikation benutzen, muss sich aber sehr gut kontrollieren können und es sehr vorsichtig tun.

Ich bin der Meinung, dass der Hund unbedingt die aktive Beißhemmung lernen und beherrschen muss. Ein Beißverbot schützt nicht vor

Beißunfällen. Die aktive Beißhemmung muss erarbeitet werden. Es ist nicht einfach, dem Hund auch im erregten Zustand zu vermitteln, dass er angepasst und vorsichtig sein soll! Am besten erfolgt diese Vermittlung in einem artgerechten Spiel.

### DENZEL

Denzel hat eine große orale Leidenschaft. Er liebt es, die Hand oder den ganzen Arm des Menschen in sein Maul zu nehmen, und freundschaftlich darauf herumzukauen – ganz vorsichtig natürlich! Es ist ein großer Beweis von Zuneigung, wenn er das tut, für den einen oder anderen Menschen aber etwas ungewöhnlich. Dass er dabei immer vorsichtig sein muss, habe ich ihm im Spiel beigebracht. Das war ein längerer Weg und in der Pubertät durchaus auch mühsam, aber es hat sich gelohnt. Immer wieder habe ich ihn zum Raufen mit mir eingeladen, ich habe meine Hand benutzt, um zu beißen, und er seinen Fang. Sobald es zu heftig war, habe ich ihn an die Seite gestellt. In manchen Entwicklungsphasen nach gefühlten zwei Millisekunden. War der Energielevel wieder auf normal, dann ging das Spiel weiter.

Ich liebe dieses Spiel mit ihm und er liebt es ebenso. Ich wünsche dir und auch deinem Hund, dass ihr so ein Spiel spielen könnt und die Innigkeit dabei erleben dürft.

Lass dich durch dieses Video inspirieren.

VIDEO

Raufen + Rangeln

Bevor ich dir weitere Spiele und kleine Übungen für die objektfreie Motivation an die Hand gebe, noch einige Worte zu den Möglichkeiten, deine Mimik und Gestik einzusetzen, und die Akustik zur Motivation zu nutzen. In Kapitel 7 (Kommunikation und Körpersprache) haben wir bereits über diese Motivationsmöglichkeiten gesprochen. Mimik und Gestik sind für sich keine Spielform, ebenso wenig die Akustik.

**Mimik, Gestik und Akustik können ein tolles Spiel oder eine Belohnung ankündigen oder auch spielbegleitend sein.**

Ich liebe es, gemeinsam mit Denzel zu raufen und zu rangeln – genauso wie er. Da darf er gerne auch mal die Oberhand haben und ich zeige mich schwach, auch das gehört zu einem ausgewogenen Spiel dazu!

Stell dich einfach einmal vor einen Spiegel und probier aus, was du mimisch so drauf hast. Nutze im Alltag deine Mimik, Gesten oder auch die Akustik als Ankündigung für Dinge, die dein Hund gerne macht:

- Du möchtest in die Speisekammer gehen und deinem Hund einen Knabber-Keks holen. Du nimmst mit dem Hund Kontakt auf, benutzt eine Zeigegeste und ein »Uiiiii« als akustischen Laut, gehst dann in die Speisekammer. Wenn du mit dem Keks zurückkommst, machst du eine auffällige Mimik. Dann bekommt dein Hund die Knabberei.
- Du bist kurz vor dem Spaziergang und nimmst besonders dramatisch das Halsband vom Haken, machst eine spannungsvolle Mimik. Dann bekommt der Hund das Halsband an und es geht los.
- Du möchtest deinem Hund einen Joghurtbecher zum Ausschlecken geben und tust ganz geheimnisvoll, bewunderst den Joghurtbecher, machst ein spannendes Gesicht und entsprechende Geräusche. Dann gibst du ihn deinem Hund.

Jetzt denkst du vermutlich, die »Engel« ist doch ein wenig übergeschnappt? Nein, ich möchte dich mitnehmen in eine neue Welt mit deinem Hund. Ich wünsche mir, dass du die besondere Verbindung, die durch diese Kommunikation entsteht, auch genießen kannst!

## Übungen für die objektfreie Motivation

Gerne stelle ich dir noch einige Übungsmöglichkeiten vor, durch die du es ein klein wenig »trainieren« kannst, deinen Hund ohne Objekte eine Zeitlang an dich zu binden.

### Die Gasse

Die Gasse ist eine beliebte Übung in unseren Seminaren und Kursen. Eigentlich ganz einfach und dann doch wieder so schwer.

Die Mimik des Menschen nimmt der Hund gut wahr und sieht sie als Ankündigung, wenn danach etwas Schönes passiert. Hunde lieben es, den Menschen zu lesen, und gerade in der Anfangsphase darf der Mensch mimisch auch gerne etwas überzeichnen.

**Ziel:** Dein Hund soll dir aufmerksam und motiviert durch eine Gasse folgen, ohne dass du Motivationsobjekte verwendest oder ihm ein Kommando gibst.
**Was wird benötigt?** Ein eher ablenkungsfreier Ort und Markierungen für den Anfang und das Ende der Gasse. Nach Bedarf Motivationsobjekte zum Einstimmen.
**Aufgabe des Hundes:** Mit dir in Kommunikation treten und die Aufmerksamkeit auch in der Bewegung halten. Dabei sollte dein Hund durchlässig und fröhlich sein und sich nicht abwenden, dich nicht anspringen oder anbellen.

Diese Übung lässt einen großen Spielraum zu. Generell macht es Sinn, den Hund vor dem Eintritt in die Gasse so einzustimmen, dass ein Ablenkungsschutz aufgebaut wird und der Hund es schafft, die Aufmerksamkeit zu halten. Beim Einstimmen und nach der Gasse sind als Belohnung

Den Hund ohne Objekte an sich zu binden ist eine spannende Aufgabe. Der Mensch darf sich da gerne viel einfallen lassen.

Motivationsobjekte erlaubt. In der Gasse selber kann auf alle objektfreien Motivationen, außer Schmusen und Raufen, zurückgegriffen werden, aber nicht auf Kommandos und Hörzeichen. Hunde, die Hundesport machen, sollten nicht ausschließlich an der linken Seite laufen. Der Hund darf freudig, aufmerksam und motiviert folgen und sich weder verselbstständigen, noch den Menschen anspringen oder anbellen.

### 30 Sekunden Aufmerksamkeit

**Ziel:** Dein Hund soll 30 Sekunden mit voller Aufmerksamkeit bei dir sein und dein objektfreies Spiel darf viele Optionen und Varianten aufweisen.
**Was wird benötigt?** Ein eher ablenkungsfreier Ort und ein markierter Bereich, nach Bedarf Motivationsobjekte zum Einstimmen.
**Aufgabe des Hundes:** Mit dir in Kommunikation treten und die Aufmerksamkeit auch in der Bewegung halten. Dabei sollte dein Hund aufmerksam und fröhlich sein und sich nicht abwenden oder dich anspringen oder anbellen.

Diese Übung ist etwas anspruchsvoller als die Gasse, aber ähnlich aufgebaut. Nach dem Einstimmen, das gerne mit Objekt erfolgen darf, versucht der Teamführer seinen Hund 30 Sekunden an sich zu binden und das objektfreie Spiel möglichst abwechslungsreich zu gestalten. Es kann auf alle objektfreien Motivationen, außer Schmusen und Raufen, zurückgegriffen werden, aber nicht auf Kommandos und Hörzeichen. Hunde, die Hundesport machen, sollten nicht ausschließlich an der linken Seite laufen. Der Hund sollte freudig, aufmerksam und motiviert folgen und sich weder verselbstständigen noch den Menschen anspringen oder anbellen.

### Die Multi-Box (Idee von Thomas Baumann)

**Ziel:** Du kannst deinen Hund alleine über deine Körpersprache, deine Mimik und Gestik in der Box bewegen und mit ihm kommunizieren.
**Was wird benötigt?** Ein eher ablenkungsfreier Ort und Abgrenzungen für die Box, diese misst ca. 3-4 Meter.
**Aufgabe des Hundes:** Der Hund soll innerhalb der Abgrenzung bleiben und diese nicht übertreten, wenn du außen bist. Er soll sich von dir leiten und lenken lassen, aber nur über nonverbale Kommunikation. Eine spannende Übung ist diese Multi-Box. Du als Hundebesitzer sollst es schaffen, deinen Hund innerhalb der Box zu bewegen, zu stoppen und mit ihm in Verbindung zu bleiben – und das für eine Minute oder sogar noch länger. Am Ende darfst du auch mit in die Box und mit deinem Hund darin spielen.
**Übungen:** Gasse, 30 Sekunden Aufmerksamkeit, Multi-Box im Viedeo.

VIDEO
Objektfreie Motivation

# Spiele mit Objekt

## Allgemeine Gedanken zum Objektspiel

### Warum spielt man überhaupt mit dem Hund?

Auch wenn wir uns mitten im Praxisteil befinden, möchte ich bei dem Thema »Spielen mit Objekt« etwas weiter ausholen. Ich habe schon viel über Motivation und auch über Spiele gesprochen und es ist an der Zeit, sich die Frage zu stellen:

#### Warum spielt der Mensch eigentlich mit dem Hund?

Beginnen wir bei uns selbst. Als Kind habe ich unglaublich gerne gespielt, draußen mit meinen Freunden, daheim mit meiner Oma. Oft bin ich in Rollen geschlüpft, welche ich mir in meiner Fantasie ausgemalt hatte. Ich war Kunstreiterin im Zirkus (dafür habe ich mir von meiner Oma extra einen Pullover mit einem tollen Muster stricken lassen), ich war draußen die coole Pippi Langstrumpf oder der treue Schäferhund Greif, den Hund meiner Oma, den ich aus ihren Erzählungen kannte. Ich habe mich verwandelt und konnte in das Spiel und in die jeweilige Figur eintauchen. All das war möglich, weil ich in einer friedlichen Familie aufwachsen durfte. Ich musste mir keine Sorgen machen, weder um das Essen, noch um meine Sicherheit. Ich war gesund und umsorgt und konnte mich mit viel Zeit vollständig auf das Spielen einlassen.

Spielen und Menschen gehört eigentlich zusammen. Immer dann, wenn es den Menschen gut ging, sie in Frieden leben konnten, gesund waren und genug zu essen hatten, fingen sie an zu spielen. Schon die Ritterspiele wurden nur in Friedenszeiten abgehalten, im Krieg wurde alle Energie und Konzentration für andere Aufgaben benötigt. Auch bei Nahrungsmangel war nicht an Spiel zu denken, aber auch Krankheiten verhinderten fröhliche Spiele. Die Menschen spielten, wenn es möglich war, ausgelassen und altersunabhängig. Es war ein netter Zeitvertreib, ein gesellschaftliches Ereignis und eine gute Möglichkeit, einander besser kennenzulernen.

Fast jedes Spiel allerdings, das gespielt wurde, hatte Regeln, an die sich die Spielteilnehmer zu halten hatten. Diese stellten für ein emotionales Spielerlebnis aber keinen Hinderungsgrund dar, im Gegenteil erst mit den Regeln konnten alle Spielpartner das Spiel richtig genießen. In der heutigen Zeit geht es uns Menschen im Normalfall sehr gut, wir hätten viele Möglichkeiten und theoretisch auch Zeit zu spielen. Aber das Spielen hat Konkurrenz bekommen: Unterhaltung via Fernsehen, Video, Internet – die Auswahl ist groß. Inaktivität ist gefragt, nicht Kreativität – schade um uns Menschen, das finde ich zumindest.

## Wann und warum spielen Hunde?

Bei Hunden müssen wir ein wenig unterscheiden: Wo leben sie? Was haben sie erlebt? Werden sie verpflegt und umsorgt und geht es ihnen gut? Hunde spielen, vorausgesetzt es geht ihnen gut, bis ins hohe Alter. Ich erinnere mich gerne an unsere Banja, die mit über 14 Jahren jeden Abend hingebungsvoll mit Denzel gespielt hat, mal ohne und auch mal mit Objekt. Das innerartliche Spiel der Hunde benötigt die gleichen Rahmenbedingungen, wie das zwischenmenschliche Spiel. Daher spielen Hunde, die in nicht so optimalen Bedingungen leben oder aufwachsen, weniger. Sie sind damit beschäftigt, auf Nahrungssuche zu gehen oder sind zeitweise auf der Flucht vor möglichen Gefahren. Erst wenn alle Grundbedürfnisse erfüllt sind, können sie spielen. Hunde spielen meistens sehr gerne mit anderen Hunden (vorrangig, mit denen, die ihnen bekannt sind). An dieser Stelle möchte ich das Spiel mit dem Menschen in den Fokus rücken.

Das Spielen mit dem Menschen zusammen ist dem Hund nicht in die Wiege gelegt, wie das Spielen mit Artgenossen. Hat ein Welpe Gelegenheit, den Spielpartner Mensch schon frühzeitig kennenzulernen, idealerweise schon beim Züchter, dann wird er es gerne annehmen, es mögen und es wird zu einem Bedürfnis. Dies ist eine gute Grundlage für ein gemeinsames Spiel. Aber auch Hunde ohne diese Vorerfahrung, möchten von Natur aus spielen, gerade dann, wenn die Bedingungen passen. Sie können diese wundervolle Möglichkeit auch im späteren Alter noch entdecken und lieben lernen. Früher wurde der Hund meistens für konkrete Aufgaben und als Hilfe des Menschen angeschafft. Da war das zwischenartliche Spiel eher Nebensache, die Aufgabe als Jagd-, Wach- oder Hütehund stand im Fokus. Die Zeiten und damit auch die Ausbildungsmethoden haben sich geändert.

Zum einen sind heutzutage viele Hunde reine Gesellschaftshunde und Wegbegleiter des Menschen und gehen zusammen mit ihm dessen Hobbys wie z.B. Hundesport nach, zum anderen werden Arbeitshunde heute auch über das Spiel oder mit einer Spielbelohnung motiviert und ausgebildet.

Schon alleine diese Tatsachen machen deutlich, dass das Spiel der Hunde mit seinen Besitzern im heutigen Zusammenleben immer wichtiger geworden ist. Es sollte normal sein, dass die Grundbedingen erfüllt sind, unsere Hunde sind gesundheitlich versorgt und bekommen meistens hervorragendes Futter. Aber wie sieht es mit der Sicherheit aus? Da bin ich schon bei einem Grundproblem, weshalb so mancher Hund außerhalb seiner eigenen vier Wände nicht spielen möchte oder auch nicht spielen kann. Er fühlt sich im Beisein seines Besitzers einfach nicht sicher. Und an dieser Stelle geht es wieder um Führung, wie im Theorieteil beschrieben:

- **Ein Hund kann erst dann immer und überall mit uns Menschen ausgelassen spielen, wenn er sich auf uns verlassen und vertrauen kann.**

Spiel gehört zu den Grundbedürfnissen des Hundes und sollte im Alltag mit dem Hund einen fixen Platz finden. Es darf beiden Teampartnern Spaß machen!

*Der Freiraum des Spiels bietet eine besonders gute Möglichkeit, sich gegenseitig kennenzu lernen, gemeinsam neue Aufgaben zu bewältigen, auf spielerische Art und Weise Grenzen zu erleben und so im doppelten Sinnen zusammen zu wachsen!*

Gunther Bloch

*»Die Häufigkeit und die Art des Spielens ist ein Gradmesser für die Mensch-Hund-Beziehung! Dies u.a. auch deshalb, weil das zwischenartliche Spiel nicht nur nützlich ist für die Ausbildung und das Training der Hunde, sondern auch für die Entwicklung und Stärkung eines emotionalen Bandes zwischen Mensch und Hund«*

Bradshaw 2015

## Freie Spiele – Zielspiele – Spiel als Belohnung

Ich habe im letzten Kapitel von Spielsignalen, Qualitäten und Eigenschaften gesprochen. Auch bei dem Spiel mit Objekt kommt das alles zum Einsatz. Bevor ich auf die einzelnen Möglichkeiten der Objektspiele eingehe, werde ich erklären, was ein wirkliches Spiel ist. Du stehst auf dem Hundeplatz oder befindest dich irgendwo anders im Training, dein Hund und du – ihr beide habt eine Aufgabe erfolgreich erledigt und dann heißt es:

- Belohne deinen Hund mit einem Ball!
- Spiele mit deinem Hund
- Schmeiße deinem Hund ein Spielzeug
- Zergle mit deinem Hund

Es ist vom Grundsatz her eine gute Idee, einen Hund für eine gezeigte Leistung mit einem

Objekt oder mit einem Objektspiel zu belohnen! Aber bist du dir wirklich sicher, dass dein Hund gerade diesen Ball toll findet? Weißt du überhaupt, wie man mit einem Hund spielt, so dass es ihm, aber auch dir gefällt? Bringt dein Hund sein Spielzeug verlässlich zu dir zurück, wenn du es ihm zuwirfst? Zergelt dein Hund gerne mit dir oder bist du ihm zu stark? Oder steigert er sich vielleicht auch zu sehr hinein? Ich möchte dir Antworten auf diese Fragen geben. Denn bevor ich als Hundehalter die Möglichkeit wahrnehme, meinen Hund für eine gezeigte Aufgabe mit einem Spiel zu belohnen, macht es sehr viel Sinn, sich erstmal mit dem Spiel an sich zu beschäftigen!

## Freie Spiele

Freie Spiele sind Spiele um ihrer selbst willen. Spiele, welche keinen weiteren Zweck erfüllen, außer beiden Spielpartnern Spaß zu machen, sich körperlich zu verausgaben und miteinander zu interagieren. Freie Spiele zeichnen sich durch viele Spielqualitäten aus und durch zwei Partner, die sich wirklich dem Spiel hingeben, sich verwandeln können und einfach Spaß daran haben.Gerade bei den Spielen mit einem Objekt wird häufig nur daran gedacht, es als Belohnung zu verwenden. Aber haben die beiden Spielpartner überhaupt eine Spielkultur? Finden beide das Spiel wunderbar und können die Regeln einhalten? Auch das Spielen mit dem Objekt und mit dem Hund sollte gelernt sein und trainiert werden!

Und genau das ist unser Ziel im Basisprogramm Roots. Lerne mit deinem Hund das richtige Spielen, auch mit einem Objekt! Habe Spaß am freien Spiel. Spiele an verschiedenen Orten, mit verschiedenen Objekten und in verschiedenen Situationen. Verwandle dich in einen echten Spielpartner. Lasse mit deinem Spielpartner Hund »die Sau« raus, ohne dass die Spielstimmung kippt oder du danach einen Verbandskasten benötigst!

Einfach nur mit einem Spielobjekt spielen, ohne Hintergedanken und nicht nur als Belohnung, will gelernt sein und darf gerne und oft stattfinden.

## Zielspiele

Wie es das Wort schon sagt, ist in einem Spiel ein Ziel (in diesem Falle des Menschen) verpackt. Da gerade bei einem Objektspiel der Mensch der Spielführer ist (ohne Benachteiligung des Hundes natürlich), hat er es auch in der Hand, versteckte Ziele in das Spiel einfließen zu lassen. Diese Art von Spiel ist eine durchaus spannende Angelegenheit. Eine wichtige Grundbedingung ist es, die Spielstimmung und die Spielqualitäten zu erhalten. Für diese Idee sollten das freie Spiel und damit verbunden die Spielkultur aufgebaut sein, eine gewisse Lockerheit und Sicherheit des Menschen sind Grundlage.

Ist der Teamführer geschickt und bleibt in Spiellaune, dann haben wir hier echtes spielerisches Lernen – ein Genuss für Mensch und Hund. Ich möchte die Option des Zielspiels hier auch nur in der Theorie vorstellen und kurz besprechen, in der Praxis werden wir uns in den freien Spielen üben – eins nach dem anderen. Solltest du allerdings an der Idee von CreaCanis Gefallen finden und dich für weiteres Hundesporttraining interessieren, dann wirst du sehr viel über Zielspiele und deren Anwendung lernen.

## Spiel als Belohnung

Diese Variante wird häufig im Training eingesetzt. Es ist eine gute Idee, wenn im Training mit einem Spiel belohnt wird. Grundlage wäre aber, wie vorher bereits angesprochen, dass das Spiel, welches belohnend sein soll, auch bereits »trainiert« und kultiviert ist! Deswegen, erst das freie Spiel und dann das Spiel als Belohnung. Manche Menschen meinen, dass sie ihren Hund mit einem Spiel belohnen, indem sie den Ball einfach werfen und der Hund damit vermeintlich zufrieden seine Runden dreht. Oftmals zeigt der Hund im Training deutliche Anspannung und Stresssignale und entlädt diese dann im Zerrspiel. Das meine ich nicht mit dem Spiel als Belohnung! Ein Spiel hat nur einen belohnenden Charakter, wenn es ein wirkliches Spiel ist und damit sind wir wieder bei dem Thema »Freies Spiel«.

Manchmal wird behauptet, der Hund soll doch am Training Spaß haben und nicht am Spiel danach. Ja, natürlich, aber Training soll toll sein. Training kann auch spielerisch sein (Zielspiel). Trotzdem fördert ein gutes freies Spiel während oder nach dem Training auch das Lernen im Training selber.

Mittlerweile ist das Thema »Spiel« auch Inhalt von verschiedenen Forschungen. So gibt es an der Veterinärmedizinische Universität Wien erste Ergebnisse, welche belegen, dass Lerninhalte viel besser behalten werden und auch später wieder abgerufen werden können, wenn nach dem Training ein freies Spiel stattfand.

### STUDIE

Erregende und emotionale Situationen – wie das Spiel des Menschen mit dem Hund – verbessern die kognitive Leistung und die Einprägsamkeit von Erlerntem. Das konnte kürzlich eine Studie der Vetmeduni Vienna in Kollaboration mit der University of Lincoln (UK) zeigen. Eine soeben in der renommierten Fachzeitschrift »Animals« erschienene Nachfolgestudie der Vetmeduni Vienna belegt nun, dass dieser verbesserte Trainingseffekt auch nach einem Jahr deutlich nachweisbar ist. Eine neue Erkenntnis, die insbesondere für die Schulung und das Training von Begleit- und Diensthunden von großer Bedeutung ist.

Ein Spiel als Belohnung ist sehr wertvoll, wenn es richtig und mit dem Herzen erfolgt und der Mensch nicht schon an die nächste Trainingsaufgabe denkt. Unsere Hunde merken das. Vielen ist es nicht genug, nur das Spielobjekt als Belohnung zu bekommen.

## Spielen und Lernen

**Spielen ist die erste und einfachste Form des Lernens.**

Wir sehen es bereits in der Welpenkiste, sobald die Welpen in die Übergangsphase kommen und sich Augen und Ohren öffnen und sie sich motorisch besser fortbewegen können, fangen sie an zu spielen. Sie erkunden spielerisch ihrer Umgebung, versuchen Dinge ins Maul zu nehmen und schütteln und zergeln an Beuteobjekten. Sie spielen mit ihren Geschwistern und der Mutter und lernen da ganz nebenbei die wichtigsten Spielregeln kennen. Normalerweise sieht und fühlt ein Hund keinen Unterschied zwischen Spielen und Lernen, er tut beides aus der gleichen Intention heraus. Er möchte viele Dinge seiner Umwelt erkunden, seine sozialen Bezugspersonen kennenlernen und dadurch viele Erfahrungen sammeln.

Somit stellt sich schon die berechtigte Frage, ob ein Spiel nur ein zweckfreies Tun darstellt und nur Lernen hingegen Wissen und Können erweitert. Natürlich könnte man sagen, dass der Hund irgendwann mal etwas Ernsthaftes erlernen und nicht nur herumspielen und Energie verschwenden soll. Ich finde, dass Spielen und Lernen untrennbar zusammengehören. Beides gehört zu mir und meinem Hund. Spielen ist mehr als sinnfreie Spielerei und es lohnt, sich damit wirklich intensiv auseinanderzusetzen. Und genau das möchte ich jetzt mir dir zusammen im Thema Objektspiel tun.

### Warum mit Objekten spielen?

Diese Frage ist aus Menschensicht berechtigt. Aber sie ist leicht zu beantworten: Unser Hund ist ein Beutegreifer. Seine Instinkte sind tief verankert. Er ist für das Jagen und das Beutefangen geschaffen. Da die meisten Hunde genau dies nicht sollen und auch nicht dürfen, ist ein gutes Beutespiel eine Alternative und Ersatzbeschäftigung, um gewisse Bedürfnisse des Hundes zu befriedigen.

Einige Menschen und auch Hundetrainer haben Bedenken, wenn die Hunde mit einer Ersatzbeute spielen dürfen oder sogar sollen.

Folgende Fragen stehen da des Öfteren im Raum:

- Warum macht es Sinn, mit einem Beuteobjekt zu spielen?
- Fördert ein Beutespiel die jagdliche Motivation?
- Sieht der Hund dann nicht auch spielende Kinder als Beute an?
- Steigern Zerrspiele die Aggression vom Hund?
- Verliert der Hund nicht die Beißhemmung, wenn er eine Ersatzbeute packen darf?
- Sieht der Hund dann nicht auch andere Hunde oder Tiere als Beute an und will sie packen?

Ich beantworte diese Fragen mit einem deutlichen »NEIN«. (Ausnahmen bestätigen die Regel.) Wenn das Beutespiel zwischen Mensch und Hund richtig aufgebaut und gelernt wird, wenn Signalkontrolle aufgebaut ist und die Spielregeln eingehalten werden, dann braucht der Mensch diese Bedenken nicht zu haben.

### Mit welchen Objekten kann gespielt werden?

Als Objekt werden erstmal alle nicht lebenden Dinge bezeichnet. In weiterer Folge sollten es Objekte sein, welche bei ihrem Einsatz und beim Spiel keinen Schaden anrichten können. Ich empfehlen daher sogenannte Spielobjekte zu verwenden. Diese sind auf die Bedürfnisse des Hundes und auf das Spiel mit dem Hund zugeschnitten. Auch da gibt es natürlich große

Futtervarianten für ein Futterspiel.

Gute Beuteobjekte für ein Beutespiel.

Unterschiede und die Spielobjekte sind für verschiedene Spielformen konzipiert. Was ich aber hier im Objektspiel ergänzen möchte, ist das Futter als Beuteobjekt. Ja, du hast richtig gelesen. Jagdspiele mit einem Futterobjekt stehen bei den meisten Hunden ganz hoch im Kurs und bringen extrem viel intrinsische Motivation und Spiellaune zu Tage.

### Futter als Beute

Wenn das Futter zur Beute werden und mein Hund es in einem Jagdspiel erbeuten soll, sprich wirklich fangen darf, dann muss es gewisse Eigenschaften haben. Das verwendete Futter für diese Spiele sollte eine längliche Form haben, sodass es wie eine kleine Beißwurst verwendet werden kann. Es sollte hart genug sein, dass es nicht einfach abbröselt, und weich genug, damit der Hund es gut kauen und schlucken kann. Ist es härter, dann darf und soll der Hund natürlich die Zeit erhalten, es in Ruhe fressen zu können.

### Spielobjekte

Bei den Spielobjekten hält der Handel eine schier unüberschaubare Auswahl bereit. Für Jagdspiele eignen sich längliche Beuten, bei denen der Hund eine gute Anbissfläche hat, um die Beute packen zu können. Besser ist es auch, wenn die Beute recht stabil ist und nicht wie ein nasser Sack herabhängt. Wichtig ist in meinen Augen außerdem, dass man erst mit weicheren Materialien anfängt und später dann nach Bedarf auf festere umsteigt.

Wir Menschen haben ja wunderbare Ideen, welche Spielobjekte für unsere Hunde die besten sind. Aber ist dein Hund immer der gleichen Meinung wie du? Lasse ihn doch einfach mal aussuchen, was er am liebsten mag?

### Spiel Futterauswahl

**Ziel:** Dein Hund soll selber entscheiden, welche Futtervariante ihm am wichtigsten ist.
**Was wird benötigt?** Verschiedene längere Futterstücken, die für ein Jagdspiel geeignet sind, leichte Dosen oder Hüttchen, die gut umzustoßen sind.
**Aufgabe des Hundes:** Der Hund darf selbstständig an den Hütchen entscheiden, welches Futter er am liebsten mag, diese umschubsen und das Futter fressen. Dieses Spiel funktioniert nicht mit allen Hunden. Es gibt Hunde, die sind so verfressen, dass sie alles gleich essen, egal ob mega-lecker oder nur durchschnittlich. Aber den Hunden ist es dann auch egal, mit welchem Futter gespielt wird, sie sind immer motiviert! Das Spiel ist denkbar einfach. Du bringst deinen Hund in eine Position (wenn er warten kann), hängst ihn an oder lässt ihn von einer Hilfsperson festhalten. Dann präparierst du deine Dosen oder Hütchen in einem gewissen Abstand voneinander so, dass die Futterstangen entweder ganz darunterliegen oder ein kleines Stück herausschaut. Das Ganze kannst du gerne etwas geheimnisvoll und spannend gestalten. Ist alles fertig präpariert, gehst du zum Hund zurück und gibst ihm die Freigabe nach dem

Die Spielbeute vom Hund auswählen zu lassen ist zum einen ein tolles Spiel, zum anderen erfährt man einiges über die Vorlieben des eigenen Hundes.

Mit dem Hund gemeinsam etwas zu entdecken ist spannend und fördert die Zusammenarbeit im Team Mensch und Hund.

Futter zu schnüffeln. Optimal ist es, wenn du dir seine Präferenzen aufschreibst. Gerne kannst du dieses Spiel öfters durchführen, um zu sehen, ob es Zufall war oder ob die Entscheidung immer die Gleiche ist.

### Spielbeute auswählen

Ein ähnliches Spiel kannst du für die Auswahl der Lieblingsspielbeute deines Hundes gestalten. Auch im Beutespiel darf es gerne Abwechslung geben und die Spielbeute gewechselt werden. Je mehr unterschiedliche Spielobjekte dein Hund kennt, desto unbefangener wird er mit allen neuen Dingen spielen können.

**Ziel:** Dein Hund darf sich wirklich Zeit lassen und auch alleine entscheiden, welche Spielbeute ihm gefällt.
**Was wird benötig?** Eine Kiste und einige Spielobjekte, welche deinem Hund sonst nicht frei zur Verfügung stehen, nach Bedarf eine Leine ohne Schlaufen und eine Hilfsperson.
**Aufgabe des Hundes:** Zusammen mit seinem Besitzer die Kiste entdecken, sich die Beuteobjekte anschauen, abschnüffeln und auch herumtragen. Bei diesem Spiel geht es zum einen darum, herauszufinden, welche Beuteobjekte der Hund sehr spannend findet, zum anderen, ob er mehr Interesse an der Beute zeigt, die der Mensch gerade bewundert, oder ob er sich dafür nicht interessiert. Du bringst deinen Hund in eine Position (wenn er warten kann) oder lässt ihn von einer Hilfsperson festhalten. Vorher hast Du die Beutekiste unter einer Decke versteckt. Jetzt liegt es an dir, wie spannend du diesen Ablauf gestaltest. Du kannst dich zum Beispiel in einen Hund verwandeln, auf Hundeart kreisförmig an die Spielkiste anschleichen und immer wieder vorsichtig unter die Decke schauen. Natürlich wird dadurch die Neugierde deines Hundes geweckt und seine Motivation mitzumachen steigt erheblich. Manchmal ist es daher besser, den Hund von einer Hilfsperson festhalten zu lassen, es wäre doch schade, wenn er die Spannung nicht mehr aushält und das Schauspiel vorzeitig beendet, in dem er angelaufen kommt.

Nachdem du ein weiteres Mal ganz geheimnisvoll unter die Decke geschaut hast, rufst du deinen Hund hinzu und ihr entdeckt gemeinsam die abgedeckte Kiste mit den verschiedenen Spielzeugen. Dabei schaust du dir die Objekte an, findest diese toll, äußerst das auch und behältst gleichzeitig deinen Hund im Auge, um zu sehen, was ihm gefällt. Du bewunderst ihn dabei. Das ganze Szenario kann in einem gemeinsamen Zerrspiel enden.

Mache dir im Anschluss Notizen. Wenn sich der Hund nach mehreren Durchgängen immer für ein und dasselbe Spielzeug entscheidet, dann lasse es beim nächsten Mal weg und gib ihm die Chance, die anderen Spielzeuge auch zu beachten. Finde somit heraus, welche **Objektprioritäten** dein Hund besitzt.

### Darf mein Hund Spielzeug im Alltag zur freien Verfügung haben?

Diese Frage wird mir häufig gestellt. Manche Hundesportler sind der Meinung, dass der Hund nur dann ein Objekt haben darf, wenn er mit dem Menschen spielt. Andere Menschen lassen die schönsten Spielzeuge einfach zur freien Verfügung herumliegen. Meine Antwort ist Folgende: »Ja, meine Hunde haben ihr eigenes Spielzeug, sogar eine ganze mit Spielzeugen gefüllte Kiste. Diese steht frei zur Verfügung und sie können Spielzeuge daraus holen, um miteinander zu spielen oder um uns Menschen zum Spielen aufzufordern oder um solitär zu spielen.«

Ich habe als Teamführer eine eigene Spielzeugkiste und darin befinden sich die besten Spielobjekte. Es sind andere, als die in der Spielkiste meines Hundes, es sind bessere Objekte, sie gehören mir und sie werden nur zum Zweck des gemeinsamen Spiels hergenommen. Hier fördert Verwehren das Begehren. Trotzdem kann mein Hund mit seinen Spielobjekten explorativ unterwegs sein.

### Das Lieblingsobjekt für das Spiel?

Jeder Hund hat sein Lieblingsspielobjekt, sei es, weil es sehr oft oder nur sehr selten benutzt wird, beides ist möglich. Über das oben beschriebene kleine Spiel, hast du bereits herausgefunden, welches Objekt das ist. Ich schlage dir vor, das Objekt einige Zeit nicht zu nutzen. Spiele mit anderen Spielbeuten. Zum einen hast du dann noch einen Trumpf in der Hand, wenn zum Beispiel die Ablenkung steigt und es deinem Hund schwerfällt, sich auf euer Spiel einzulassen. Oder aber du die Motivation deines Hundes steigern möchtest. Dein Hund lernt zu verstehen, dass gar nicht das Objekt im Mittelpunkt steht, sondern das Spiel mit dir!

## Das naturnahe Objektspiel

### Allgemeines und Idee

Ich spreche hier von naturnah, weil uns die Natur gerade für ein Jagdspiel viele Elemente und Informationen gibt, welche wir für das Objektspiel mit unserem Hund verwenden können.

**HUNDESPIEL**

**Eine Szene aus dem Hause Engel:** Mica und Denzel sind im Garten, Denzel findet ein Zerrspielzeug und kommt locker in Richtung Mica, er läuft provokativ vor ihr auf und ab, bis er bemerkt, dass Mica ihn beobachtet. In diesem Moment wird Denzel starr und nimmt, mit der Beute in der Schnauze, direkten Blickkontakt zu Mica auf. Mica schleicht sich etwas an Denzel heran, dieser lässt sie nicht aus den Augen. Als Zuschauer vergisst man fast zu atmen, so viel Spannung liegt in der Luft. Urplötzlich dreht sich Denzel schwungvoll um und rennt sehr dynamisch von Mica weg. Auf diesen (optischen) Auslöser startet Mica sofort hinterher und rennt Denzel nach. Denzel lässt Mica immer ganz nahe an die Beute herankommen, dann dreht er wieder ab, geschickt spielt er die Beute und kümmert sich auch darum, Micas Interesse aufrechtzuerhalten und zu steigern.

Meist erwischt sie dann doch irgendwann die Beute und die beiden zergeln um die Wette. Spannend ist, dass Denzel sich bewusst schwächer macht und sich von Mica wegziehen lässt, obwohl er ihr körperlich überlegen ist. Manchmal aber schafft Mica es, Denzel beim Zergeln so auszutricksen, dass sie die Beute gewinnt, ein anderes Mal dann wieder nicht. Es kann aber auch sein, dass sie die Beute nicht zu fassen bekommt und erfolglos hinterherjagt. Diese Umstände hindern Mica aber nicht daran, immer wieder auf das Spiel mit Denzel einzugehen. Und wenn Mica die Beute gewonnen hat, dann läuft sie triumphierend durch den Garten, um dann dieses Spiel umgekehrt spielen zu wollen. Sie möchte erreichen, dass sie gejagt wird. Was aber macht Denzel? Er geht nicht wirklich auf das Spiel ein, aber er schnappt sich die Beute gerne wieder und sie zergeln weiter. Manchmal sucht er sich eine andere Beschäftigung und vermittelt Mica dadurch, dass er fertig ist mit Spielen. Durch das regelmäßige »Training« dieses Spiels, wird die Technik von Mica immer besser und sie hat häufiger Erfolg.

Ich bin als stiller Beobachter immer wieder beeindruckt, wie toll die beiden miteinander spielen und wie klar zu sehen ist, wer das Spiel führt und wer das Sagen hat. Ich darf kurz erwähnen, dass Denzel mit seinen fast sechs Jahren gegenüber seiner Tochter Mica mit ihrem einen Jahr Lebenszeit bisher den Chefposten besetzt.

**Was kann ich aus diesem Beispiel ableiten?**

- Denzel bestimmt meistens wie das Spiel abläuft
- Mica jagt erst der Beute hinterher, wenn Denzel mit einem deutlichen Auslöser die Jagd beginnt
- Denzel, obwohl körperlich überlegen, zeigt sich beim Zergeln schwächer als er wirklich ist, und Mica wird dadurch stärker und behält die Motivation
- Wenn Mica gewinnt, geht sie mit der Beute zurück zu Denzel und animiert diesen zum Weiterspielen

**Was lernen wir daraus?**

- Einer ist der Spielführer
- Erst auf einen deutlichen Auslöser beginnt die Jagd

Denzel und Mica zergeln zusammen für ihr Leben gerne, dabei haben beide ausgeklügelte Techniken entwickelt, um die Beute zu gewinnen. Schafft es einer der beiden, versucht er den anderen sofort zum Weiterspielen zu motivieren.

- Jagen kann auch Spaß machen, wenn der Jäger die Beute nicht erwischt
- Beim Beutestreiten darf sich der Spielführer auch schwach zeigen um dem Spielpartner zu vermitteln, dass er der Stärkere ist
- Die gewonnene Beute zum Spielpartner zurückzubringen kann neues Zergeln und Spielen bedeuten

Wie du siehst, können wir uns als Spezies Mensch schon eine ganze Menge abschauen und vieles ableiten. Hunde üben im Spiel ihre Techniken für Abläufe, die sie in der Natur benötigen. Junge Wölfe machen das ebenfalls. Allerdings zeigen Wölfe diese Spiele im erwachsenen Alter eher selten, weil sie mit der Jagd an sich beschäftigt sind, denn nur der Jagderfolg sichert das Überleben der Wölfe.

Bei unseren Haushunden ist das anders, ihr »Jagderfolg« wird ihnen als Leckerbissen jeden Tag persönlich, meist im Napf, serviert, ohne dass sie dafür auch nur eine Kralle krumm machen müssen. Deshalb haben unsere Hunde ein ganzes Leben lang Zeit, Jagdspiele durchzuführen. In meinen Augen ist es auch wichtig, dem Hund die Möglichkeit zu bieten, seinen natürlichen Veranlagungen nachzukommen. Um das Jagdspiel noch besser verstehen zu können, ist es sinnvoll, den kompletten Jagdablauf eines Beutegreifers (dazu zählen neben Wölfen natürlich auch Katzen, Füchse und andere) genauer zu betrachten.

Eine komplette Jagd besteht aus verschiedenen Teilabschnitten:

1. Orten der Beute und erhöhte Aufmerksamkeit, der Jäger verhält sich unauffällig, ist aber sehr aufmerksam.
2. Beute wurde gesichtet, Spannung wird aufgebaut – der Jäger fokussiert die Beute und schätzt die Erfolgschancen ein.
3. Der Jäger versucht durch Anschleichen eine bessere Position zu bekommen. Nur ja keine unbedachte Bewegung, die Spannung steigt.
4. In der bestmöglichen Ausgangsposition werden alle Kräfte versammelt – Spannungshalt.
5. Der Jäger startet die Jagd, das Beuteobjekt begibt sich auf die Flucht. Alternativ bemerkt das Beuteobjekt den Jäger, flüchtet und löst damit die Jagd aus (Auslöser)
6. Je dichter der Jäger sich hinter der Beute befindet, je geringer der Abstand, desto erfolgsversprechender ist die Jagd. Hohe Töne der Beutetiers animieren den Jäger noch zusätzlich.
7. Die Beute wird gepackt und mit festem Griff gehalten. Ist der Griff nicht fest genug, so hat die Beute möglicherweise eine Chance, wieder zu fliehen.
8. Auch wenn die Beute gepackt wurde, kann sie weiterhin fliehen oder sie beginnt sich gegen den Jäger zu wehren. Es kommt zum Streiten mit der Beute und letztlich zum Töten.
9. Die Beute wird vom Jäger in Sicherheit gebracht und der Jäger beginnt die Beute zu fressen.

Diese gesamten Abläufe werden auch Jagdkette genannt:
**Orten – Spannungsaufbau – Spannungssteigerung – Spannungshalt – Auslöser – Jagen– Packen – Töten – Wegtragen – Fressen**

Im Jagdspiel zwischen Hunden, aber auch zwischen Mensch und Hund können Sequenzen aus dieser Kette oder auch der gesamte Ablauf zum Tragen kommen. Im Spiel zwischen Mensch und Hund macht es Sinn, Teile dieser Jagdkette für ein lustvolles gemeinsames Spiel zu adaptieren:

- Der Auslöser wird akustisch gegeben, damit der Hund nicht auf schnelle Bewegungsreize das »Auslösen« lernt.
- Aus dem Wegtragen wird das Zurückbringen.

Diese Bedingungen sind schon die ersten Spielregeln. Wir hatten es ja bereits besprochen – ohne Regeln ist kein faires Spiel möglich!

### Weitere Regeln für ein gutes und glaubwürdiges Spiel sind:

- Der Mensch verwandelt sich in die Beute und der Hund wird zum Jäger.

Auch unter Hunden ist es meist der ranghöhere Hund, der sich in eine Beute verwandelt und sich vom anderen Hund jagen lässt. Mein Altrüde Cooper (ich hatte schon von ihm erzählt) wäre niemals einem anderen Hund im Spiel nachgejagt. (Ich meine jetzt ein wirkliches Spiel und kein Mobbing, um den anderen Hund zu reglementieren.)
Er fand es allerdings toll, sich jagen zu lassen. Bei gleichgestellten Hunden kann das anders aussehen – schnell kann da auch ein Spiel in ein Kompetenzgerangel ausarten.

- Die Jagd wird durch ein akustisches Signal ausgelöst (bitte erinnere dich an Kapitel 12 – »Der Auslöser«).

**Langsame Bewegungen heißt lauern und schnelle Bewegungen sind auslösend.**

Damit er aber seine Impulse kontrollieren kann, macht es Sinn, dem Hund im Beutespiel beizubringen, dass die Jagd nicht beginnt, wenn die Beute sichtbar ist oder sich bewegt, sondern erst, sobald der akustische Auslöser kommt. Ich erlebe immer wieder in den Seminaren, dass viele Hunde schon nach der Beute schnappen, wenn sie sichtbar wird. Viele Hundeführer versuchen dann, die Beute schnell hinter ihrem Rücken zu verstecken. Es macht doch viel mehr Sinn, dem Hund zu vermitteln, dass es erst losgeht, wenn das Signal kommt!

- Nach dem Auslöser verwandelt sich der Mensch in die Beute.

Ja, du hast richtig gehört. Du als Mensch wirst zur Beute! Und wenn du dich in eine Beute verwandelst, dann benimm dich auch so. Dazu gehört, dass du dich umdrehst und wie eine Beute flüchtest und nicht rückwärts wegläufst und deinem Hund dabei noch in die Augen starrst. In einem naturnahen Jagdspiel soll der Mensch im Spiel im Mittelpunkt stehen, es geht nicht nur darum, die Beute zu besitzen.

- Führe das Objekt so, dass der Hund mit dem Fang nah dabei ist, und große Chancen hat, dieses auch zu packen.

Oft sehe ich, dass dem Hund die Beute ins Maul gestopft wird – den Hasen möchte ich sehen, der ein bisschen wegläuft und sobald er bemerkt, dass der Jäger schwächer wird, diesem, damit er nur ja einen Jagderfolg hat, direkt ins Maul springt. Das wäre nicht glaubwürdig – und nur ein glaubwürdiges Spiel ist ein gutes Spiel!

- Gib dich beim Beutestreiten auch ab und zu selbst schwächer aus, als du bist. Lass den Hund das Gefühl bekommen, überlegen zu sein!

Dein Hund soll am Spiel mit dir Spaß haben und es gerne wiederholen. Sei entweder eine fliehende Beute oder auch eine wehrhafte, ganz wie es zu dir, deinem Hund und zu eurem Spiel passt. Gib ihm gerade beim

Beutestreiten das Gefühl, dass er ein richtig großer Kämpfer ist und dich besiegen kann. Lass ihn die Beute oft gewinnen! Keine Sorge, es kommt deshalb nicht dazu, dass er dir auf dem Kopf herumtanzt. Das ist ein Spiel und eine Eigenschaft davon ist, dass der Stärkere auch Unterlegenheit zeigen darf.

- Fordere deinen Hund sofort zum Zurückbringen auf. Beende das Spiel ausschließlich bei dir, durch Tauschen oder Abebbenlassen der Jagdstimmung.

Das Spiel ist **nicht** zu Ende, wenn der Hund die Beute hat! Verwandle dich sofort nach dem Gewinnenlassen wieder in die Beute, gib den Auslöser und lass dich von deinem Hund mit Beute jagen. Er darf lernen, dass wieder ein tolles Zerrspiel folgt und er neuerlich in den Genuss des Gewinnens kommt.

**Beende das Spiel immer bei dir und sei fair!**

Nimm dem Hund die Beute nicht einfach weg. Tausch sie gegen ein Futterstück oder lasse sie dem Hund so lange, bis er das Interesse daran verliert. Das naturnahe Jagdspiel ist sehr komplex. Du benötigst einiges an Technik, damit das Spiel euch beiden Spaß macht und du nicht nach jedem Beutespiel im Sauerstoffzelt landest. Die Technik wird besser, wenn du sie trainierst, am besten ohne Hund: Auslöser, Richtungswechsel mit Beute, richtiges Beutestreiten usw. Spiellust und Spielfreude gehören immer dazu. Ein Jagdspiel ist keine Übung mit einem bestimmten Endbild. Es braucht keine Präzision und ist auch kein Wettbewerb.

Auch im Spiel mit Objekten wird schnell sichtbar, ob die Beziehung zu deinem Hund in einer Schieflage ist. Nur wenn man das

Eine dynamische Jagd von Mensch und Hund zusammen ist eine Augenweide und hat alle Spielqualitäten. Damit der Mensch auch authentisch ist, bedarf es einer Spieletechnik, die vorher erlernt werden sollte.

erkennt, kann man daran arbeiten. Deshalb: Raus aus der Komfortzone!

## Das Futterspiel

**Ziel:** Dein Hund darf mit dir zusammen ein Jagdspiel mit einem Futterstück machen, es fangen, es gewinnen und dann fressen.
**Was wird benötigt?** Ein längeres Futterobjekt, eine gute Technik und ein entspanntes Feld.
**Aufgabe des Hundes:** Der Hund darf nach dem Auslöser dir und deinem Futterstück hinterherjagen, es fangen und fressen. Dabei soll er besonders tüchtig sein, sich wendig zeigen und sich auch anstrengen.

Wie schon im allgemeinen Teil erwähnt, macht es Sinn, den Ablauf zuerst ohne Hund zu üben. Du hast ein oder mehrere längere Futterstangen bei dir versteckt und holst eine langsam und geheimnisvoll heraus. Du nimmst das Objekt zu deinen Augen, damit dir der Hund mit dem Blick folgt und dein Gesicht sieht. Dieser Aspekt ist sehr wichtig, denn der Hund wird versuchen, mit dir in Kommunikation zu treten. Die »Kommunikationszentrale« ist dein Gesicht und nicht der Leckerlibeutel oder deine Hand! Wird dein Hund aufmerksam oder ist es bereits, kannst du die Spannung entweder noch steigern oder gleich den Auslöser setzen und mit dem Jagdspiel zu beginnen. Gestalte den Beginn immer flexibel, sonst durchschaut dich dein Hund und das Spiel ist nur noch halb so spannend. Bitte versuche das Signaltiming zu beachten:

- **Erst der akustische Auslöser, dann der Bewegungsreiz!**

Wenn du dich nach dem Auslöser in die Beute verwandelst (denk daran: eine Beute läuft nicht rückwärts!), dann halt das Futterstangerl auf Schnauzenhöhe des Hundes, sodass dieser wirklich Gelegenheit hat, es zu fangen. Mach keine Geschenke, sonst ist der Erfolg für den Hund nicht so glaubwürdig. Je nach Beschaffenheit des Futters versuche als Beute weiter zu fliehen, streite etwas mit dem Futter oder lass deinen Hund sofort gewinnen. Wenn du dich von deinem Hund jagen lässt, macht es Sinn, Kreise zu laufen, damit der Hund den längeren Weg hat, und auch ab und zu die Hand und die Richtung zu wechseln. Hat der Hund das Futter gefangen und ist dabei, es zu fressen, lass ihn in Ruhe und halt dich höflich zurück. Streichle den Hund beim Fressen der Beute nicht! Du kannst deinen Hund bewundern, wie toll er das gemacht hat. Wenn er fertig ist lade ihn entweder zum Schmusen oder auf ein weiteres Spiel ein. Fängt der Hund das Futter sehr schnell, ist er tüchtig – und du musst noch ein wenig an deiner Technik arbeiten. Plane nicht voraus. Ein gutes freies Spiel lebt von Überraschung und Spontanität. Im folgenden Video zeigen wir dir, wie so ein Futterspiel aussehen kann.

VIDEO

Futterspiel

## Das Beutespiel

In der Natur hat der Beutegreifer einige Techniken parat, um die Beute zu töten oder auch erfolgreich im Kampf zu besiegen. Auch die Beute hat Strategien, um dem Angreifer möglichst zu entkommen. Die Elemente des Beutestreitens werden von jungen Hunden spielerisch bereits »geübt« und die Erfolg versprechenden im weiteren Spiel bevorzugt verwendet. Denzel zum Beispiel zieht sehr energisch an der Beute und versucht dabei, mich im Kreis zu drehen. Mica verwendet vermehrt den sogenannten »Peitschenschlag«. Damit haben die Beiden schon vielfach die Beute gewonnen. Erfolgreiches wird ja bekanntlich wiederholt! Die Elemente des Beutestreitens sind vielfältig, in der folgenden Liste habe ich sie zusammengestellt.

- Fixieren
- Nachfassen
- Parallel laufen
- Peitschenschlag
- Beute tot stellen
- Ausbrechen
- Beute am Boden fixieren
- Ablenkung
- Wegdrängen
- Ziehen
- Im Kreis drehen
- Rucken
- Schütteln

Diese Elemente kann der Hund zeigen, aber nur, wenn er im Beutespiel mit dir oder anderen Hunden gelernt hat, dass sie Erfolg bringen. Auch hier sind die Hunde wunderbare Lehrmeister. Obwohl Denzel viel mehr Kraft als Mica hat und ihr problemlos die Beute wegziehen oder wegnehmen könnte, zeigt er bewusst Schwäche, wenn Mica die Elemente des Beutestreitens anwendet. Es ist spannend zu beobachten, wie er ihr immer wieder nachgibt und wie dadurch die Aktionen von Mica stärker und selbstbewusster werden. Aber es gibt keine Geschenke! Ist sie nicht vehement genug, zieht Denzel sie durch die halbe Wohnung (bevorzugt, wenn sie dabei auf dem Teppich nachrutscht). Auch er zeigt dabei verschiedene Elemente des Beutestreitens. Wenn Mica es schafft, die Beute zu gewinnen, wächst sie gefühlt um mindestens 10 cm und läuft im Imponiertrab durch die Wohnung oder den Garten. Oft läuft sie mit der Beute auch zu Denzel zurück und versucht, ihn zum Weiterspielen zu animieren. Es macht Sinn, wenn du dich als »hundlichen« Spielpartner siehst und auch so benimmst. Daher sind die Elemente des Beutestreitens auch für dich wichtig. Übe sie mit einem anderen Menschen und fühle dich so in den Hund hinein, um zu erkennen, wie glaubwürdig du auf ihn wirkst.

### Wehrhafte oder flüchtende Beute?

Ganz nach Belieben oder auch nach Hundetyp, kannst du dich beim Beutestreiten in eine wehrhafte oder eine weiterflüchtende Beute verwandeln. Viele Hunde, die an das gemeinsame Spiel mit dem Menschen noch nicht gewöhnt sind, sind erst einmal vorsichtig. Für sie ist es besser, wenn du dich in eine flüchtende Beute verwandelst und auch beim Beutestreiten eher versuchst, weiterzulaufen oder wieder davonzukommen. Hohe Töne unterstützen deine Aktionen. Ist dein Hund mutig und hält gut fest oder wird sogar aktiv, gibst du dich geschlagen und er darf die Beute gewinnen – ein tolles Gefühl für deinen Hund.

Ist euer Spiel schon fortgeschritten, verwandle dich auch einmal in eine wehrhafte Beute. Das bedeutet, dass du, nachdem der Hund die Beute gepackt hat, zum Angreifer wirst und dich ihm entgegenstellst. Viele

Verwandelt sich der Mensch in eine flüchtende Beute, dann versucht er nach dem Anbiss des Hundes an der Beute weiter zu fliehen. Er verhält sich wie ein Beutetier, welches eine Chance sieht, so zu entkommen.

Hunde mögen den spielerischen Kampf sehr und das stärkt die Bindung zwischen Mensch und Hund. Aber bleib fair, im Spiel und im entspannten Feld! **Noch ein kleiner Tipp:** Wenn Du beim Beutestreiten bist, darfst du ruhig Geräusche von dir geben, passend zum Beutetyp, in den du dich gerade verwandelt hast! Was eine Beute in der Regel aber jedenfalls nicht macht, wenn sie gerade um ihr Leben fürchtet oder kämpft, ist, den Angreifer zu loben. Ausgiebig loben kannst du deinen Hund entweder, wenn du nicht die Beute bist und er mit einem anderen Menschen spielt, oder wenn er die Beute gewonnen hat und du ihm vermittelst, wie tüchtig er gerade war.

Hier spielt der Mensch eine wehrhafte Beute. Er lässt sich auf den Kampf um die Beute mit dem Hund ein und fordert diesen heraus.

### Gefahren des Beutestreitens

Oft hört man, dass man auf keinen Fall Zerrspiele mit dem Hund machen soll, denn der würde dadurch Rudelchef, aggressiv oder sonst irgendwie verhaltensauffällig. Ich kann dich diesbezüglich beruhigen. Wenn du nach den Kriterien des echten Spiels vorgehst und du und dein Hund eine gute, ausgewogene Beziehung habt, dann bringt ein herzhaftes Zerrspiel sehr viel Gutes für euer Zusammenleben. In meinen zahlreichen Seminaren habe ich ganz selten Hunde gesehen, bei denen ich der Meinung war, es wäre nicht gut, ein Beute- oder Zerrspiel zu machen. Meistens konnten wir dadurch zutagetretende Probleme lösen – und dem harmonischen Beutespiel stand nichts mehr im Weg.

Zusammengefasst nochmals die Eckdaten zum Beutespiel:

- ✓ Sei spannend und verwandel dich
- ✓ Variiere den Spielbeginn
- ✓ Das Spiel geht erst los, wenn der Auslöser kommt und nicht, sobald die Beute sichtbar ist
- ✓ Verwandle dich in die Beute und benimm dich auch wie eine solche
- ✓ Nachjagen bringt gute Emotionen, spiele fangnah, variantenreich und glaubwürdig
- ✓ Lass den Hund die Beute packen und steck ihm die Beute nicht in den Fang
- ✓ Mach keine Geschenke, aber sei ein fairer Gegner
- ✓ Verwandle dich in eine fliehende oder wehrhafte Beute
- ✓ Zeige Unterlegenheit beim Beutestreiten
- ✓ Lass deinen Hund die Beute gewinnen
- ✓ Werde sofort danach wieder aktiv und animiere deinen Hund, die Beute zu dir zurückzubringen
- ✓ Nimm ihm die Beute nicht weg, sondern zergle weiter
- ✓ Lauf gemeinsam mit deinem Hund eine Poserrunde und bewundere ihn für seine tolle Leistung
- ✓ Beende das Spiel immer fair mit einem Tausch der Beute gegen Futter und einem Ende-Signal

### Das Beutespiel in der Praxis

Das Beutespiel mit dem Hund ist auch ein Stück weit anstrengend und mit einiger Technik verbunden. Mit Welpen spielt man anders, als mit erwachsenen Hunden. Nicht umsonst widmen wir dem Beutespiel in unserem CreaCanis-Programm einen ganzen Tag. Ich möchte dich ermutigen, das Beutespiel mit deinem Hund zu kultivieren, mit Freude und Lust zu spielen und es zu einem Bestandteil eures gemeinsamen Alltags zu machen.

**Ziel:** Dein Hund darf mit dir zusammen ein Jagdspiel mit einem Beuteobjekt machen, das Beuteobjekt fangen, mit dir Beute streiten, die Beute gewinnen und diese dir zum Weiterspielen zurückbringen.
**Was wird benötigt?** Ein längeres Beuteobjekt, das eine gewisse Festigkeit hat und gut geführt werden kann. Gute Technik von dir und ein entspanntes Feld. Eine 1 m-Leine ohne Schlaufen.
**Aufgabe des Hundes:** Dein Hund darf nach dem Auslöser dir und deinem Beuteobjekt hinterherjagen, es fangen und Beute streiten. Dabei soll dein Hund besonders tüchtig sein, sich wendig zeigen und sich auch anstrengen.

Geh an einen Ort mit wenig Ablenkung, wo du deinen Hund auch von der langen Leine lassen kannst. Gerade am Anfang macht es aber Sinn, eine kurze Leine ohne Schlaufen an deinem Hund zu lassen. Verstecke vorher die Beute an deinem Körper, optimal wäre am Oberkörper unter der Jacke. Kümmere dich gar nicht um deinen Hund, tue geheimnisvoll und schaue immer kurz zur versteckten Beute.

Wird dein Hund aufmerksam, wende dich leicht von ihm weg, damit er eventuell noch neugieriger wird. Vorerst solltest du noch auf die ersten Elemente der Jagd wie Spannungsaufbau und Spannungshalt verzichten. Daher gib, nachdem dir die Neugierde deines Hundes sicher ist, den akustischen Auslöser. Hol die Beute heraus, verwandle dich in die Beute und flüchte vor deinem Hund. Das Beuteobjekt führst du mit der Hand so, dass dein Hund eine optimale Möglichkeit erhält, die Beute packen zu können. Am besten ist es am Anfang, wenn du nur geradeaus oder in einem großen Kreis läufst, damit du mit der Beute dem Hund nicht wieder entgegenkommst und die Beute ihm in den Fang springt!

Lauf so weg, dass der Hund an der Beute mit dem Fang nahe dran ist und eine gute Chance bekommt, sie zu erwischen. Packt der Hund die Beute, lauf weiter, denn du lebst als Beute noch, und es gibt keine Geschenke! Hält der Hund fest, kannst du mit dem Beutestreiten beginnen. Dabei nimmst du die kurze Leine. Wenn der Hund aktiv und tüchtig ist, lässt du ihn gewinnen. Du läufst mit deinem Hund gemeinsam eine tolle Angeber-Runde und bewunderst ihn! Nun kannst du rückwärtslaufen und den Hund dazu animieren, zu dir zu kommen, um weiterzuspielen oder ihr lauft noch ein wenig und lasst die Jagdstimmung gemeinsam abklingen. Wenn die Beute nicht mehr so interessant ist, nimmst du Futter und gibst es dem Hund. Währenddessen steckst du die Beute langsam und ohne Spannung ein. Hat der Hund sich in diesem Anfangsspiel gut und motiviert gezeigt, kann es weitergehen.

Bau jetzt den Beginn der Jagdkette mit ein. Entdecke die Beute bei dir und hole sie langsam heraus. Sollte der Hund übermütig werden und nach der Beute springen, hilft dir die

Benimm dich wie eine Beute und flüchte wirklich. Gib deinem Hund eine Chance, dass er die Beute packen kann – spiele fangnah!

Zügelhand, ihn kurz zum Warten zu bewegen und dennoch die Spannung zu halten. Nimm die Beute zu deinem Gesicht, damit du und deine Kommunikationszentrale in den Mittelpunkt rückt, steigere die Spannung noch. Ist der Hund voll konzentriert, gib den Auslöser. (Achtung: Die Zügelhand natürlich vorher wegnehmen.) Dreh dich über die Schulter der »leeren« Hand vom Hund weg und beginne die Jagd. Um nicht nur geradeaus oder im Kreis laufen zu müssen, baue Wechsel durch die Beine oder vor dir mit Handwechseln ein. Diese Wechsel sollten vorher ohne Hund geübt werden, denn das Handling muss beim dynamischen Spiel sitzen! Packt der Hund die Beute, kommt das Beutestreiten. Gib deinem Hund das Gefühl, dass er superstark ist. Baue die verschiedenen Elemente des Beutestreitens ein und lass deinen Hund, wenn er richtig engagiert mitmacht, gewinnen.
Gib danach sofort wieder einen Auslöser, lauf vom Hund weg und animiere ihn, dir nachzukommen. Lass ihn die Beute ganz bis zu dir bringen und zergle weiter. Nach ein paar Mal hörst du auf zu zergeln, die Beute wird »tot«, du tauscht gegen ein Futterobjekt und steckst die Beute langsam und ohne Spannung ein.

Du kannst dann natürlich ein neues Spiel starten. Nimm dazu die Beute langsam vor dein Gesicht und schütze sie nach Bedarf kurz mit der Zügelhand. Denk daran: Langsame Bewegungen veranlassen deinen Hund zum Lauern, schnelle Bewegungen sind auslösend! Vermeide es daher, die Beute so schnell wie möglich hinter dem Rücken zu verstecken. Diese schnelle Bewegung ist auslösend und veranlasst den Hund dazu, dich anzuspringen um zu versuchen, die Beute zu fangen – und außerdem hat ein überzeugender Spielführer solche »Finten« nicht nötig!

Hab Lust und Spaß am Spiel! Es wird eure Beziehung beflügeln und die Bindung zwischen dir und deinem Hund stärken. Im folgenden Video findest du Anregungen zum Beutespiel.

VIDEO

Beutespiel

## Freudiges Zurückbringen

Wenn ich mit meinem Hund mit einer Beute spiele, sie auch mal werfe oder in hundesportlichen Aktivitäten einsetze, dann ist das Beutezurückbringen ein wichtiger Punkt. Es ist im Spiel unerlässlich, damit es weitergehen oder das Spiel gut und fair beendet werden kann. Wie oft werde ich mit dem Problem konfrontiert, dass der Hund nicht zurückbringt, nur bis auf Armeslänge herankommt oder erst einen großen Bogen läuft. Natürlich ist das Zurückbringen nicht »lebensnotwendig«, aber es hat viele Vorteile, wenn der Hund das kann. Aus diesem Grund wurde das Thema auch in unser Programm aufgenommen. Wenn ich das natürliche Verhalten des Hundes (oder noch allgemeiner des Beutegreifers) betrachte, dann hat der Hund, wenn er eine Beute gefangen hat, meist im Sinn, diese in Sicherheit zu bringen, um sie vor Konkurrenten zu schützen oder sie aufzufressen bzw. eine Spielbeute zu zerlegen.

**Es ist also für die meisten Hunde ein eher unnatürliches Verhalten, eine gewonnene oder gefangene Beute zum Menschen zurückzubringen.**

Ich hatte bereits erwähnt, dass viele Hunderassen für verschiedene Aufgaben gezüchtet und selektiert wurden, dabei war auch das Zurückbringen der Beute ein Thema. So wurde die Eigenschaft »Beute zurückbringen« als Selektionsmerkmal erkannt und durch gezielte Verpaarungen ausgebaut und gefestigt. Man denke zum Beispiel an Retriever-Rassen, die als Apportierhunde eingesetzt werden, oder an Gebrauchshunderassen für den Polizeidienst, wie z.B. den Deutschen Schäferhund oder auch den Malinois. Auch beim Hovawart gibt es in der Zuchttauglichkeitsprüfung den Punkt »Beute zurückbringen«. Für einen vielseitigen Arbeitshund, wie eben auch der Hovawart einer ist, hat es Vorteile, wenn er von Haus aus mit dieser Fähigkeit ausgestattet ist. Diese Eigenschaft wurde also bei manchen Rassen genetisch gefördert und bei manchem nicht – und so ist es ganz normal, dass sich Hunde in diesem Punkt völlig unterschiedlich verhalten.

Ich als Teamführer und Spielpartner habe zusätzlich einen großen Einfluss darauf, ob mein Hund mir die Beute gern zurückbringt oder eben nicht.

Welche Gründe kann es geben, dass der Hund die Beute nicht zurückbringt?

- Ich bin dem Welpen/Hund immer hinterhergerannt, wenn dieser die Beute hatte

- Ich habe dem Hund die Beute unfair weggenommen, wenn er sie mir gebracht hat
- Mein Hund hat gelernt, dass ich hilflos bin, wenn er mit der Beute herumläuft und imponiert
- Ich bin immer zu meinem Hund gegangen, wenn er irgendwo mit der Beute gewartet hat, und habe dort weitergespielt
- Mein Hund hat die Beute nur beinahe bis zum mir gebracht, ich habe danach gegriffen und den Körper und den Arm in seine Richtung verlagert

Erkennst du vielleicht schon den Grund, warum dein Hund nicht zurückbringt? Egal ob ihr im Team Mensch-Hund versehentlich schon ein Problem aufgebaut habt, oder ob du es gleich richtig lernen möchtest – ich gebe dir Tipps, wie das Zurückbringen der Beute in Zukunft klappt.

**Gründe für den Hund, die Beute zurückzubringen**

✓ Das Spiel geht weiter (Zerrspiel oder Wurfspiel)
✓ Du bewunderst ihn und das gefällt dem Hund (soziales Lob)
✓ Er bekommt bei dir eine bessere Beute

Das sind einige gute Gründe für deinen Hund, jetzt musst du nur noch beachten, dass du dich kommunikativ klar verhältst und über deine Körpersprache dem Hund die richtigen Signale gibst.

### Das freudige und direkte Zurückbringen

**Ziel:** Dein Hund bringt dir freudig, schnell und auf direktem Weg die Spielbeute zurück, egal, ob er nach einem Zerrspiel gewonnen hat, oder ob du ihm die Beute geworfen oder versteckt hast.

**Was wird benötigt?** Ein längeres Beuteobjekt, das eine gewisse Festigkeit hat und eher nicht aus Fell ist, und das der Hund im schnellen Laufen gut tragen kann. Eine etwas größere freie Fläche, nach Bedarf eine Hilfsperson.

Dass der Hund die Beute freiwillig zurückbringt, ist nicht immer automatisch der Fall. Dieser Hund läuft mit der Beute zu seinem Teamführer, weil das Spiel dann weitergeht.

**Aufgabe des Hundes:** Der Hund darf nach dem Auslösesignal der Beute nachjagen und soll so schnell als möglich die Beute bis direkt zu dir zurückbringen.

Um das wirklich schnelle und direkte Zurückbringen zu konditionieren, macht es Sinn, einen emotional hoch motivierenden Ablauf zu wählen. Viele Hunde lieben es, einem fliegenden Objekt schnell nachzulaufen, diese Motivation nutzen wir und bauen sie auf den Rückweg aus. Auch hier darf der Hund der Beute erst nachlaufen, wenn du den Auslöser gegeben hast. Du bringst deinen Hund in eine Position (z.B. Sitz) und holst langsam die tolle Spielbeute heraus. Wenn dein Hund noch nicht stabil warten kann, hält eine Hilfsperson ihn fest. Du schleichst dich geheimnisvoll von deinem Hund weg und beschäftigst dich mit dieser Beute. Damit erhöhst du die Erwartungshaltung und das Interesse deines Hundes. Bist du etwa 20 m von deinem Hund entfernt, gibst du den Auslöser und wirfst die Beute in Laufrichtung des Hundes weiter. Dein Hund wird einiges an Geschwindigkeit aufnehmen, da die Strecke entsprechend lang ist. In dem

Moment, in dem dein Hund die Beute greift, gibst du wieder einen deutlichen Auslöser, drehst dich um und läufst dem Hund, so schnell es geht – oder zumindest glaubwürdig – davon. Dabei drehst du dich um, damit du dich wieder in eine Beute verwandelst. Die Hilfsperson gibt dir Bescheid, wenn dein Hund nicht mehr weit hinter dir ist. Du drehst dich zum Hund um und lädst ihn mit deutlich zurückgelehntem Körper ein, mit dir zu spielen. Alternativ kannst du eine gleichwertige Beute beleben, oder ein großes Futterstück in Laufrichtung an dir vorbeiwerfen. Optimal ist es, wenn der Hund die Beute bis zu dir bringt und sie so lange festhält, bis du mit ihm spielst, oder die Beute gegen Futter oder eine andere Beute tauscht. Zu allererst muss er aber die Idee bekommen, dass es sich für ihn richtig lohnt, seine Beute so schnell als möglich wieder zu dir zu bringen. Der Auslöser genau beim Aufnehmen der Beute hilft dem Hund dabei, dich wieder als Spielpartner wahrzunehmen, im Spiel und in der Spielstimmung zu bleiben und nicht die Emotion zu wechseln. Du wirst sehen, wie dynamisch dein Hund sein kann, wenn er die richtige Einstellung zu diesem Spiel bekommt. Eine optimale Verknüpfung hat stattgefunden, wenn er den Rückweg zu dir mindestens genauso schnell absolviert, wie den Hinweg zur Beute. Klappt das gut und der Hund hat den Rückweg verinnerlicht, kannst du dieses Spiel abwandeln. Lass den Hund z.B. länger in seiner Position, wirf erst die Beute und gib später den Auslöser. Oder versteck die Beute. Dein Hund muss sie dann zuerst suchen und anschließend trotzdem dynamisch zurückbringen.

**Bevor du dich an diese Aufgabe machst, solltest du mit deinem Hund schon eine gute Spielkultur entwickelt haben.**

Das Beutespiel soll harmonisch und dynamisch ablaufen. Der Hund soll schon beim Gewinnen gelernt haben, dass sich die Beute zurückzubringen für ihn lohnt und das Spiel dann weitergeht.

**Eine Bemerkung zu Wurfspielen:** Wer kennst sie nicht, die Balljunkies, die ihre Umwelt nicht mehr wahrnehmen können und nur auf eines fixiert sind: Auf diese kleine Kugel, und zwar unabhängig davon, wer sie bewegt oder wirft. Der Ball wird bis zur totalen Erschöpfung geholt und es ist kein anderer Gedanke mehr möglich. Ich sehe das als »Sucht« – und durchaus kritisch! Ein Beutespiel sollte keinesfalls zu diesem Zustand führen. Aus diesem Grund raten wir von reinen Wurfspielen gerade im jugendlichen Alter des Hundes ab. Der Hund soll erst lernen, mit dem Menschen und beim Menschen zu spielen. Der Mensch steht im Mittelpunkt des Spiels und nicht das Beuteobjekt! Dieser Aufbau dauert eine gewisse Zeit. Bitte lass dir auch diese Zeit mit deinem Hund. Ein gutes Objektspiel mit dem Menschen ist bindungsfördernd, da es keinem Automatismus unterliegt und gute Spieleigenschaften aufweist.

Bei einem Wurfspiel sprechen wir auch das Instinktverhalten des Hundes an. Der Hund denkt gar nicht nach, kommt nicht in Spielstimmung, sondern löst automatisiert das Verhalten aus, das in seinen Genen liegt Das möchten wir nicht. Aus diesem Grund empfehle ich dir, gerade Wurfspiele und das

VIDEO

Zurückbringen

Zurückbringen sehr abwechslungsreich zu gestalten, mit Regeln wie dem Auslöser zu versehen und nicht zu übertreiben!

## Beutetausch

Manche Hunde haben ihre Lieblingsbeute. Wenn sie diese gerade besitzen wird es schwierig, die Beute wieder zu bekommen. Selbst ein Tausch gegen eine andere Beute wird abgelehnt und Futter oft verweigert. Erinnere dich an das Thema »Spielbeute auswählen«. Schon dort war mein Hinweis, dass es gut wäre, wenn dein Hund gerne mit vielen verschiedenen Spielbeuten spielen würde. Am besten ist es, wenn er die Beute am liebsten mag, die du gerade besitzt und ihm zum Spielen anbietest. Hat es eine bestimmte Beute deinem Hund besonders angetan, ist das auch nicht schlimm! Ich habe schon mehrfach das faire Abgeben der Spielbeute erwähnt. Ein Tausch der Spielbeute gegen ein Futterobjekt ist dabei immer eine gute und praktische Lösung. In diesem Kapitel möchte ich dir den Beutetausch genauer erklären und auf verschiedene Varianten eingehen. Es ist ein tolles Training – auch für daheim – und fördert beispielsweise das Vertrauen des Hundes zu dir.

Welche Tauschvarianten sind möglich?

- Gleiche Beute gegen gleiche Beute
- Beute gegen eine andere Beute
- Beute gegen Futter
- Futter gegen Futter
- Futter gegen Beute

Es ist nicht wichtig, ob dein Hund das alles beherrscht, aber es ist praktisch und hat manchmal auch ein wenig mit Signalkontrolle zu tun. Signalkontrolle – ein Begriff, den du vielleicht schon gehört hast. Das bedeutet, der Hund arbeitet nicht vor, obwohl er weiß, was jetzt kommt und er auch noch eine

Spiele vorwiegend gemeinsam mit deinem Hund mit einem Objekt, ob Futter oder Beute. Immer sollte der Mensch im Mittelpunkt stehen und nicht die Spielbeute!

Belohnung erwartet, sondern wartet auf das entsprechende Signal, um die Aktion oder Handlung durchzuführen.

Für den Beutetausch empfiehlt es sich, ein verbales Hörzeichen einzuführen. Bei mir heißt dieses Hörzeichen »Danke«, ich habe aber auch schon »Geben« gehört. Ich nehme mit Absicht nicht »Aus«, da dieses Hörzeichen für eine andere Verhaltensweise reserviert ist. Dazu komme ich später.

Zu Beginn sage ich das Hörzeichen genau dann, wenn der Hund sein Beuteobjekt tauscht, später soll der Hund erst auf mein Hörzeichen hin tauschen und mir die Beute entweder in die Hand legen oder direkt aus dem Beutestreiten loslassen. Das ist mitunter gar nicht so einfach. Natürlich können wir uns damit begnügen, dass der Hund mir das Beuteobjekt vor die Füße wirft, oder es mir gleich in die Hand gibt, wenn er das Tauschobjekt erspäht – aber du willst doch klar und genau mit deinem Hund kommunizieren und mit eindeutigen Signalen und klarer Körpersprache trainieren. Gerade in diesem Spiel kann man das wunderbar ausbauen.

Der Hund bringt die Beute zurück und wartet auf das Signal zum Beutetausch, obwohl er das Futter als Tauschobjekt sieht. Nach dem Signal und der Abgabe der Beute, darf er das Futter fressen.

Ich gebe dir im Folgenden Ideen dazu. Vorher noch einige Hinweise für den Gedanken dahinter: Unsere Hunde sind von Natur aus eher nicht bereit, anderen Hunden ihre Spielbeute oder auch ihr Futter zu überlassen.
Das ist eine Übung zwischen Hund und Mensch und im natürlichen Verhalten unter Hunden eigentlich nicht vorgesehen. Wir sprechen hier von einem freiwilligen Beutetausch und nicht von einer Machtdemonstration des Menschen, der seinem Hund die Beute einfach wegnimmt. Ich wünsche mir einen Hund der lernt, gerne und problemlos seine Beute zu tauschen. Diese Bereitschaft kann später wirklich praktisch sein, wenn er was findet, das er nicht fressen soll, oder auch in der hundesportlichen Beschäftigung, wenn ich meinem Hund Apportieren oder ähnliche Übungen beibringe.

In unserem Programm bereiten wir Dinge oder Abläufe vor, die wir dann später bei anderen Betätigungen gut verwenden können, deswegen heißt es auch Basisprogramm. Erst die Grundschule, dann das Gymnasium.

Es lohnt sich, Zeit, Energie und Freude in die Übung »Beutetausch« zu investieren. Ich stelle dir einige Übungsvarianten vor, probiere dich aus, hab Spaß mit deinem Hund und erkenne vielleicht auch, wo sich das eine oder andere kleine »Problemchen« versteckt hat. Die Übung »Beutetausch« kann als Abschluss eines Spiels verwendet werden – die Energie und Dynamik flauen ab. Oder auch zum Weiterspielen – die Energie, Dynamik und Motivation bleiben erhalten.

### Varianten des Beutetausches:

**Ziel:** Dein Hund tauscht jedes Futter und jede Spielbeute, die er gerade besitzt, gegen ein anderes Futter oder Beuteobjekt. Er kann seine Beute aber auch noch festhalten, wenn er das Tauschobjekt sieht und erst auf das verbale Signal tauschen.
**Was wird benötigt?** Verschiedene Futterobjekte und Beuteobjekte, nach Bedarf zwei identische Beuten und eine kurze Meter-Leine ohne Schlaufen, Hörzeichen für Tauschen: »Danke« oder »Geben« oder Ähnliches.
**Aufgabe des Hundes:** Der Hund darf mit seiner Beute mit dem Menschen spielen oder sein Futter bei seinem Menschen fressen, und soll auf Hörzeichen gegen ein anderes Beuteobjekt tauschen.

**Tausch einer Spielbeute gegen ein Futterobjekt:** Dieser Tausch ist der »Klassiker« und wird sehr oft verwendet, um ein Spiel zu beenden oder dem Hund die Beute fair und ohne negative Emotionen abzunehmen. Ich würde ihn aber erst dann anwenden, wenn mein Hund eine gute und stabile Beuteappetenz (Appetit auf Spiel und Beute) zeigt, und wirklich gerne und überall mit mir spielt und zergelt. Du zergelst mit deinem Hund und hast die Futterstückchen noch in der Tasche. Du lässt ihn entweder gewinnen und zu dir zurückkommen. Oder du beendest das Zergeln, indem du die Spielbeute nicht mehr belebst. Wird der Griff des Hundes lockerer, dann legst du deine Hand unter die Beute, sodass der Hund dir praktisch die Beute in die Hand fallen lassen könnte, holst das Futterstück heraus und hältst es über die Beute. Wichtig ist, dass deine Gedanken und dein Blick bei dem Futterstück sind. Lässt der Hund die Beute los, fällt sie in deine Hand und bleibt genau da, wo sie ist (Die Beute wird nicht eingesteckt)! Du fütterst weiter deinen Hund über der Beute. Wenn du merkst, dass die Gedanken deines Hunde von der Beute weg und beim Futter sind, führe die Hundeschnauze am Magnet von der Beute weg und stecke sie dann erst langsam und unaufgeregt ein.

Wenn das gut klappt, kannst du dir als Variante die Spielbeute bringen lassen, das Futter schon in der Hand halten und den Hund trotzdem zum Festhalten animieren. Erst auf das Tauschwort hin darf der Hund die Beute fallen lassen oder in deine Hand legen und das Futter nehmen. Alternativ kann dafür das Markerwort verwendet werden.

**Tausch Beute gegen Beute, die Beuteobjekte sind gleich:** Du hast eine längliche Beute und spielst am besten mit deinem Hund im Sitzen am Boden. Du animierst eine Beute und machst ein kleines Jagdspiel und dann ein Zerrspiel. Bitte achte dabei darauf, dass du immer wieder nachgibst, nach Bedarf kannst du deinen Hund gewinnen lassen, aber nur, wenn er zuverlässig zum Weiterspielen zu dir zurückkommt. Ist dein Hund tüchtig am Zergeln, drückst du die Hand mit dieser Beute auf den Boden oder an dein Bein (Beute ist damit tot), holst die andere Beute heraus und belebst sie. Dein Blick und deine Gedanken müssen auf die neue Beute gerichtet sein, auch wenn dein Hund noch an der ersten Beute zerrt. Du belebst die Beute sichtbar für deinen Hund und machst dabei Geräusche, bis dein Hund nicht mehr widerstehen kann und sich diese neue Beute schnappt. Du zergelst dann ordentlich mit der neuen Beute und bringst nach einer gewissen Zeit Beute 1 wieder in Sicherheit (langsame unauffällige Bewegungen). Dieses Wechselspiel machst du einige Male. Immer genau dann, wenn dein Hund die Beute wechselt, sagst du dein Tauschwort. Du beendest dieses Spiel durch einen Futtertausch, gerne auch mit etwas festerem Futter, an dem dein Hund länger kaut, oder mit mehreren Futterstückchen. Während der Hund frisst, steckst du unauffällig die beiden Beuteobjekte ein.

**Tausch Beute gegen Beute, die Beuteobjekte sind unterschiedlich:** Diese Übung ist durchaus anspruchsvoll und ich empfehle dir, sie erst zu versuchen, wenn die vorherige Übung schon sehr gut klappt. Du hast zwei wirklich unterschiedliche Beuteobjekte, beginnst mit einem Objekt ein Spiel und zergelst mit deinem Hund. Während du zergelst, nimmst du das andere Objekt langsam und für den Hund sichtbar aus deine Tasche, hältst es ruhig in der Hand, zergelst aber mit dem ersten Objekt weiter. Auch wenn der Hund das Objekt sieht und haben möchte, darf er nicht eigenständig tauschen. Erst auf ein Tauschhörzeichen (bei mir ist es »Ja« und nicht »Danke«, weil dabei die Emotion hoch bleibt), darf der Hund in das andere Objekt wechseln und mit diesem mit dir weiterzergeln. Wichtig ist, dass du ihm auch durch deinen Blick klar vermittelst, dass er in die zweite Beute wechseln

Dass der Hund eine Spielbeute gegen eine andere Beute eintauscht, die sich von der ersten Beute unterscheidet, bedarf einiges an Übung, einer klaren Körpersprache des Menschen und einer guten Signalkontrolle des Hundes.

darf. Beenden kannst du dieses Spiel durch gemeinsames Tragen der Beute oder durch Futtertausch.

**Tausch Futter gegen Futter:** Auch hierfür gibt es einige Möglichkeiten. Ich fange gerne mit dieser kleinen Übung an. Setze dich daheim gemütlich ins Hundebett und hab eine größere Knabberstange und kleine Leckerlis dabei, die dein Hund mag. Lade deinen Hund ein, zu dir zu kommen und sich neben dich zu legen. Dann holst du die Knabberstange heraus. Auf ein Hörzeichen z.B. »Nimm's« darf dein Hund sie nehmen. Du gibst sie ihm aber nicht ganz, sondern behältst sie weiter in der Hand, sodass dein Hund sie nur bei dir fressen kann. Bei sehr gierigen oder Hunden, die mit dem Festhalten ein Problem haben, würde ich vorher üben, dass sie das Knabberteil immer bei dir zu Ende fressen dürfen, während du es festhältst.

Frisst dein Hund entspannt, nimm mit der anderen Hand mehrere Leckerli heraus und halte diese dem Hund vor die Nase. (Die Leckerlis sollten anfangs schon richtig toll sein.) Nimmt der Hund die Leckerlis, bewege die Hand mit der Kaustange auf keinen Fall, sondern lass sie genau da, wo dein Hund sie losgelassen hat. Füttere deinen Hund mit vielen kleinen Leckerlis über der Kaustange. Wenn du merkst, dass ihm die Leckerlis wichtiger werden, füttere ihn etwas von der Kaustange weg (diese bleibt aber trotzdem da, wo sie ist). Hat der Hund einigen Abstand zur Kaustange, schütze sie mit der Zügelhand. Akzeptiert dein Hund das und nimmt zu dir Kontakt auf, kannst du ihm mit »Nimm's« wieder die Stange geben, diese aber weiter festhalten. Entweder darf dein Hund diese jetzt zu Ende fressen oder du wiederholst die Übung noch einige Male. Wenn das gut klappt, bekommt dein Hund als Variante den Kauartikel vollständig und darf diesen in

Der Hund lässt eine tote Beute aus, weil er es in der Natur auch so machen würde. Im Spiel hat er gelernt, dass danach weitergespielt wird.

seinem Hundebett fressen. Du gehst mit guten Leckerlis zu ihm hin und bietest diese wieder über der Kaustange an. Der Ablauf ist in der Folge wie oben, nur dass der Hund den Kauartikel wieder zurückbekommt.

Du merkst, was für eine komplexe Übung der Beutetausch ist? In meinen Seminaren haben wir in diesem Bereich immer wieder mit Problemverhalten zu kämpfen, also fang am besten gleich an, das richtig aufzubauen. Dafür hilft dir auch das vorbereitete Video. Den Link dazu findest du auf Seite 232.

## Freiwilliges Aus

Wie, freies Aus? Wir haben doch gerade ausführlich über das Abgeben gesprochen? Stimmt! Das Beutetauschen reicht für die meisten Situationen völlig aus. Trotzdem ist es wichtig, dass ein Hund auch lernt, seine Beute ohne Tausch abzugeben. In der Regel bekommt er beim Üben dieser Variante des »freien Aus« dieselbe Beute wieder. Gerade Hundesportler sollten jetzt hellhörig werden, denn die Emotion beim »freien Aus« soll nicht abflachen, sondern erhalten bleiben oder sich sogar noch steigern! Deswegen benutze ich auch ein anderes Hörzeichen. An dieser Stelle verwende ich das »Aus« und bleibe als Mensch, Spielpartner und Ersatzbeute nach dem »Aus« voll unter Spannung!

### AUS heißt neue Jagd!

Bei diesem Spiel können wir wieder in die Natur schauen. Wann lässt ein Beutegreifer seine Beute freiwillig aus? Genau, wenn sie tot ist und er sie fressen möchte. Und wann würde der Beutegreifer wieder jagen? Natürlich wenn sich die Beute wieder schnell bewegt und weglaufen will. Dieses Szenario gilt es auf das »freie Aus« beim Spiel mit dem Menschen zu übertragen – eigentlich ganz einfach, doch der Teufel steckt oft im Detail. Und so kommt es, dass viele Hunde mit dem Aus ein Problem haben und deshalb das Spiel keinen richtigen Spaß mehr macht. Viele Menschen versuchen, nach dem Aus die Beute so schnell wie möglich hinter ihrem Rücken zu verstecken und sind ganz erstaunt, wenn der Hund sie anspringt oder die Beute nicht mehr auslassen will. Bau das doch besser mit deinem Hund gleich richtig auf!

### Freies Aus

**Ziel:** Dein Hund soll auf ein Hörzeichen die Spielbeute freiwillig und sofort loslassen, hoch motiviert und unter Spannung bleiben und wenn möglich in Kommunikation mit dir treten. Auf den Auslöser hin geht das Spiel sofort weiter.
**Was wird benötigt?** Ein geeignetes Beuteobjekt mit guter Anbissfläche (z.B. eine Beißwurst), nach Bedarf eine kurze Leine ohne Schlaufen, ablenkungsfreie Umgebung.
**Aufgabe des Hundes:** Der Hund darf so lange aktiv beutestreiten, bis das Hörzeichen AUS kommt. Daraufhin soll er die Beute sofort loslassen, in Kommunikation mit dem Menschen treten und auf den erneuten Auslöser warten.

Wichtig ist, dass dein Hund eine gute Spielappetenz hat, wirklich stabil Beutespiele mit dir macht und auch selbstbewusst zergelt.
Du nimmst eine gut geeignete Beute und beginnst ein Jagdspiel wie gewohnt. Wenn dein Hund tüchtig beutestreitet, stellst du deine Aktionen beim Beutestreiten ein und schaust leicht über den Hund hinweg (die Beute wird tot). Es kann sein, dass dein Hund jetzt erst recht anfängt zu ziehen und du die Beute nicht ruhig halten kannst, in dem Fall drück sie leicht an dein Bein. Warte geduldig. Bei den ersten Malen wartest du so lange, bis dein Hund von selber auslässt und sagst noch kein Hörzeichen. Wichtig ist, dass sich die Beute nicht bewegt, auch wenn der Hund sie auslässt.
Lässt der Hund ab, zählst du zwei Sekunden, gibst einen Auslöser und bewegst die Beute vom Hund weg, sodass er entweder gleich wieder anbeißen oder jagen kann.
Klappt das gut, gibst du genau in dem Moment das Aus-Hörzeichen, wenn dein Hund auslässt oder ganz kurz davor. Du verlängerst die Zeit zum neuen Spiel, baust nach dem Aus wieder Blickkontakt und Spannung auf und trittst in Kommunikation mit deinem Hund. Dieser soll und darf den Blick von der Beute weg zu deinem Gesicht wenden. Du hältst die Spannung und gibst dann das Auslösesignal. Möchte dein Hund die Beute beleben oder wieder vorzeitig anbeißen, kannst du einen Unmutslaut wie zum Beispiel »Hey« von dir geben und beginnst sofort das Spiel, wenn er sich beherrschen kann. Viele Hunde verlagern bei einer guten Motivation im Aus ihren Körperschwerpunkt leicht nach hinten – achte darauf, dann sind das Aus und »Bannen« – also Spannunghalten – stabil.

Beobachte genau in diesem Video die Körpersprache von Hund und Mensch und die Kommunikation zwischen beiden!

VIDEO
Beutetausch + Freies Aus

# Wie es weitergeht

## Roots-Vertiefung

### Spielen unter Ablenkung

Hast du schon alles durchgelesen und vielleicht auch schon einige Übungen und Spiele versucht? Sei offen, mutig und kreativ, probiere es aus. Erinnere dich immer daran, dass ich hier von einem Basistraining spreche und lass dir Zeit bei Training und Umsetzung! Wenn du schon eine gewisse Sicherheit bei den Übungen erlangt hast, dich gut fühlst und mit deinem Hund bereits ein »transportables« entspanntes Feld im Gepäck hast, dann wage dich an die nächsten Herausforderungen!

■ **Steigere den Schwierigkeitsgrad und die Ablenkungen, wenn du spielst oder trainierst.**

Das Spielen, auch unter größerer Ablenkung, ist die Grundvoraussetzung dafür, damit dein Hund lernt, dass du als Teamführer wichtiger

Das Spiel unter Ablenkung ist die beste Voraussetzung, dass ein Training in Sport und Alltag unter Ablenkung ebenfalls klappt!

bist, als alle anderen Reize. Dein Hund soll sich bewusst für dich entscheiden und freiwillig mit dir agieren, auch wenn die Umwelt noch so verlockend ist. Was ist das für ein emotionaler Augenblick, wenn am Ende eines 3 Tages Seminares mehr als 20 Mensch-Hund-Teams entspannt auf engsten Raum im Team spielen. Die Welt bleibt für einen Moment stehen, jeder ist für sich, locker und innig – ich liebe es!

Die erste Sozialisierungsübung (das Ankommen) ist oft von Stress, Ängsten und Unsicherheit geprägt – wie ergreifend ist für alle das Gefühl, sich schon innerhalb von drei Tagen so verwandelt zu haben. Vielleicht hat ja dieses Buch dich schon ein wenig verwandelt?

## Die Roots-Prüfung

Viele Menschen fragen uns, wie es weitergehen kann, wenn man mit dem »Roots-Virus« infiziert ist (übrigens zwar ansteckend, aber völlig ungefährlich). Natürlich gibt es Vertiefungselemente und diese können letztlich in einer Roots-Prüfung gipfeln.

Prüfung – und schon kommt der Schweißausbruch und das Herzrasen. Unsere Roots-Prüfung ist keine herkömmliche Hundeprüfung, sondern etwas ganz Besonderes. Das Team Mensch-Hund und die unsichtbare Leine stehen auf dem Prüfstand. Und wenn ihr ein gutes Team seid, ihr wunderbar kommunizieren könnt, dein Hund dir vertraut und auf kleinste Signale sicher reagiert, dann musst du während der Prüfung eigentlich nur so sein wie immer! Unsere Richter sind speziell ausgebildete Trainer, die dich aber vor der Prüfung nie trainiert haben. Die Teams absolvieren verschiedene Aufgaben, bei denen immer die Faktoren, Kommunikation, Motivation, Spiel und auch Autorität im Fokus stehen. Kreativität, Zweit- und Drittwege sind gefragt, wenn etwas auf Anhieb nicht klappt. Auch eine klare und korrekte Handlungskompetenz ist gewünscht. Jedes Team ist individuell und wird individuell bewertet, zwei Richter sind dafür zuständig. Es geht nicht um Formalien (diese sind so gering wie möglich gehalten), sondern um die Qualität der Zusammenarbeit. Ein Richter beurteilt ausschließlich den Teamführer beim Umgang mit seinem

Die Roots-Prüfung ist die beste Einsteigerprüfung mit dem Hund, man darf so sein wie immer, alle Spielobjekte verwenden und auch mal Grenzen setzen, wenn es notwendig ist. Lachende Gesichter und stolze Teilnehmer.

Hund, der zweite Richter die Qualität des Hundes. Das bedeutet nicht »höher, schneller, weiter, sondern: Wie kommunikationsbereit ist dein Hund? Wie kooperationsbereit und gut kann er deine Signale lesen und das richtige Verhalten zeigen? Eine ausführliche Teambeurteilung und eine Team-Note runden diese wunderbare Überprüfung ab. Viele, auch schon erfahrende Hundemenschen, sagen danach, dass das die schönste Hundeprüfung war, die sie je erlebt haben. Jedes Team rührt das Herz und auch als Zuschauer kann man sich dieser unglaublichen Energie nicht entziehen. Du bist herzlich eingeladen einmal zuzuschauen. Vielleicht hast du auch Lust selber anzutreten?

## Das CreaCanis-Programm

Roots, das Basisprogramm, ist das Herz von CreaCanis. Nur wenn du die Einstellung von CreaCanis teilst, die Idee mit deinem Hund lebst und eine gute Basis erarbeitet hast, wirst du Freude an und Erfolge mit den CreaCanis-Programmerweiterungen haben.

### Das komplette CreaCanis-Programm im Überblick:

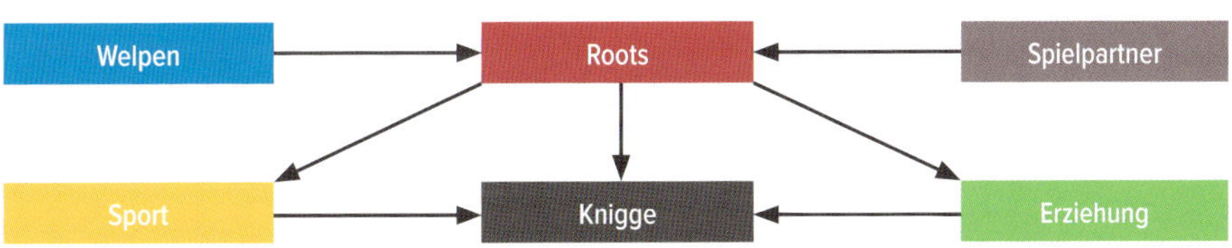

Solltest du in der glücklichen Lage sein, gerade einen Welpen zu haben oder zu bekommen, kannst du mit CreaPuppy starten. Interessiert dich am Anfang nur das Objektspiel, dann kannst du mit dem Tagesworkshop »Spielpartner Hund« beginnen und in unsere Idee hineinschnuppern. Willst du an den Vertiefungsthemen in den Bereichen Erziehung oder auch Hundesport teilnehmen, solltest du das Basisprogramm kennen und können. Dann wirst du die Vertiefungen mit Genuss und Erfolg erarbeiten und umsetzen. Sämtliche Beschreibungen der einzelnen Programmteile findest du auf unserer Homepage **https://www.creacanis.de/angebot/**

### CreaCanis-Trainer

Was wäre ein gutes und kreatives Hundetraining ohne einen hervorragenden Trainer, der dich auf dem Weg zum Team mit deinem Hund begleitet und anleitet. CreaCanis hat eine detaillierte Traineraus- und -fortbildung. Unsere Trainer leben unsere Philosophie und arbeiten mit ihren Teams individuell in kleinen Schritten und mit großer Motivation. Wenn du mit deinem Hund mehr erleben möchtest, besuche unsere Workshops, Seminare oder Kurse. Nachfolgend findest du eine Trainerübersicht. Bestimmt ist auch für dich ein Trainer in erreichbarer Nähe.

Die Gesellschafterinnen von CreaCanis.

- **Trainerübersicht : www.creacanis.de/creacanis-trainer/trainer/**

## Persönliches Nachwort

Unglaublich, mein erstes Buch ist auf Papier gebannt, was für eine Reise: durch Erinnerungen, emotionale Momente mit den eigenen Hunden, Erkenntnisse, Enttäuschungen und Erfolge. Viele Teams haben mich in Gedanken beim Schreiben begleitet, viele Erlebnisse sind wieder präsent und ich weiß eines:

- **Lehren ist ein Auftrag des Herzens!**

Nein, ich bin nicht perfekt, ich bin nicht die Beste, ich bin nicht fehlerfrei. Ich bin Teil eines wunderbaren Ganzen, einer Gemeinschaft aus Trainern und Teams – und wir werden immer mehr. Seit ich diese Art von Umgang und Kommunikation mit meinen Hunden lebe, kann ich nach fast 40 Jahren Hundehaltung definitiv behaupten, dass wir auf eine andere Beziehungsebene gelangt sind. Das wechselseitige Verständnis, der relaxte Umgang, die Power beim Spiel faszinieren mich täglich aufs Neue. Und wenn ich nur ein klein wenig dazu beitragen konnte, dich mit deinem Hund in diese wunderbare Welt zu entführen, dann hat sich jedes Wort im Buch gelohnt.

Dieses Buch wäre nicht entstanden, wenn mich nicht so viele Menschen ermutigt hätten, es zu schreiben. Was hab ich für eine Unterstützung bekommen! Ich möchte mich vor allem bei meinem wunderbaren Mann Andreas bedanken, der mich praktisch ein halbes Jahr

Antje & Denzel

fast nicht zu Gesicht bekommen hat. Er hat in dieser Zeit das »Haushaltsleben« und die Hunde am Laufen gehalten. Er hat mich stets mit Essen und aufmunternden Worten versorgt und war immer für mich da. Danke an meine CreaCanis-Kollegen, die die Bilder und Videos gesichtet und erstellt haben und die ihre Geschichten für das Buch aufbereitet haben. Einen riesen Dankeschön gilt Annette und Martina, die mich gerade in der etwas stressigen Endphase beim Korrekturlesen und Sortieren unterstützt haben. Danke an Michaela, die mir durch ihre berufliche Grundlage den roten Faden aufzeigen konnte. Und danke an die vielen Teams vom Verein Saalfelden und aus unseren Kursen, die für Videoaufnahmen und Fotoshootings bereitstanden. Und nicht zu vergessen meine lieben Hunde, durch euch gibt es so viel zu beobachten und zu erzählen.

Liebe Leserinnen, liebe Leser, vielleicht trifft man sich ja einmal persönlich, so von Mensch zu Mensch und Hund zu Hund?

*Antje Engel,*
*Denzel und Mica*

## Buchempfehlungen:

Dr. Dorit Urd Feddersen-Petersen:
**Ausdrucksverhalten beim Hund. Mimik und Körpersprache, Kommunikation und Verständigung.** Kosmos, 2008

Dorothee Schneider:
**Die Welt in seinem Kopf: Über das Lernverhalten von Hunden.** Animal learn, 2005

Ekard Lind:
**Richtig spielen mit Hunden.** Kynos, 2016

Günther Bloch, Elli H. Radinger:
**Wölfisch für Hundehalter. Von Alpha, Dominanz und anderen populären Irrtümern.** Kosmos, 2010

Udo Ganßloser, Kate Kitchenham:
**Beziehung – Erziehung - Bindung. Wie Hunde sich an unserer Seite entfalten können.** Kosmos, 2015

Udo Gansloßer, Mechthild Käufer:
**Auszeit auf Augenhöhe. Mensch-Hund-Spiel: Kleiner Einsatz mit großer Wirkung.** Kosmos, 2017

Udo Gansloßer, Petra Krivy:
**Schlau macht – Wau! Was Hunde alles wissen und können.** Kosmos, 2020

Kurt Kotrschal, Hund & Mensch:
**Das Geheimnis unserer Seelenverwandtschaft.** Brandstätter Verlag, 2016

Gülay Ücüncü:
**Der gelassene Hund: Selbstbeherrschung, Impulskontrolle, Frustrationstoleranz.** Kosmos, 2019

Standard
kann jeder,
sei unic.
Der sichere
Wohlfühl-
ORT
für Deinen
Hund.
› Neu: das unic Rolltor
› 3 Standardgrößen (S, M, L),
85 Flex-Varianten und weitere
Maßanfertigungen möglich
› 5 tolle Farben
Farbkombinationen möglich
› Leichtgewicht mit nur 8 bis 15 kg
› Alle Boxen mit Notausstieg
Jetzt konfigurieren!
www.unic-hundeboxen.de
info@unic-hundeboxen.de | +49 (0) 7308 811 499 900
unic
unic Hundeboxen

BELCANDO
DOG FOOD
NATÜRLICHE BINDUNG
GANZHEITLICHES FUTTER
MIT EXTRA FRISCHEM FLEISCH • HOLISTISCHE ZUTATEN • MADE IN GERMANY
SUPER PREMIUM QUALITY
ADULT ACTIVE
FINEST GF LAMB
HOLISTIC NUTRITION
ENTE
LAMM
Mehr erfahren auf:
BELCANDO.DE